クリスタル百科事典

ジュディ・ホール 著

越智 由香 翻訳
藤本 知代子 翻訳

The Encyclopedia of Crystals

First published in Great Britain in 2007 by
Godsfield Press, a division of
Octopus Publishing Group Ltd
2–4 Heron Quays, London E14 4JP

Copyright © Octopus Publishing Group Ltd 2007
Text copyright © Judy Hall 2007

注意
本書に記載された情報は、医学的治療の代替とすることを意図したものではありません。また、診断目的で利用することもできません。クリスタルは強力な作用を持ちますが、誤解や誤用が生じやすいので注意が必要です。クリスタルの利用について疑問がある場合は、資格を有する専門家に相談すべきです。特にクリスタルヒーリングの領域においてはご注意ください。

化学組成などの検証および標準化について最善の注意を払いましたが、厳密な組成やクリスタルの名称および含有ミネラルについては情報源により一致しない場合があります。

目次

クリスタル名索引（英語名によるABC順） ……………………………………… 6

はじめに ……………………………………………………………………… 10
クリスタルの歴史／クリスタルの科学特性／クリスタルの浄化、活性化および維持管理の方法／チャクラ／本書の構成

ピンク色と桃色のクリスタル ……………………………………………… 20
ローズクォーツ／ローズクォーツのワンド／スモーキー・ローズクォーツ／ストロベリークォーツ etc.

赤色とオレンジ色のクリスタル …………………………………………… 42
カーネリアン／ジャスパー／レッドジャスパーとブレシェイティドジャスパー／キューブライド etc.

黄色、クリーム色、金色のクリスタル …………………………………… 70
シトリン／スモーキーシトリンとスモーキー・シトリン・ハーマキー／イエロークンツァイト etc.

緑色のクリスタル …………………………………………………………… 94
マラカイト／アベンチュリン／グリーンアベンチュリン／レインボーオブシディアン／ハイアライト etc.

緑青色と青緑色のクリスタル ……………………………………………… 128
アマゾナイト／ブリリアント・ターコイズ・アマゾナイト／アホアイト／シャッタカイト／クリソファール etc.

青色と藍色のクリスタル …………………………………………………… 140
アズライト／オーラクォーツ／アクアオーラ・クォーツ／レインボーオーラ・クォーツ／ブルークォーツ etc.

紫色、ラベンダー色、すみれ色のクリスタル …………………………… 166
アメジスト／ベラクルスアメジスト／アメジスト・ファントムクォーツ／ブランドバーグ・アメジスト etc.

茶色のクリスタル …………………………………………………………… 184
スモーキークォーツ／スモーキーエレスチャル／アラゴナイト／アゲート／ブラウンスピネル etc.

黒色、銀色、灰色のクリスタル …………………………………………… 208
トルマリン／ブラックトルマリン／トルマリンワンド／ジェット／ブラックスピネル／ネブラストーン etc.

白色と無色のクリスタル …………………………………………………… 228
クォーツ／クォーツワンド／レーザークォーツ／キャンドルクォーツ／カテドラルクォーツ etc.

コンビネーションストーン ………………………………………………… 264
スーパーセブン／クォーツに内包されたモリブデナイト／マイカを伴うクォーツ／スファレライト上のクォーツ etc.

ヒーリングツール …………………………………………………………… 272
用語解説 ……………………………………………………………………… 274
総合索引 ……………………………………………………………………… 280

クリスタル名索引（注：英語名によるABC順になっています）

A

アクロアイト 248
アクチノライト 104
 ブラック 219
アクチノライト入りクォーツ 105
アダマイト 79
エジリン 102
アゲート 190
 ブルー 157
 ブルーレース 157
 デンドリティック 101
 ファイアー 63
 グリーン 100
 グレイバンディドアゲートとボツワナアゲート 226
 モス 101
 ピンク 31
 レッド 57
 レッドブラウン 57
 スネークスキン 86
 ツリー 100
アグレライト 249
アホアイト 131
アホアイト（シャッタカイトを伴う）131
アレキサンドライト 99
アルマンディンガーネット 48
アマゾナイト 130
 ブリリアントターコイズ 130
アンバー 79
 グリーン 126
アンブリゴナイト 77
アメジスト 168
 ブランドバーグ 170
 ラベンダー 172
 スモーキー 171
 ベラクルス 169
アメジストエレスチャル 171
アメジストハーキマー 172
アメジスト・ファントムクォーツ 169
アメジスト・スピリットクォーツ 170
アメトリン 173
アンモライト 189
アンダルサイト 111
アンデス産ブルーオパール 149
アンドラダイトガーネット 192
エンジェライト 148
エンジェルウィング 258
アンハイドライト 243
アンナベルガイト 102
アパッチティアー 216
アパタイト 133
 イエロー 80
アポフィライト 242
アポフィライトピラミッド 242
アップルオーラ・クォーツ 109
アクアオーラ・クォーツ 143
アクアマリン 133
アラゴナイト 190
 ブルー 155
アストロフィライト 77
アタカマイト 134
アトランタサイト 106
オーラクォーツ 143
アバロナイト 156
アベンチュリン 97
 ブルー 151
 グリーン 97
 ピーチ 39
 レッド 59
アゼツライト 243
アズライト 142
アズライト（マラカイトを伴う）271

B

バライト 244
ベイサナイト 218
ベリル 81
 ゴールデン 82
ビクスバイト 53
ブラックアクチノライト 219
ブラックカルサイト 221
ブラックカイアナイト 217
ブラックオブシディアン 215
ブラックオパール 220
ブラックサファイア 213
ブラックスピネル 212
ブラックトルマリン 211
ブラックトルマリン（レピドライトを伴う）268
ブラックトルマリン（マイカを伴う）269
ブラックトルマリン・ロッド（クォーツに内包された）269
ブラッドストーン 105
ブルーアゲート 157
ブルーアラゴナイト 155
ブルーアベンチュリン 151
ブルーカルサイト 148
ブルーカルセドニー 155
ブルーフローライト 151
ブルーグリーン・ジェイド 139
ブルーグリーン・オブシディアン 135
ブルーハーライト 147
ブルーハウライト 156
ブルージェイド 158
ブルージャスパー 164
ブルーレース・アゲート 157
ブルーオブシディアン 165
ブルー・ファントムクォーツ 146
ブルークォーツ 145
ブルーサファイア 161
ブルーセレナイト 164
ブルースピネル 162
ブルー・タイガーアイ 164
ブルートパーズ 163
ボジストーン 191
ボーナイト 192
ボーナイト（シルバー上）193
ブランドバーグ・アメジスト 170
ブリリアント・ターコイズ・アマゾナイト 130
ブロンザイト 193
ブラウンジェイド 196
ブラウンジャスパー 198
ブラウンスピネル 191
ブラウンジルコン 205
ブッシュマン・レッド・カスケードクォーツ 53
バスタマイト 29
バスタマイト（スギライトを伴う）29

C

カコクセナイト 83
カルサイト 245
 ブラック 221
 ブルー 148
 クリアー 245
 ゴールデン 86
 グリーン 117
 ヘマトイド 58
 アイシクル 66
 マンガン 35
 オレンジ 66
 レッド 58
 ロンボイド 246
キャンドルクォーツ 232
カーネリアン 44
 ピンク 28
キャシテライト 139
カテドラルクォーツ 232
キャッツアイ 206
カバンサイト 136
セレスタイト 149
セレストバライト 62
セルサイト 247
カルセドニー 247
 ブルー 155
 デンドリティック 197
 ピンク 37
 レッド 51
チャルコパイライト 90
チャロアイト 175
チェリーオパール 38
キャストライト 194
クロライト 107
クリサンセマムストーン 195
クリソベリル 82
クリソコーラ 137
 クリスタライン 138
 ドルージー 137
クリソファール 132
クリソプレーズ 111
 レモン 76
クリソタイル 113
シナバー 50
シトリン 72
 スモーキー 73
シトリンハーキマー 74
 スモーキー 73
シトリン・スピリットクォーツ 76
クリアーカルサイト 245
クリアークンツァイト 246
クリアーフェナサイト 256
クリアートパーズ 254
クリーブランダイト 244

コバルトカルサイト　34
コニカルサイト　112
コーベライト　158
クリーダイト　61
クリスタラインクリソコーラ　138
クリスタラインカイアナイト　152
キューブライト　46
サイモフェイン　203

D
ダルメシアンストーン　250
ダンブライト　26
　　ピンク　26
ダークブルー・スピネル　163
ダトーライト　113
デンドリティックアゲート　101
デンドリティックカルセドニー　197
デザートローズ　194
デジライト　240
ダイヤモンド　248
　　ハーキマー　241
ダイオプサイド　104
ダイオプテース　136
ドラバイドトルマリン　198
ドルージークリソコーラ　137
ドルージークォーツ　63
デュモルティエライト　150

E
エイラットストーン　135
エルバイト　249
エレクトリックブルー・オブシディアン　165
エレスチャル（スモーキー）　187
エレスチャル　クォーツ　233
エメラルド　112
エピドート　114
エピドート（クォーツに内包された）　114
ユーディアライト　27

F
ファーデンクォーツ　234
フェアリークォーツ　237
フェルドスパー（フェナサイトを伴うレッドフェルドスパー）　268
フェンスタークォーツ　233
ファイアーアゲート　63
ファイアーオパール　64
フレイムオーラ・クォーツ　144
フローライト　177
　　ブルー　151
　　グリーン　103
　　ピンク　28
　　イエロー　86
　　イットリアン　103
フローライトワンド　177
フックサイト　123

G
ガイアストーン　110
ガレナ　223
ガーネット　47
　　アルマンディン　48
　　アンドラダイト　192
　　グロッシュラー　41
　　ヘッソナイト　49
　　メラナイト　50
　　オレンジグロッシュラー　64
　　オレンジヘッソナイト　65
　　パイロープ　48
　　レッド　49
　　ロードライト　41
　　スペサルタイト　65
　　ウバロバイト　125
ジェム・ロードクロサイト　32
ジラソル　154
ゲーサイト　196
ゴールドシーン・オブシディアン　90
ゴールデンベリル　82
ゴールデンカルサイト　86
ゴールデン・エンハイドロ・ハーキマー　75
ゴールデンヒーラー・クォーツ　92
ゴールデン・タイガーアイ　88
ゴールデントパーズ　87
ゴシュナイト　255
グリーンアゲート　100
グリーンアンバー　126
グリーンアベンチュリン　97
グリーンカルサイト　117
グリーンフローライト　103
グリーンジャスパー　118
グリーンオブシディアン　98
グリーンオパライト　115
グリーン・ファントムクォーツ　107
グリーンクォーツ（中国産）　109
グリーンクォーツ（天然）108
グリーンサファイア　121
グリーンセレナイト　126
グリーンスピネル　126
グリーンジルコン　114
グレイバンデッドアゲートとボツワナアゲート　226
グロッシュラーガーネット　41

H
ハーライト　250
　　ブルー　147
　　ピンク　37
ハーレクインクォーツ　54
ホークアイ　218
ヘマタイト　222
　　スペキュラー　223
ヘマタイト・インクルーディド・クォーツ　238
ヘマトイドカルサイト　58
ヘミモルファイト　197
ハーキマー
　　アメジスト　172
　　シトリン　74
　　ゴールデンエンハイドロ　75
　　スモーキー　187
　　スモーキーシトリン　73
ハーキマーダイヤモンド　241
ヘッソナイトガーネット　49
ヒューランダイト　38
ヒッデナイト　127
ハウライト　115
　　ブルー　156
ハイアライト　99

I
アイスランドスパー　246
アイシクルカルサイト　66
アイドクレース　116
インディコライト　147
インディコライトクォーツ　146
インディゴサファイア　160
インフィニットストーン　124
アイオライト　150
アイアンパイライト　91

J
ジェイド　120
　　ブルー　158
　　ブルーグリーン　139
　　ブラウン　196
　　ラベンダー　181
　　オレンジ　67
　　レッド　46
　　ホワイト　257
　　イエロー　78
ジャスパー　45
　　ブルー　164
　　ブラウン　198
　　グリーン　118
　　レオパードスキン　119
　　ムーカイト　199
　　オーシャンオービキュラー　118
　　ピクチャー　200
　　パープル　182
　　レインフォレスト　119
　　レッドジャスパーとブレシエイテイドジャスパー　45
　　ロイヤルプルーム　182
　　イエロー　84
ジェット　212

K
クンツァイト　30
　　クリアー　246
　　ライラック　180
　　イエロー　74
カイアナイト　152
　　ブラック　217
　　クリスタライン　152

L
ラブラドライト　227
　　イエロー　84
ラピスラズリ　159
ラリマー　153
レーザークォーツ　231
ラベンダーアメジスト　172
ラベンダージェイド　181
ラベンダーピンク・スミソナイト　176
ラベンダークォーツ　174
ラベンダーバイオレット・スミソナイト　176
ラズーライト　153
レモンクリソプレーズ　76
レオパードスキン・ジャスパー　119
レオパードスキン・サーペンティン　124
レピドクロサイト　52
レピドクロサイト（アメジストをはじめとするクォーツに内包された）　52
レピドライト　181
ライラッククンツァイト　180

リモナイト 83
リチウムクォーツ 174

M

マグネサイト 252
マグネタイト 200
マホガニーオブシディアン 201
マラカイト 96
マラカイト（クリソコーラを伴う） 271
マンガンカルサイト 35
マーカサイト 91
メラナイトガーネット 50
メナライト 253
メルリナイト 221
モルダバイト 121
モリブデナイト 224
モリブデナイト（クォーツに内包された） 266
ムーカイトジャスパー 199
ムーンストーン 251
 レインボー 251
モルガナイト 35
モスアゲート 101
マスコバイト 31

N

ネブラストーン 213
ノバキュライト 253
ヌーマイト 220

O

オブシディアン 214
 ブラック 215
 ブルー 165
 ブルーグリーン 135
 エレクトリックブルー 165
 ゴールドシーン 90
 グリーン 98
 マホガニー 201
 レインボー 98
 レッドブラック 59
 シルバーシーン 225
 スノーフレーク 216
オブシディアンワンド 215
オーシャン・オービキュラー・ジャスパー 118
オーケナイト 252
オニキス 219
オパール 254
 アンデス産ブルー 149
 ブラック 220

チェリー 38
ファイアー 64
オレゴン 62
オパールオーラ・クォーツ 93
オパライト（グリーン） 115
オレンジブラウン・セレナイト 67
オレンジカルサイト 66
オレンジ・グロッシュラー・ガーネット 64
オレンジ・ヘッソナイト・ガーネット 65
オレンジジェイド 67
オレンジ・ファントムクォーツ 68
オレンジスピネル 67
オレンジジルコン 69
オレゴンオパール 62
オウロベルデ・クォーツ 110

P

ピーチアベンチュリン 39
ピーチセレナイト 39
ペリドット 120
ペタライト 255
 ピンク 30
ファントムクォーツ 239
フェナサイト 256
 クリアー 256
 イエロー 75
ピクチャージャスパー 200
ピーターサイト 201
ピンクアゲート 31
ピンクカーネリアン 28
ピンクカルセドニー 37
ピンク・クラックルクォーツ 24
ピンクダンブライト 26
ピンクフローライト 28
ピンクハーライト 37
ピンクペタライト 30
ピンク・ファントムクォーツ 25
ピンクサファイア 33
ピンクトパーズ 27
ピンクトルマリン 40
プレナイト 122
パミス 226
パープルジャスパー 182
パープルサファイア 179
パープルバイオレット・トルマリン 182
パープライト 178
パイライト（アイアン） 91
パイロリューサイト 224
パイロープガーネット 48

パイロフィライト 34

Q

クォーツ 230
 アクチノライト 105
 アメジストファントム 169
 アメジストスピリット 170
 アップルオーラ 109
 アクアオーラ 143
 オーラ 143
 ブルー 145
 ブッシュマン・レッド・カスケード 53
 キャンドル 232
 カテドラル 232
 シトリンスピリット 76
 ドルージー 63
 エレスチャル 233
 ファーデン 234
 フェアリー 237
 フェンスター 233
 フレイムオーラ 144
 ゴールデンヒーラー 92
 グリーン（中国産） 109
 グリーン（天然） 108
 グリーンファントム 107
 ハーレクイン 54
 ヘマタイトインクルーディド 238
 インディコライト 146
 レーザー 231
 ラベンダー 174
 リチウム 174
 オパールオーラ 93
 オレンジファントム 68
 オウロベルデ 110
 ファントム 239
 ピンククラックル 24
 ピンクファントム 25
 レインボーオーラ 144
 レッドファントム 55
 オレンジファントム（逆ファントム） 68
 ローズ 22
 ローズオーラ 25
 ルビーオーラ 54
 ルチレーテッド 202
 シフト 236
 シベリアンブルー 145
 シベリアングリーン 108
 シチュアン 235
 スモーキー 186

スモーキーファントム 188
スモーキーローズ 23
スモーキースピリット 188
スピリット 237
スターホーランダイト 241
スターシード 238
ストロベリー 24
シュガーブレード 238
サンシャインオーラ 93
タンジェリン 69
タンジンオーラ 180
チベッタン・ブラックスポット 235
チタニウム 175
トルマリネイテッド 236
ホワイトファントム 240
イエローファントム 92
クォーツ（マイカを伴う） 267
クォーツ（スファレライト上） 267
クォーツワンド 231
 ローズ 23
 スモーキー 186

R

レインボーオーラ・クォーツ 144
レインボー・ムーンストーン 251
レインボーオブシディアン 98
レインフォレスト・ジャスパー 119
レッドアゲート 57
レッドアベンチュリン 59
レッドブラック・オブシディアン 59
レッドジャスパーとプレシエイティドジャスパー 45
レッドブラウン・アゲート 57
レッドカルサイト 58
レッドカルセドニー 51
レッドフェルドスパー（フェナサイトを伴う） 268
レッドガーネット 49
レッドジェイド 46
レッド・ファントムクォーツ 55
レッド・サードオニキス 51
レッドサーペンティン 59
レッドスピネル 60
レッド・タイガーアイ 60
レッドジルコン 60
オレンジ・ファントムクォーツ（逆ファントム） 68
ロードクロサイト 32
 ジェム 32
ロードライトガーネット 41

ロードナイト　33
ロンボイドカルサイト　246
ライオライト　117
ローズオーラ・クォーツ　25
ローズクォーツ　22
ローズクォーツ・ワンド　23
ロイヤルブルー・サファイア　161
ロイヤルプルーム・ジャスパー　182
ルベライト　57
ルビー　55
ルビーオーラ・クォーツ　54
ルビー（ゾイサイトに内包された）　270
ルチレーティドクォーツ　202
ルチレーティドトパーズ　88
ルチル　202
ルチル（ヘマタイトを伴う）　270

S
サファイア　160
　ブラック　213
　ブルー　161
　グリーン　121
　インディゴ　160
　ピンク　33
　パープル　179
　ロイヤルブルー　161
　スター　263
　ホワイト　262
　イエロー　80
サードオニキス　204
　レッド　51
スキャポライト　154
セレナイト　257
　ブルー　164
　グリーン　126
　オレンジブラウン　67
　ピーチ　39
セレナイトファントム　259
セレナイトセプター　259
セレナイトワンド　258
セプタリアン　85
セラフィナイト　106
サーペンティン　205
　レオパードスキン　124
　レッド　59
シャッタカイト　132
シフトクリスタル　236
シバリンガム　204
シベリアン・ブルー・クォーツ　145
シベリアン・グリーン・クォーツ　108
シチュアンクォーツ　235
シルバーシーン・オブシディアン　225
スミソナイト　138
　ラベンダーピンク　176
　ラベンダーバイオレット　176
スモーキーアメジスト　171
スモーキーシトリン　73
スモーキー・シトリン・ハーキマー　73
スモーキーエレスチャル　187
スモーキーハーキマー　187
スモーキー・ファントムクォーツ　188
スモーキークォーツ　186
スモーキークォーツ・ワンド　186
スモーキー・ローズクォーツ　23
スモーキー・スピリットクォーツ　188
スネークスキン・アゲート　86
スノークォーツ　239
スノーフレーク・オブシディアン　216
ソーダライト　162
スペキュラーヘマタイト　223
スペサルタイトガーネット　65
スピネル　260
　ブラック　212
　ブルー　162
　ブラウン　191
　ダークブルー　163
　グリーン　126
　オレンジ　67
　レッド　60
　バイオレット　183
　イエロー　78
スピリットクォーツ　237
スター・ホーランダイト・クォーツ　241
スターサファイア　263
スターシード・クォーツ　238
スタウロライト　195
スティブナイト　225
スティッチタイト　178
スティルバイト　260
ストロベリークォーツ　24
シュガーブレード・クォーツ　238
スギライト　183
サルファ　89
サンシャインオーラ・クォーツ　93
サンストーン　61

スーパーセブン　266

T
タンジェリンクォーツ　69
タンザナイト　179
タンジンオーラ・クォーツ　180
テクタイト　217
チューライト　36
チベッタン・ブラックスポット・クォーツ　235
チベッタンターコイズ　127
タイガーアイアン　199
タイガーアイ　206
　ブルー　164
　ゴールデン　88
　レッド　60
チタニウムクォーツ　175
トパーズ
　ブルー　163
　クリアー　254
　ゴールデン　87
　ピンク　27
　ルチレーティド　88
　イエロー　87
トルマリネイティドクォーツ　236
トルマリン　210
　ブラック　211
　ドラバイド　198
　ピンク　40
　パープルバイオレット　182
　ウォーターメロン　40
　イエロー　89
トルマリン（レピドライトを伴ったブラックトルマリン）　268
トルマリン（マイカを伴ったブラックトルマリン）　269
トルマリンロッド（クォーツに内包されたブラックトルマリンロッド）　269
トルマリンワンド　211
ツリーアゲート　100
ターコイズ　134
　チベッタン　127
ターコイズアマゾナイト（ブリリアント）　130

U
ウレキサイト　262
ユナカイト　36
ウラノフェン　92
ウバロバイトガーネット　125

V
バナジナイト　203
バリサイト　122
ベラクルスアメジスト　169
ベルデライト　125
バイオレットスピネル　183
ビビアナイト　116

W
ウォーターメロン・トルマリン　40
ワーベライト　123
ホワイトジェイド　257
ホワイト・ファントムクォーツ　240
ホワイトサファイア　262
ウルフェナイト　207

Y
イエローアパタイト　80
イエローフローライト　86
イエロージェイド　78
イエロージャスパー　84
イエロークンツァイト　74
イエローラブラドライト　84
イエロー・ファントムクォーツ　92
イエローフェナサイト　75
イエローサファイア　80
イエロースピネル　78
イエロートパーズ　87
イエロートルマリン　89
イエロージンカイト　81
イエロージルコン　78
ヤンガイト　263
イットリアンフローライト　103

Z
ゼオライト　261
ジンカイト　56
　イエロー　81
ジルコン　261
　ブラウン　205
　グリーン　114
　オレンジ　69
　レッド　60
　イエロー　78
ゾイサイト　56

はじめに

クリスタルは世界各地でさまざまな色や形のものが産出しています。その多くは驚くほど美しいものですが、中には本当の価値を知らなければ簡単に見逃されてしまうようなものもあります。本書では、クリスタルの深遠な神秘や不思議な力をご紹介します。

クリスタルの効能は長年にわたって認識されてきました。クリスタルには、装飾や癒し、予言、防御、顕現、エネルギーの性質や形の変換といった力があります。

クリスタルの歴史

クリスタルには、装飾や治癒および防御に関する特性があることから、数千年にわたって畏敬の対象とされてきました。アンバーのビーズが8000年以上前の墳墓から発見されたり、3万年以上前にカルサイト製の鏡が作られていました。クリスタルの利用に関する最古の記述の一つは聖書の中にあります。

大司祭の胸当て

出エジプト記の中に大司祭の胸当てに関する記述があります。胸当てに対するヘブライ語は実際には「小さな袋」を意味しますから、アーロン(モーゼの兄)は首から胸に麻袋を提げていたのでしょう。そして、この袋にはイスラエルの12の部族を象徴する12のクリスタルが配され、2つの特別な聖なる物体ウリム(Urim)とトンミム(Thummim)が入れられていたのでしょう。このウリムとトンミムは、一部の学者によれば隕石であったと考えられていますが、聖書の記述によれば、神の御心を明かにし、未来を占うための「託宣」として用いるように神がもたらしたものとされています。

翻訳上の問題から、どのクリスタルが用いられたのかを正確に知ることは困難ですが、これらの中には、おそらく権威や力、防御の石であるサードオニキスであろうと考えられる*sardius*、豊かさを意味する石として古代から知られるものの1つであるトパーズ、もう1つの防御の石で霊的同調を促進するターコイズ、霊的権威を示すために今日でも教会の司教が用いているアメジストがありました。これらの石は、神の指示にしたがって金にはめこまれ、それぞれに部族の名が刻まれて神の加護にあることが示されていました。つまり、これらの石はお守りとして用いられていたのです。このようなことは当時エジプトでさかんに行われていました。

ツタンカーメンの黄金のマスクには半貴石が嵌め込まれています

クリスタルとファラオ

エジプトにおけるクリスタルの利用は、少なくとも紀元前4500年まで遡り、出エジプトの際にエジプトを出て砂漠をさまよったイスラエル人に影響を与えたものと考えられます。エジプトでは、クリスタルは装飾用や医療用、霊的目的のために価値あるものとして扱われました。

ツタンカーメンの黄金のマスクでは、スノークォーツとオブシディアンで作られた目を帯状のラピスラズリが取り囲んでいます。ラピスは神聖性と霊性が非常に高い石の1つでした。「ラピスは神アムン(Amun)であり、神はラピスである」とした古代エジプトの記述があります。ラピスの役割は霊的な目を開くことです。これは来世への旅に有用な特性で、オブシディアンがこの特性を促進しました。頭飾りにはターコイズとカーネリアンがはめ込まれていますが、これらはいずれも防御のためのお守りとしてよく用いられていたものでした。このマスクは装飾以上のことを目的としていました。すなわち、若いファラオが星へ戻る旅路を導き守ると共に幸福な再生を確かなものとするという魔術的機能があったのです。

クリスタルにまつわる慣習

エジプトにおけるクリスタルにまつわる慣習はギリシャに伝えられ、大プリニウス(Pliny the Elder)はギリシャの先人テオフラストス(Theophrastus)の著作を基に貴石に関する文献を執筆しました。そして、これらの文献の内容はインドなどの国々の慣習と共に伝えられ、各地の伝説が付け加えられていきました。例えば、ドイツでは、悪戯好きな妖精ゴブリン(goblin)が石の中に棲んでいると考えた中世の鉱山労働者は、コバルトカルサイトを小妖精を意味するコボルト(kobold)と呼んでいました。現在では、コバルトカルサイトは心を開き、愛で満たす有用な石であると考えられています。

カルサイトなどのクリスタルはさまざまな外形と色を持ちます

伝統的な
結婚記念石

年	宝石
12年目	アゲート
13年目	ムーンストーン
14年目	モスアゲート
15年目	クリアークォーツ
16年目	トパーズ
17年目	アメジスト
18年目	ガーネット
23年目	サファイア
25年目	シルバー
26年目	ブルー・スター・サファイア
30年目	真珠
35年目	珊瑚
39年目	キャッツアイ
40年目	ルビー
45年目	アレキサンドライト
50年目	金
52年目	スタールビー
55年目	エメラルド
60年目	イエローダイヤモンド
65年目	グレー・スター・サファイア
75年目	ダイヤモンド

トパーズ
アメジスト
ブルーサファイア
ルビー

クリスタルの化学特性

　クリスタルの同定は結晶構造と含有ミネラルを基に行います。結晶構造とは、クリスタルの基本的な構造単位で、内部の結晶軸の配置を示すものです。結晶軸の長さ、軸間の角度、対称中心の数によって特徴づけられた、三角形、正方形、長方形、六角形、菱形、平行四辺形、台形の形に基いた7つの結晶系とアモルファスと呼ばれる非結晶質があります。あらゆるクリスタルは、限定された数のミネラルから形成されており、これらのミネラルの結合の違いによりさまざまな種類がもたらされます。しかし、クリスタルの種類およびクリスタルの名称を決定づけているのは、外形ではなく、内部の結晶格子構造なのです。

　ミネラルのわずかな違い（微量元素や産出地の違いにより組成が異なる場合があります）により多くの色と形をとるクリスタルがありますが、これらの内部構造は共通しています。形状に関わらず、クリスタルはその結晶構造によってエネルギーの吸収、保存、集中および放射を行いますが、特に電磁波帯に対して作用します。クリスタルの化学構造を知ることは、そのクリスタルの固有の特性を知ることを意味します。例えば、銅を含有したクリスタルはエネルギーの強力な伝導作用があり、関節痛や関節の腫脹を速やかに治癒させ、リチウムを含有したクリスタルは憂鬱な気分を高揚させ、鉄を含有したクリスタルは力を与えることができます。

クリスタルの外形は
必ずしもその内部構造を
反映したものでは
ありません

クリスタルの形成

　幾何学的に規則的な形状を持つ固体と定義されるクリスタルは、地球の冷却と共に生まれ、何十億年におよぶ地球の地質学的変化と共に変成を続けました。何百万年にもわたる地球形成の記録を内包し、その形状を形成した強い力がはっきりと刻印されていることから、クリスタルはいわば地球のDNAとみなすことができます。実際に、クリスタルは多くの先住民族から母なる地球の脳細胞と呼ばれているのです。

　気体が渦巻く雲から高密度に塵が集まった部分が生まれ、これが収縮して白色で高温の溶融物質からなる球体となりました。計り知れないほどの時間をかけて、この溶融物質すなわちマグマの薄い層が徐々に冷却され、りんごに例えれば皮ほどの厚さの外殻となり、地球のマントルが形成されました。高温でミネラル分に富んだ溶融マグマの内殻（コア）が沸騰し、表面に向かって泡を発生させる過程において、外殻の内部で新たなクリスタルの形成が続きました。これらのクリスタルの中には、進化

はじめに

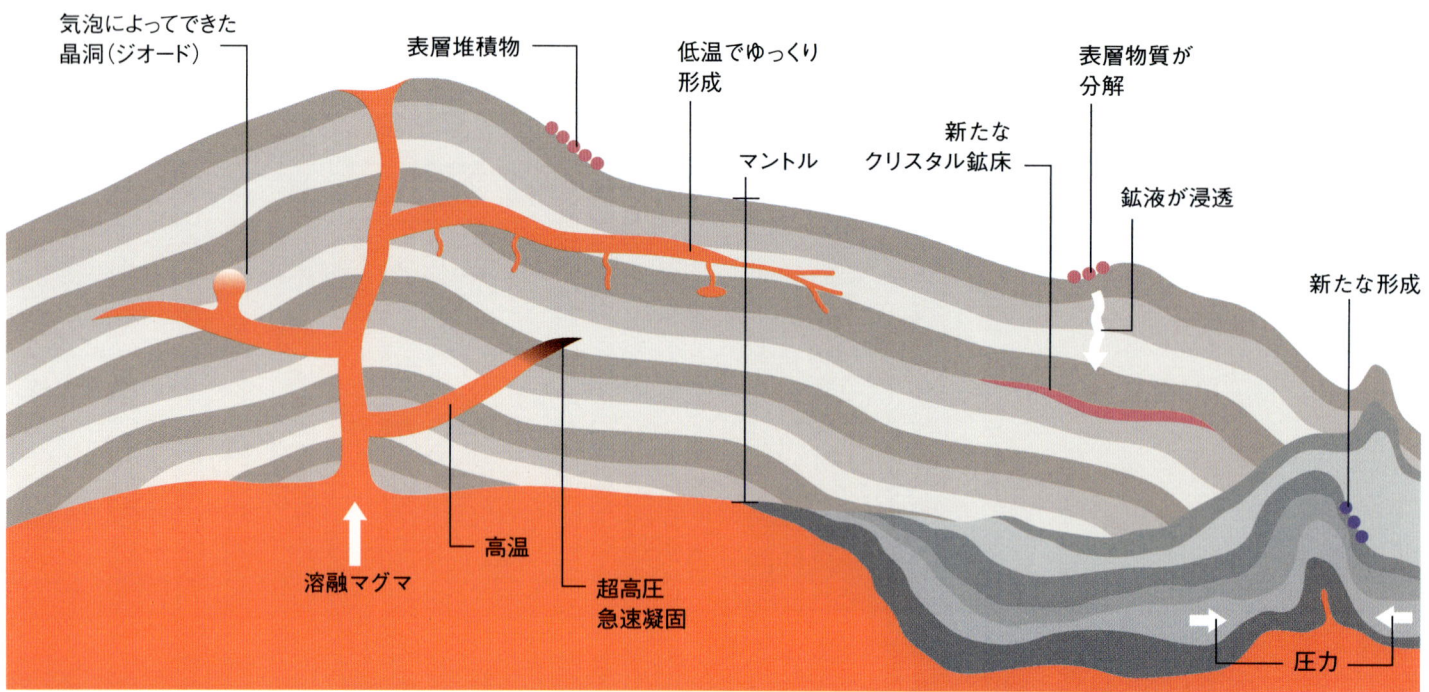

の化学的痕跡をとどめながら、地中深くの空間で成長したものや、非常に大きな圧力を受けて変形したもの、地層中に鉱床を形成したもの、滴下によって形成したものがあります。このような形成方法は、クリスタルの外観やエネルギー特性、作用形態に影響を及ぼしています。

火成岩および変成岩のクリスタル

　クォーツ（水晶をはじめとする石英）などの火成岩は、地表および地中に最も多く見られるクリスタルで、超高温の溶融マグマ中の高温の気体とミネラルから生成され、地表面の巨大な構造プレートの動きで生じる圧倒的な力によって押し上げられます。マントルに貫入すると気体は固体の岩にぶつかり冷却と凝固が起こります。このプロセスが比較的ゆっくり生じたり、気泡中でクリスタルが形成する場合、クリスタルは妨害されることなく大きく成長することが可能です。一方、このプロセスが急速に生じる場合はクリスタルは小さくなり、極めて急速に生じる場合は、クリスタルよりもオブシディアンのようなガラス様物質が形成されます。このプロセスが一旦止まった後に再開すると、ファントムクリスタルやセルフヒールド・クリスタルが見られます。

　アベンチュリンやペリドットなどのクリスタルは液状マグマから高温で生成され、トパーズやトルマリンなどのクリスタルは気体が隣接する岩に貫入する時に生成されます。水蒸気が液体に凝結するのに十分なほどマグマが冷却されると、それによって生じたミネラル豊富な鉱液がアラゴナイトなどのクリスタルをもたらしますが、このアラゴナイトは複数の形状と色をとる場合があります。

　ガーネットのような変成岩のクリスタルは、地球の深部において、強い圧力と極めて高い温度の下でミネラルが溶融と再結晶化を起こし、元の格子構造を再構築するような化学的変化を受けた場合に形成されます。カルサイトなどの堆積岩のクリスタルは浸食によって形成されます。地殻表面の岩が分解してミネラル分を含んだ水が岩を通して滴下し、風化物質が新たなクリスタルを生み出したり、遊離したミネラルが結合して礫岩となります。堆積岩のクリスタルは層状をなし、柔らかなテクスチャーを持つ傾向があります。このようなクリスタルは、母岩に付着してその上に生成したままの状態や礫岩として見つかることがよくあります。この母岩は基質とも呼ばれます。

　原子とその構成要素がクリスタルの中心部を形成しています。原子は動的特性を有し、複数の粒子が中心の周りを絶え間なく回っています。そのため、クリスタルは外見的に静かに見えるかもしれませんが、実際にはそのクリスタル固有の振動数に基づいて分子が絶え間なく振動しています。このことがクリスタルにエネルギーを与えているのです。

クリスタルの内部構造

　化学的不純物、放射線、地球や太陽からの放射、および生成様式そのものによって、異なる種類のクリスタルはそれぞれ独自の痕跡を持ちます。さまざまなミネラルから形成されたクリスタルは、その内部構造、すなわち規則正しく繰り返される原子の格子によって定義されます。一見したところ同じものには見えないほど外形や色がかなり異なっていても、同種のクリス

タルであれば大小を問わず全く同一の内部構造が顕微鏡下で認識できます。どのミネラルから形成されたかよりもこの構造がクリスタルの分類の鍵となるのです。含有ミネラルは若干異なる場合があります。同一のミネラルまたは複数のミネラルの組合せから複数種のクリスタルが形成される場合がありますが、種類毎に結晶形態が異なるのです。アラゴナイトやヘミモルファイトなどの結晶構造は根本的に異なる形状に見えます。

クリスタルの基本的形状と幾何学的形状

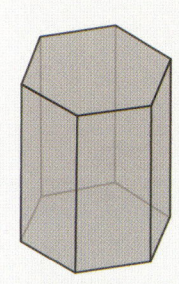
六方晶系

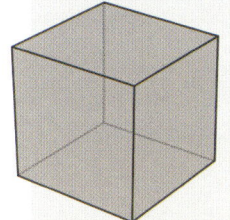
立方晶系

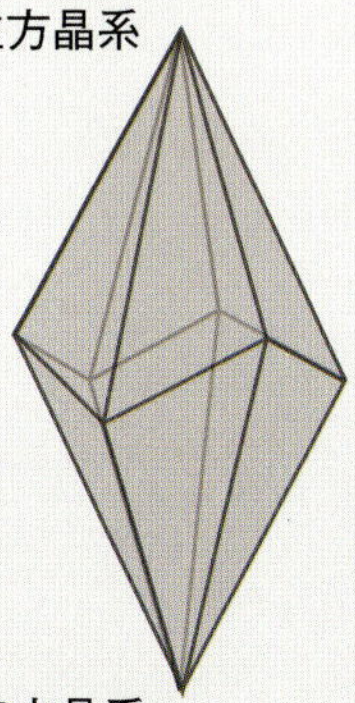

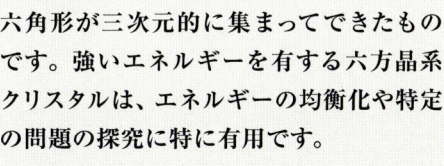
三方晶系

正方晶系

クリスタルには、7種ある幾何学的形状の中の1つから構成されているものと、内部構造を持たない非結晶質のものがあります。この7種の幾何学的形状は、クリスタルがとり得る多数の形状を決定づけており、内部の形状に基いて名前がつけられています。クリスタルの外形は必ずしも内部構造を反映したものではありませんが、内部を通過するエネルギーの流れ方には影響を及ぼします。

六方晶系
六角形が三次元的に集まってできたものです。強いエネルギーを有する六方晶系クリスタルは、エネルギーの均衡化や特定の問題の探究に特に有用です。

立方晶系
結晶軸が互いに直交するように正方形が集まって出来た立方晶系クリスタルは、安定化やグラウンディングの作用が極めて強力です。構築や再組織に最適です。立方晶系クリスタルは、入射した光線が屈折しない唯一のクリスタルです。

三方晶系
三角形で構成された三方晶系クリスタルは、エネルギーを発散させる働きがあり、生体磁気シース（生体磁場）の活性化作用や防御作用およびバランス回復作用があります。

正方晶系
長方形で構成され、長軸と短軸が互いに直交している正方晶系クリスタルは、エネルギーの吸収と変換を行い、均衡化作用と問題解決作用にも優れています。

斜方晶系
菱形で構成された斜方晶系クリスタルは、異なる長さの結晶軸を持っており、浄化と明瞭化に役立ちます。

三斜晶系
台形で構成された非対称の三斜晶系クリスタルは、エネルギーや相反するものを統合し、多次元の探究を支援します。

単斜晶系
平行四辺形で構成された単斜晶系クリスタルは、浄化と認識に有用です。

非結晶質
内部構造を持たない非結晶質クリスタルは、エネルギーを自由に通過させ、成長において触媒の働きをする可能性があります。

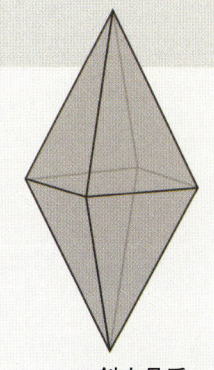
斜方晶系

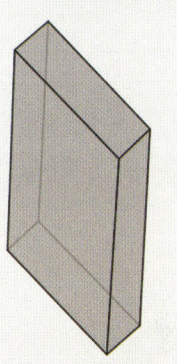
三斜晶系

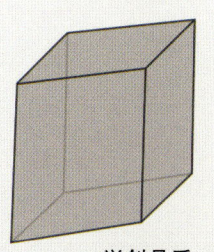
単斜晶系

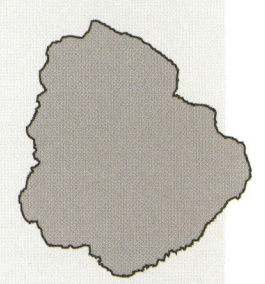
非結晶質

硬度

ダイヤモンドは最も硬いクリスタルです

硬度とは、クリスタルが表面のひっかき傷に耐える力のことで、フリードリッヒ・モース（Friedrich Mohs）が1822年に考案した硬度スケールによって判定されます。このスケールは、構造の強度を化学結合と関連づけており、小さな原子が強い力で密に結合していると硬い石となります。

スケールは、最も柔らかい1から最も硬い10までで、数字が大きくなるほど硬度が高くなりますが、数値間の硬度の変化は比例的ではありません。例えば、ダイヤモンドは天然鉱物の中で最も硬いものとして知られており硬度は最高値の10、サファイアは9、トパーズは8ですが、サファイアとトパーズの硬度は、サファイアと極めて硬いダイヤモンドの硬度よりも はるかに近い関係にあります。宝石は恒常的な磨耗に耐えるために7以上の硬度が必要で、タルクのように柔らかい鉱物は潤滑剤としてよく用いられます。どの鉱物も同一鉱物または硬度が低い鉱物に対しては傷をつけることができますが、硬度が高い鉱物に対しては傷をつけることができません。簡単な判定方法は次の通りです。

- 2　指の爪で傷をつけることができる
- 3　銅貨で傷をつけることができる
- 4　ナイフの刃で容易に傷をつけることができる
- 5　ナイフの刃でなんとか傷をつけることができる
- 6　鋼のやすりで傷をつけることができる
- 7　窓ガラスをこすって傷をつけることができる

高振動の石

最近発見された石の多くは包括的な特性を有していますが、例えば、同じ種類の石であるアメジストもクォーツも非常に高い振動速度を有しており、このことはこれらの石が物理的作用よりも微妙なエネルギー作用にはるかに効果的であることを意味しています。したがって、肉体的な癒しと精神的な癒しのためには、このような石を選択するとより効果的となります。

これらの石を利用するには、自分自身が持つバイブレーションの速度が調和していなければなりません。スピリチュアルワークやソウルワークにこれらを利用する際は、数分間石を両手で持って、自分のバイブレーションを石のバイブレーションに合わせましょう。

ベラクルス・アメジストは微妙なレベルで作用する超高バイブレーションの石です

蛍光性

多くのクリスタルは興味深い蛍光性を示します。この光は「冷光」と呼ばれることもあります。蛍光性とは、紫外線下やエネルギーが活性化された環境下で色を変化させ、色の着いた光として見える電磁放射を行う能力です。色の変化を模擬的に再現するには専門的な設備が必要ですが、多くの鉱物博物館には常設展示があり、暗室で標本を見たり野外観察に持っていくための手持ち式の蛍光灯が利用できます。昔の採石場や鉱山尾鉱に放置された鉱物が突然生き生きと光を発するのは実に幻想的な光景です。

蛍光現象が生じる原因は、クリスタルの基本的な構造単位である原子の中心核のまわりを電子がほぼ円軌道を描きながら周回していることにあります。その様子は太陽系において惑星が太陽のまわりを周回しているのに似ています。すべてのクリスタルがそうではありませんが、クリスタルが紫外線を吸収する時、電子の一つが光によって励起されてより高いエネルギー状態に移行するのです。この状態から元のエネルギー状態に戻り始める時に余剰なエネルギーが放出され、それが光として認識されます。つまり、蛍光現象は、クリスタルのバイブレーションを短期的に変化させるエネルギー交換の結果として生じているのです。

クリスタルヒーリングが微妙なエネルギー変化の結果としてもたらされるものであることから、蛍光性を有するクリスタルの多くもヒーリングのための優れたクリスタルとなるのに不思議はないでしょう。フローライトとカルサイトは、赤色、緑色、白色、深青色から青紫色までの蛍光色を示し、これらはヒーリングクリスタルとして非常に頻繁に用いられています。

紫外線下で蛍光を発するセプタリアンジオード

クリスタルの浄化、活性
および維持管理の方法

クリスタルはエネルギーを吸収します。これは、つまり、クリスタルの周囲の空気や人間からマイナスのバイブレーションもプラスのバイブレーションも極めて効率的に吸収するということを意味しています。クリスタルを購入したり、贈られたりした際は、そのクリスタルをこれまで手にしてきた人々や置かれていた場所のエネルギーが残っています。そのため、できるだけ早く、浄化やエネルギーの再チャージ、活性化、具体的なニーズに作用させるためのプログラミングを行う必要があるのです。また、クリスタルを身につけたり、ヒーリングに用いた後の浄化も必要です。誰か他の人から譲り受けた宝石類は、その人々のバイブレーションが残っており、それがあなたに移る可能性があるため、必ず浄化を行ってください。

クリスタルを身につけるとエネルギーが注入されます

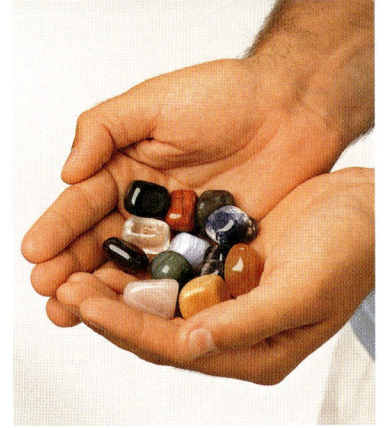

クリスタルを至高の善に捧げましょう

をどのように使いたいかを具体的に示してください。愛を引き寄せたいのなら、どのような種類の愛を求めているのかとそのための時間スケールを正確に挙げてください。クリスタルを癒しに利用しようとしているなら、どのような症状のためで、どんな結果を得たいのかを正確に述べてください。クリスタルを防御に利用しようとしている場合は、それほど具体的である必要はありません。「私のバイブレーションをポジティブに保ち、私に危害を加えようとするあらゆるネガティブなものからお守りください」というような一般的な言葉で十分でしょう。プログラミングが終わったら、クリスタルにあなたのバイブレーションを同調させてください。選んだクリスタルが目的にぴったり適ったものであるかを確認しましょう。もしもそうでない場合、クリスタルからは生気が感じられないでしょう。完全に同調できたなら、大きな声で「このクリスタルを［具体的な目的］のためにプログラミングします」と言いましょう。そして、そのクリスタルを身体の適切な場所に身につけるか、頻繁に目に入る場所に置くか、ポケットの中に入れてプログラミングのことを思い出せるようにしましょう。(癒しのために利用している場合はp18～19を参照)

クリスタルの浄化

水によるダメージがないクリスタルは、水道の蛇口の下で洗ったり、塩水に浸して浄化することが可能です。母岩上に形成されたものや溶解の可能性のあるもろいクリスタルは、塩や玄米の上に一晩置いておくことで浄化されます。大型のクォーツクラスターやカーネリアンをお持ちの場合、これらの石はあなたのために浄化を行ってくれますが、これらの石自体も浄化が必要です。クリスタルをスマッジ(燻煙)したり、ろうそくの光の中を通過させることによって浄化することができます。また、クリスタルを浄化し、エネルギーを再注入するような光に囲まれているところをイメージすることによって浄化することもできます。太陽光ヵ月光の下に数時間クリスタルを置いておくと、エネルギーが再注入されて再び効力を発揮する準備ができます。シトリンやカイアナイト、アゼツライトは、浄化を全く必要としない数少ないクリスタルです。

クリスタルの活性化

クリスタルの効力を発動させるには活性化とプログラミングが必要です。クリスタルを両手で持ってください。クリスタルを光が取り囲んでいるところを思い浮かべるか、両手を光源の前にかざします。そして、あなたの思いをクリスタルに伝えましょう。思いを集中させることが活性化プロセスの一部ですから、クリスタル

クリスタルの維持管理

クリスタルは繊細なものなので慎重に扱う必要があります。色のついたクリスタルは日光を避けるようにしないと色褪せてしまいます。層状やクラスター状のクリスタルはばらばらになる可能性があり、先端部分は折れる可能性があります。特に着色が行われている場合には注意が必要です。ハーライトやセレナイトなどのクリスタルは水溶性で、研磨面は容易に擦り傷などの傷がつきますが、タンブル加工されたものは比較的耐久性があります。使用していない時は、絹かベルベットの布でクリスタルを包んでおきましょう。これによって擦り傷を防ぎ、ネガティブなエネルギー放射の吸収からクリスタルを守ります。

ヒーリングとエネルギー強化

クリスタルヒーリングは、クリスタルのエネルギーを利用する優れた方法の一つで、エネルギー強化を目的としたクリスタルの利用と同様に人気が高まりつつあります。本書で紹介するクリスタルはすべて、身体、感情、精神、霊性に対するヒーリング特性を有しています。但し、すべてがあらゆるレベルで作用するわけではなく、最近発見されたものの多くは多次元における細胞レベルおよび霊性レベルで作用し、その効果は身体に直接的に働くというよりも浸透するように現れます。高バ

イブレーションの石は、あなたのバイブレーションがそれに同調している場合にのみ作用し、場合によってはまず他の石を用いる必要があるかもしれません。クリスタルは一人一人に異なる働きをしますから、あなたにとって最も適切なものを見つける必要がありますが、これはOリングテストで簡単に達成可能です（下記参照）。

ヒーリングとは、石がある症状を治癒することを必ずしも意味しているわけではなく、クリスタルが持つ有益な効果に対して用いられる用語なのです。微妙な不調（dis-ease）や情緒のアンバランスに対して、クリスタルは身体、情緒、精神および霊性に調和を取り戻し、身体の臓器と機能をサポートするのです。言い換えれば、ホリスティックな癒しをもたらし、幸福や健康を増進させるのです。エネルギー強化には、あなた自身または環境のエネルギーの場をサポートするためにクリスタルを身につけたり、クリスタルを置いたりすることによって、エネルギーの場を清浄で守られた状態に維持します。そして、この用途に用いたクリスタルは定期的な浄化とクリスタル自体のエネルギー再注入が必要となります（p17参照）。

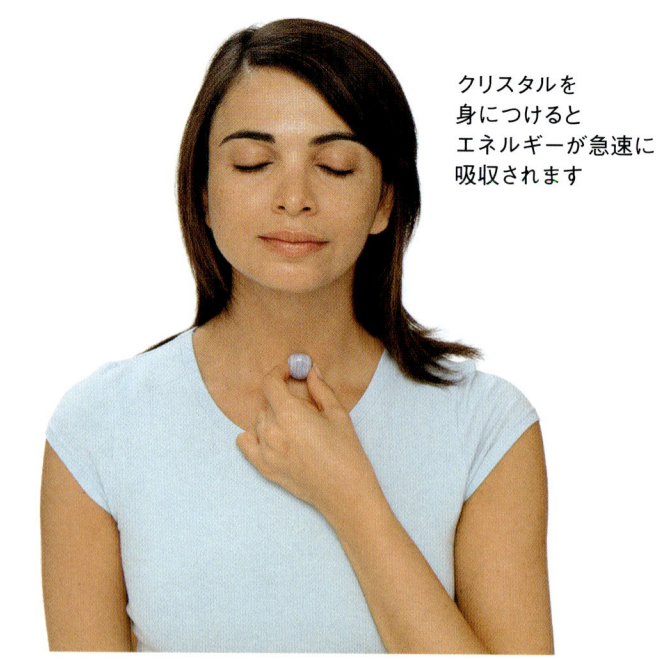

クリスタルを身につけるとエネルギーが急速に吸収されます

エネルギー強化のためのクリスタル

クリスタルはマイナスのエネルギーを取り除いたり、遮り、プラスのバイブレーションに置き換えます。そのための方法として、不調（dis-ease）や閉塞がある部分の皮膚の上に15分間置く方法や常に身につけておく方法があります。また、あなたのまわりの環境の中に置くこともできます—例えば、電磁気放射に敏感な場合は、適切な石をコンピュータの上に置くことができます。また、机の上に置いて同僚との関係を強化したり、ベッドの横に置いて睡眠に役立てたり、壁に向かって置いて騒がしい隣人を静かにさせることもできます—ローズ クォーツはこの目的に優れた効果を発揮します。

ヒーリングのためのクリスタル

クリスタルを不調（dis-ease）や痛みのある部分の上に15分づつ1日1、2回置くか、（本書のクリスタル解説の中に禁止の警告がない限り）長期間身につけることができますが、定期的に浄化することを忘れないでください。その他の主要なクリスタルヒーリングの手法には、チャクラ（p19）を通して、適した色のクリスタルやクリスタル解説の中でそのチャクラに適していると記載されたクリスタルを用いるものがあります。クリスタルは、エネルギーの中心とそれに関連した臓器の活性化や浄化と調整を行い、必要に応じてチャクラ同士を接続します。過去世ヒーリングを行うには、適切なクリスタルを過去世のチャクラすなわち額のチャクラに置き、必要に応じて身体中を移動させます。

Oリングテスト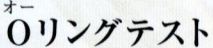

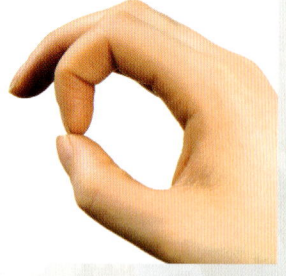 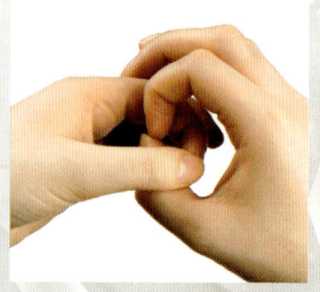 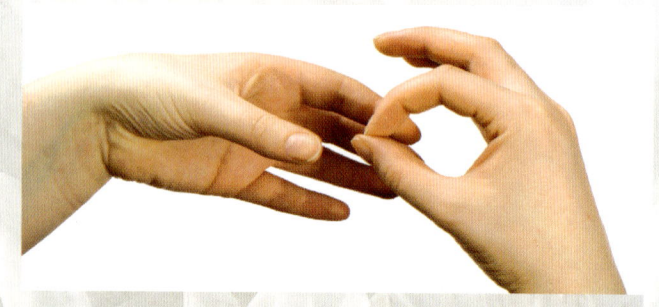

1　親指と人差指で図のように輪を作ります。

2　その輪にもう一方の手の親指と人差指を通し、同じように輪を作ります。

3　調べたいことについて問いかけをしてください。輪をしっかり引っ張ります。輪が開けば、問いかけに対する答えは「いいえ」です。輪が開かなければ、答えは「はい」です。クリスタルやクリスタルの写真の上でこのOリングテストを行えば、あなたの目的にあったクリスタルかどうかがわかります。

チャクラ

チャクラとは、身体とその周囲の生体磁気シース（生体磁場）を構成しているオーラ体（subtle body）の間を結ぶエネルギーの接続ポイントです。これらのオーラ体はそれぞれ刷り込まれたパターンや微妙なDNAを持ち、それぞれのオーラ体が持つ「青写真」が身体やその中を通るエネルギーの通路である経絡にエネルギー面で影響を及ぼしています。チャクラやオーラ体に閉塞が生じると、身体や情緒のバランスが乱れます。特定の症状を是正するには、適切なクリスタルを対応するチャクラに置くという方法があります。

チャクラのバランス

チャクラにはそれぞれ関連する色がありますが、チャクラに関連があるクリスタルの色はこれらに限定されません。クリスタルヒーリングを体験する最も簡単な方法は、適切な色の石またはクリスタル解説で推奨された石を各チャクラの上に20分間置くというものです。これによってチャクラのバランスがとれ、身体にエネルギーが再充填されます。この方法は、心が平静で受容的な状態にある時に最も効果的ですから、リラックスできて邪魔されることのない時間を選んでください。電話で話をすることは間違いなく逆効果となります。

1 高次の宝冠
2 宝冠
3 額
4 第三の目
5 過去世
6 喉
7 高次の心臓
8 心臓
9 脾臓
10 太陽神経叢
11 仙骨
12 基底
13 大地

本書の構成

本書では、宝石に限らずヒーリング特性を有するすべての石と金属を指してクリスタルという言葉を用いています。また、非結晶物質や貴石、半貴石についても特性と解説を掲載しています。本書は色別に構成されていますが、多くの石は無数の色調をとり、色や種類または組み合わせによって特性が決まることから、一つのクリスタルが2つ以上のセクションに属する場合があります。クリスタルの色や種類はそれぞれ包括的な特性を共有しいますから、さまざまなクリスタルが複合した石については、包括的な項目と具体的な項目の両方をお読みいただいて総合参照してください。クリスタルは多種多様な名前で販売されており、タンブルと未加工では外見が異なることから、同定を容易にするために石の写真を掲載しました。

本書の利用にあたっては、巻頭のクリスタル別索引で調べたいクリスタルを探してページ番号を見つけるか、写真から同定を行ってください（但し、石によって色と形状が異なる場合があることにご注意ください）。ある決まった目的のためにクリスタルを必要としている場合は、巻末の詳細な索引が役立ちます。あなたに最適な石を正確に選択するにはOリングテストが役立ちます。

特性解説部分の見方

石毎に結晶系、化学組成（形成しているミネラル名）、硬度（エネルギーの伝わりやすさの目安となる）、原産地が記載されています。関連するチャクラ、数字、十二星座、惑星も記載されていますが、これらが未確認あるいは非該当の場合もあります。

一例を挙げると、お手元にあるのが入手容易なクリスタルのローズクォーツである場合、この解説から、三角形で構成された三方晶系クリスタルで、エネルギーを発散させ、生体磁気シース（生体磁場）の活性化作用や防御作用、バランス回復作用を有していることがわかります。すべてのクォーツと同様に地球上で最も多いミネラルである二酸化ケイ素で形成されています。モースの硬度スケールが7の硬いクリスタルで、エネルギーを比較的ゆっくり通過させることができます。原産地は、南アフリカ、米国、ブラジル、日本、インド、マダガスカル、ドイツで、心臓のチャクラと高次の心臓、数字の7、十二星座の牡牛座と天秤座、惑星の金星と共鳴します。包括的な特性としては、無条件の愛と平和の促進が挙げられます。また、心臓に対して優れたヒーリング作用があります。ローズクォーツに関連したラベンダークォーツは、さらに高純度の高エネルギーを有しています。

ピンク色と桃色のクリスタル

ピンク色の石は無条件の愛という本質を持った石で、チャクラでは心臓や高次の心臓のチャクラ、惑星では金星と共鳴します。これらの石は安心を与える働きがあり、不安を軽減します。情緒に対する優れたヒーリング作用があり、喪失を克服し、トラウマを払拭し、許しを促し、普遍の愛に同調します。桃色の石は、穏やかにエネルギーを与え、心臓のチャクラと仙骨のチャクラを接続し、愛に行動を結びつけます。ピンク色と桃色の石は長期間身につけるのに適しています。

ローズクォーツ（Rose Quartz）

ローズクォーツのタンブル

結晶系	三方晶系
化学組成	SiO_2（不純物を含む）
硬度	7
原産地	南アフリカ、米国、ブラジル、日本、インド、マダガスカル、ドイツ
チャクラ	心臓、高次の心臓
数字	7
十二星座	牡牛座、天秤座
惑星	金星
効果	愛を引き寄せる、緊張の緩和、トラウマの克服、性的アンバランス、悲嘆、依存症、レイプ被害の克服、心臓および循環器系、胸部、肺、腎臓、副腎、めまい、妊孕性、熱傷、水疱、アルツハイマー病、パーキンソン病、老人性認知症

ローズクォーツの原石

　無条件の愛と無限の平和を象徴するローズクォーツは、心臓と心臓のチャクラのヒーリングにとって最も重要なクリスタルです。美しい石で、あらゆる種類の美に対する感受性を高めます。恋愛に関係する石でもあり、愛を引き寄せる働きがあります。ベッドのそばや、家の中の人間関係を象徴するコーナーに置くと、愛を引き寄せたり、既存のパートナーシップのサポート、信頼と調和の回復を図ります。

　ローズクォーツは情緒を癒す作用に優れています。表現されていない感情や心痛を解放し、もはや無意味となった情緒的な条件反応を変え、内面の痛みを和らげ、剥奪や喪失を癒し、心を開かせることによって、受け入れられるようにします。失恋の悲しみも和らげます。自分を愛する方法を教え、自分に対する寛容や受容を促し、自信と自尊心を呼び起こします。トラウマや危機的状態に優れた力を発揮するローズクォーツは、レスキューレメディ（救済薬）として働き、安心と落ち着きをもたらします。負のエネルギーを取り去り、愛に満ちた雰囲気に置き換えます。共感と感受性を強化し、必要な変化の受容を助けるローズクォーツは、ミッドライフ・クライシス（中年期の危機）の克服に非常に優れた石です。ローズクォーツを握ると、肯定的な自己宣言を促し、決意を思い出させてくれます。

注：ローズクォーツは高バイブレーションの石です。

ハート型に加工したローズクォーツ

特徴的な質感を示す
ローズクォーツ原石の断面

ローズクォーツのワンド(Rose Quartz Wand)

結晶系	三方晶系
化学組成	SiO_2(不純物を含む)
硬度	7
原産地	(特別に成形したもの)
チャクラ	心臓、高次の心臓
十二星座	牡牛座、天秤座
惑星	金星
効果	愛を引き寄せる、緊張の緩和、トラウマの克服、性的アンバランス、悲嘆、依存症、レイプ被害の克服、心臓および循環器系、胸部、肺、腎臓、副腎、めまい、妊孕性、熱傷、水疱、アルツハイマー病、パーキンソン病、老人性認知症

　ワンド(p279)やローズクォーツ(p22)の包括的な特性を有する他に、ローズクォーツ・ワンドは、精神的な苦痛を取り去ったり、失意を癒すのに優れた効果を有しています。興奮や不安にも同等に優れた効果があります。この石が持つ鎮静作用によって、上昇した血圧は降下し、速くなった心拍は正常化します。チャクラの回転に異常が生じている場合、ローズクォーツ・ワンドを心臓のチャクラにあてると、安定化させて調和を取り戻すことができます。

ローズクォーツのワンド

スモーキー・ローズクォーツ(Smoky Rose Quartz)

結晶系	三方晶系
化学組成	複合
硬度	7
原産地	南米
チャクラ	心臓、高次の心臓、基底、大地
数字	2、7、8
十二星座	蠍座、山羊座、牡牛座、天秤座
惑星	冥王星、金星
効果	愛を引き寄せる、緊張の緩和、トラウマの克服、性的アンバランス、性欲、悲嘆、依存症、レイプ被害の克服、集中力、悪夢、ストレス、ジオパシックストレス、X線曝露、鎮痛、恐怖、抑うつ、心臓、循環器系および生殖器系、胸部、肺、腎臓、副腎、腹部、腰部、脚部、背部、筋肉、神経組織、頭痛、痙攣、神経、ミネラル吸収、体液調節、めまい、熱傷、水疱、アルツハイマー病、パーキンソン病、老人性認知症

　スモーキークォーツの浄化と回復の特性(包括的特性についてはp186を参照)とローズクォーツが持つ愛に満ちたエネルギー(p22)を併せ持ったスモーキーローズクォーツは、怒りを解消し、虐待から抜け出させます。心を無条件の愛で満たし、防御盾のような役割を果たします。スモーキー・ローズクォーツは美しい石で、あなたの環境を清らかで愛にあふれた状態に保ちます。また、死に脅える人や死を迎えた人のそばで恐怖を癒します。

ローズクォーツの母岩上のスモーキークリスタル

ストロベリークォーツ(Strawberry Quartz)

結晶系	六方晶系
化学組成	複合
硬度	7
原産地	ロシア(人工物の可能性有り)
チャクラ	心臓
十二星座	天秤座
効果	不安、心臓、夢、オーラヒーリング、エネルギー強化

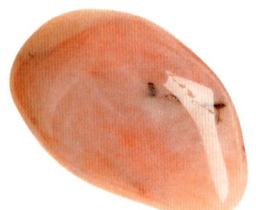

ストロベリークォーツの
タンブル

珍しいクォーツの1つであるストロベリークォーツは、クォーツ(p230)の包括的な特性を有する他に心に愛をもたらす強力なエリキシルを作ることができます。夢を思い出すのに役立つ強力なエネルギーがあります。この石は、愛にあふれた環境を作り、あらゆる状況にユーモアを見いだし、今この時を自覚を持って楽しく過ごす生活を促進します。身体とオーラのつながりを安定化させ、現在の状況をもたらした隠れた原因が特に自ら作り出したものである場合にそれを浮き彫りにします。自らに課した制限を軽減し、誤った信念を書き換えさせます。

ストロベリー
クォーツの原石

ピンク・クラックルクォーツ
(Pink Crackle Quartz)

結晶系	六方晶系
化学組成	複合(処理石)
硬度	7(加工の影響を受けている可能性有り)
原産地	(処理石)
チャクラ	心臓
十二星座	牡牛座、天秤座
効果	膵臓、糖尿病、細胞記憶、脆弱化した骨、複雑骨折、不安、耳垢、圧力変化による耳痛、エネルギー強化

クラックルクォーツは、天然クォーツに超高温による加熱と染色液への浸漬の処理が施されたものです。根本にあるクォーツの特性(p230)の一部が残っており、それらは色のバイブレーションによって強化されています。きらきらしたピンク・クラックルクォーツは華やかな性質の石で、生活の中の楽しみや喜びを促進します。この鮮やかな石は、人生の充実や、あなたのリラックスや再充電に役立つような楽しみの追求の際に、そばに置いておくのに大変適しています。レイキヒーリングの補助として有用で高次の自己とのコンタクトを可能にして虐待されたり情緒的に傷ついた子供を癒します。身体の大きさや形、年齢にかかわらず、自身の身体を愛するための手助けとして非常に有用です。また、自分自身をそのまま受け止めることにも優れた働きをします。

注：ピンク・クラックルクォーツは高バイブレーションの石です。

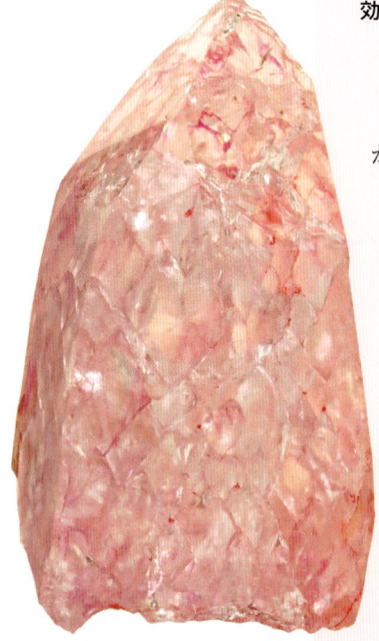

ピンク・クラックル
クォーツのピラー

ピンク・ファントムクォーツ（Pink Phantom Quartz）

結晶系	六方晶系
化学組成	SiO_2（内包物を伴う）
硬度	7
原産地	世界各地
チャクラ	心臓
十二星座	牡牛座、天秤座
効果	制限、放棄、裏切り、疎外感、心臓疾患、エリテマトーデスをはじめとする自己免疫疾患、細胞ヒーリング、エネルギー強化、細胞記憶に働きかける多次元的ヒーリング、プログラミングに対する効果的な受容体、臓器の浄化と強化、放射線に対する防御、免疫系、身体のバランスをとる、熱傷の鎮静化、古いパターン、聴覚障害、透聴力

穏やかで平和を好むピンク・ファントムクォーツは、クォーツ（p230）とファントムクォーツ（p239）の包括的な特性を有する他に、友人や恋人との間、あるいは自分自身とスピリットガイドや高次の自己との間に共感的なコミュニケーションをもたらします。ピンク・ファントムクォーツは人生をそのまま受け入れる手助けをし、充足感の達成につながるような変化を起こします。2人のヒーラーが距離を隔ててワークを行っている場合、このクリスタルが2人を強力に結び付けてテレパシーを刺激し、霊的な防御をもたらします。

クォーツポイント内部に現れたピンクファントム

ローズオーラ・クォーツ（Rose Aura Quartz）

結晶系	六方晶系
化学組成	複合（処理石）
硬度	脆性
原産地	（処理石）
チャクラ	心臓、第三の目、基底、仙骨
惑星	太陽、月
効果	感情の癒し、怒りを静める、細胞ヒーリング、細胞記憶に働きかける多次元的ヒーリング、プログラミングに対する効果的な受容体、身体のバランスをとる、熱傷の鎮静化、エネルギー強化

ローズオーラ・クォーツはクォーツ（p230）にプラチナを結合させて作られたものです。松果体と心臓のチャクラに作用するダイナミックなエネルギーをもたらして、自尊心に対して心の奥底で抱いていた疑念を変化させ、自分自身への無条件の愛という恵みを与え、普遍の愛との強力な結び付きをもたらします。このタイプのオーラクォーツは、全身に愛を染み込ませて細胞の完全なバランスを回復させます。

注：ローズオーラ・クォーツは高バイブレーションの石です。

ローズオーラ・クォーツ

ピンク色と桃色のクリスタル

ダンブライト (Danburite)

結晶系	斜方晶系
化学組成	$CaB_2SiO_2O_8$
硬度	7〜7.5
原産地	米国、メキシコ、ボリビア、ロシア、日本、ドイツ、チェコ、ミャンマー、スイス
チャクラ	心臓、高次の心臓、宝冠、高次の宝冠、第三の目
数字	4
十二星座	獅子座
効果	アレルギー、慢性症状、解毒、肝臓、胆嚢、体重増加、筋機能と運動機能

ダンブライトは、このクリスタルが最初に発見された場所であるコネチカット州ダンベリー (Danbury) にちなんで命名されたもので、明晰夢を促進するような純粋なバイブレーションを持つ非常に霊性の高い石です。心臓のヒーリングに強力な効果があり、知性や高次の意識を活性化して、天使の世界や静穏、永遠の知恵へ結び付けます。深層的な変化を促進し、過去と決別するのに優れた効果があるダンブライトは、反抗的な態度を変化させて忍耐や心の平和をもたらします。カルマの浄化剤として作用し、ミアズマ(瘴気)や強迫観念を解放させて、意識的な霊的変化を促進します。

注：ダンブライトは高バイブレーションの石です。

ダンブライトの天然ワンド

ピンクダンブライト (Pink Danburite)

結晶系	斜方晶系
化学組成	複合
硬度	7〜7.5
原産地	米国、メキシコ、ボリビア、ロシア、日本、ドイツ、チェコ、ミャンマー、スイス
チャクラ	心臓、高次の心臓、宝冠、高次の宝冠、第三の目
数字	4
十二星座	獅子座
効果	心臓、アレルギー、慢性症状、解毒、肝臓、胆嚢、体重増加、筋機能と運動機能

ピンクダンブライトはダンブライト(上記)の包括的な特性を有する他に、心を開かせ、自分自身に対する無条件の愛を促します。心を取り戻すための儀式において特に支持的な役割を果たし、浄化や戻ってくるエネルギーの統合、「感情の青写真」の癒しを助けます。

注：ピンクダンブライトは高バイブレーションの石です。

ピンクダンブライト

ユーディアライト（Eudialyte）

結晶系	三方晶系
化学組成	複合
硬度	5.5〜5
原産地	ロシア、グリーンランド、カナダ、マダガスカル、米国
チャクラ	心臓のチャクラに関連、基底のチャクラと心臓のチャクラを連結、全チャクラを開いて調整
数字	3
十二星座	乙女座
効果	エネルギー枯渇、寛容、嫉妬、怒り、罪悪感、憤り、敵意、自信、脳波、多次元的細胞ヒーリング、視神経損傷

　ユーディアライトは1819年にグリーンランドで発見され、酸によって急速に分解することから、ギリシャ語の*eu*（＝容易に）と*dialytos*（＝分解可能）を組み合わせて命名されました。この石は、かつてのソウルコンパニオンを引き合わせて、出会いの理由を明らかにさせます。ユーディアライトを枕の下に置いて瞑想したり眠ったりすると、例えば、表面的にはあなたを拒絶しているソウルメイトに出会った場合や、ある人に強く惹かれているけれど、それが性的関係に発展する運命なのか、あるいは何か行うべき霊的ワークがあるのかわからない場合に、ユーディアライトがその理由を明らかにしてくれるでしょう。個人の力を象徴する石であるユーディアライトには生命力が強力に注入されており、抑うつや自分自身への不満を癒し、その根底にある負の感情を解放させます。自己寛容と健全な自己愛を促進して、過ちからの学びを助けます。転機において有用で、知性と感情体を結びつけ、内面における深層的な変化をもたらします。

ユーディアライトのタンブル

ピンクトパーズ（Pink Topaz）

結晶系	斜方晶系
化学組成	複合
硬度	8
原産地	米国、ロシア、メキシコ、インド、オーストラリア、南アフリカ、スリランカ、パキスタン、ミャンマー、ドイツ
チャクラ	心臓、高次の心臓
数字	3
十二星座	天秤座、射手座
惑星	金星、木星
効果	希望、明敏、問題解決、誠実、寛容、自己実現、情緒的サポート、健康状態を示す、消化、食欲不振、味覚、神経、代謝、皮膚、視力（ビジョン）

　トパーズ（p87）の包括的な特性を有する他に、ピンクトパーズは希望を象徴する石でもあります。不調（dis-ease）の古いパターンを穏やかに取り除き、抵抗を解消して輝くような健康へと道を開きます。この石は神の顔を映し出します。

ピンクフローライト (Pink Fluorite)

結晶系	立方晶系
化学組成	複合
硬度	4
原産地	米国、イングランド(英国)、メキシコ、カナダ、オーストラリア、ドイツ、ノルウェー、中国、ペルー、ブラジル
チャクラ	心臓
数字	9
十二星座	魚座
惑星	水星
効果	心痛、片頭痛、魂の回復、感情の癒し、バランス、協調、自信、内気、心配、センタリング、集中力、心身症、栄養の吸収、気管支炎、肺気腫、胸膜炎、肺炎、抗ウイルス、感染症、障害(疾患)、歯、細胞、骨、DNA損傷、皮膚と粘膜、呼吸器、風邪、インフルエンザ、副鼻腔炎、潰瘍、創傷、癒着、関節の可動化、関節炎、リウマチ、脊髄損傷、鎮痛、帯状疱疹、神経関連痛、しみ、しわ、歯科処置

フローライト (p177) の包括的な特性を有する他に、ピンクフローライトは、断片化された魂の再統合を促し、迷える魂が元に戻る準備ができるまでの安全な避難場所を提供することから、魂の回復における有用な補助としての役割を有しています。他のあらゆるピンク色の石と同様に、感情の深層的な癒しを促し、絶望を和らげます。

母岩上の
ピンクフローライト

ピンクカーネリアン (Pink Carnelian)

結晶系	三方晶系
化学組成	SiO_2 (鉄、酸素、水酸基イオンを含む)
硬度	7
原産地	ブラジル、ロシア、インド、オーストラリア、マダガスカル、南アフリカ、ウルグアイ、米国、英国、チェコ、スロバキア、ペルー、アイスランド、ルーマニア
チャクラ	心臓、下部チャクラ
数字	5、6
十二星座	牡牛座、蠍座
効果	信頼、分析力、劇的な追跡、勇気、活力、代謝、集中力、妬み、怒り、否定的感情、鼻出血、不妊、不感症、インポテンス、性的能力の増進、食物消化、ビタミンとミネラルの吸収、心臓、血液循環、女性生殖器、関節炎、神経痛、高齢者の抑うつ、体液バランスの回復、腎臓、骨と靭帯の治癒を加速、頭痛

ピンクカーネリアンは、カーネリアン (p44) の包括的な特性を有する他に、親子関係を改善し、虐待や心理操作の後で愛と信頼を回復させます。嫉妬する人々から守るとも言われています。

ピンクカーネリアンの
タンブル

バスタマイト（Bustamite）

結晶系	三斜晶系
化学組成	$CaMn^{2+}Si_2O_6$
硬度	5.5～6.5
原産地	南アフリカ、スウェーデン、ロシア、ペルー、アルゼンチン、オーストリア、ブルガリア、ドイツ、ホンジュラス、イタリア、日本、ニュージーランド、ノルウェー、英国、ノルウェー、ブラジル
チャクラ	基底、仙骨、心臓、第三の目のチャクラと関連、全チャクラを調整
数字	2
十二星座	天秤座
効果	ストレス性疾患、体液貯留、脚部と足部、血液循環、頭痛、心臓、皮膚、爪、毛髪、運動神経、筋力、脾臓、肺、前立腺、膵臓、カルシウム欠乏

バスタマイトはこのタンブルのピンク色がかった赤い部分

　メキシコの将軍アナスタシオ・ブスタメンテ（Anastasio Bustamente）にちなんで名づけられたバスタマイトは珍しい石で、地球との深い関係をもたらす強力なエネルギーワークを行い、アースヒーリングを促進します。危険が存在すると輝きを失うと言われています。地球のエーテル体の経絡を再調整します。バスタマイトでグリッディングを行うと儀式ワークやイニシエーション、瞑想のための安全な空間を設けることができます。意識的な夢や直観を刺激して、チャネリングや天使の世界へのアクセスを強化します。

　バスタマイトは身体とオーラ体のエネルギーの経絡を再調整し、閉塞や情緒的苦痛を取り除きます。内面の調和をもたらすバスタマイトは平静を象徴する石で、不調和な状況において物理的にはその場にとどまったままであなたを精神的に隔離したり、有害な状況においては物理的に隔離したりする手助けをします。理念や発想を積極的な行動に変え、人生を力強く歩むようあなたに強く働きかけます。

スギライトを伴ったバスタマイト
（Bustamite with Sugilite）

結晶系	複合
化学組成	複合
硬度	複合
原産地	南アフリカ、スウェーデン、ロシア、ペルー、アルゼンチン、オーストリア、ブルガリア、ドイツ、ホンジュラス、イタリア、日本、ニュージーランド、ノルウェー、英国、ノルウェー、ブラジル
チャクラ	額、第三の目、過去世
効果	片頭痛、ストレス性疾患、体液貯留、脚部と足部、血液循環、頭痛、心臓、皮膚、爪、毛髪、運動神経、筋力、脾臓、肺、前立腺、膵臓、カルシウム欠乏、自己寛容、学習困難、アスペルガー症候群（高機能自閉症）、身体の自然治癒力を加速化、霊性、依存症、摂食障害、読字障害、精神的疲労、絶望、敵意、偏執症、統合失調症、鎮痛、頭痛、てんかん、運動障害、神経、脳の調整

スギライトを伴ったバスタマイトのタンブル

　片頭痛や頭痛の緩和に優れた効果を発揮するこの石は、バスタマイト（包括的特性については上記を参照）とスギライト（p183）が組み合わさったもので、グラウンディングを維持したままで霊的および非物質的な気づきを高めます。直観を与え、自分自身の声に耳を傾ける力を高めます。この石は、同じ考え方を持つソウルを引き寄せるようにプログラミングすることが可能です。

ピンク色と桃色のクリスタル　29

クンツァイト（Kunzite）

結晶系	単斜晶系
化学組成	$LiAlSi_2O_6$（リチウムをはじめとする不純物を含む）
硬度	6.5〜7
原産地	米国、マダガスカル、ブラジル、ミャンマー、アフガニスタン
チャクラ	心臓のチャクラ、高次の心臓のチャクラと関連、心臓のチャクラを喉と第三の目のチャクラに調整
数字	7
十二星座	牡牛座、獅子座、蠍座
惑星	金星、冥王星
効果	知性と直観と霊感を組み合わせる、謙虚、貢献、忍耐、自己表現、創造性、ストレス関連性の不安、双極性障害、精神疾患と抑うつ、ジオパシックストレス、内省、免疫系、ラジオニクスによる遠隔ヒーリング実施時の患者の身代わり、麻酔、循環器系、心臓 筋肉、神経痛、てんかん、関節痛

クンツァイトの原石

　クンツァイトはバイブレーションが極めて高い石で、無条件の愛を与えて心を目覚めさせます。深く集中した瞑想状態へ導くことから、瞑想を難しいと感じる人に有用です。否定的なものを追い払う力を持ち、付着した霊的存在や精神的影響を追い払う防御シースをオーラの回りに作り出します。群集の中にあっても自己充足を図る力をもたらします。障害を取り除き、人生の重圧への順応を助けます。大人になるのが速すぎた人の癒しに有用で、閉ざされた記憶の回復を助けます。心臓の上にクンツァイトを置くと、失った信頼と無邪気さを取り戻すことができます。心の澱を取り除いて情緒を解放し、特に前世から持ち越した心痛を癒します。抵抗を取り除き、個人的ニーズと他者のニーズの間に妥協をもたらし、建設的な批判に基いた行動を促進します。

注：クンツァイトは高バイブレーションの石です。

ピンクペタライト（Pink Petalite）

結晶系	単斜晶系
化学組成	複合
硬度	6〜6.5
原産地	ブラジル、マダガスカル、ナミビア
チャクラ	心臓、高次の心臓、高次の宝冠
数字	7
十二星座	魚座
効果	恐怖、心配、柔軟性、ストレス緩和、脈拍安定化、抑うつ、内分泌系、三焦経、AIDS（後天性免疫不全症候群）、癌、細胞、目、肺、筋痙攣、腸

ピンクペタライトの原石

　ピンクペタライトはペタライト（p255）の包括的な特性を有する他に同情を象徴する石でもあります。情緒体を強化し、心臓の経絡の障害を除去して精神的な重荷を下ろすことを促し、愛が満ちるように仕向けます。

注：ピンクペタライトは高バイブレーションの石です。

ピンクペタライトの原石

マスコバイト（Muscovite）

結晶系	単斜晶系
化学組成	$KAl_2(Si_3Al)O_{10}(OH)_2$
硬度	2〜3.5
原産地	スイス、ロシア、オーストリア、チェコ、ブラジル、ニューメキシコ、カナダ、インド、イタリア、スコットランド、ドイツ、オーストリア、フィンランド、マダガスカル、アフガニスタン、ドミニカ
チャクラ	心臓
数字	1
十二星座	水瓶座
惑星	水星
効果	行動不全や左右弁別の混乱、問題解決、機転が利く、不眠、アレルギー、怒り、不安感、自信喪失、神経ストレス、毛髪、目、体重、血糖、膵臓分泌、脱水症、絶食、腎臓、反復性ストレス障害、腱炎

マスコバイトの原石

　マスコバイトは、この石がかつて建物のガラスの代わりに用いられていたMuscovy（モスクワ大公国、現ロシア連邦）にちなんで名付けられました。マイカ（雲母）の中で最も多く見られる形態です。天使と強い関わりを持つ神秘的な石で、高次の自己の意識を刺激してアストラルジャーニーを促進し、非物質的なものを見る目を開きます。投影されたものを映し返し、他者から見た自分の認識を促進します。世間へ示したイメージの変化を助け、苦しい感情の掘り下げや解放、統合プロセスを支えます。存在のあらゆるレベルに柔軟性をもたらし、学んできた教訓を正しく理解して実行に移すための将来の展望と過去の振り返りを助けます。

　地震発生地域でグリッドを組むと、地球内部の緊張を軽減します。また、身体内部の緊張も解放し、身体とオーラ体および経絡との調整を図ります。タイピングの際の手首のサポートとして用いましょう。

ピンクアゲート（Pink Agate）

結晶系	三方晶系
化学組成	複合
硬度	6
原産地	米国、インド、モロッコ、チェコ、ブラジル、アフリカ
チャクラ	心臓
数字	7
十二星座	天秤座、山羊座
効果	無条件の愛、情緒的トラウマ、自信、集中力、知覚、分析力、オーラの安定化、負のエネルギーの変容、情緒の不調（dis-ease）、消化作用、胃炎、目、胃、子宮、リンパ系、膵臓、血管、皮膚疾患

ピンクアゲートのタンブル

　ピンクアゲートは、アゲート（p190）の包括的な特性を有する他に、親子の間の無条件の愛を促進し、個人差の受容を助けます。

ピンク色と桃色のクリスタル

ロードクロサイト（Rhodochrosite）

結晶系	六方晶系
化学組成	$MnCO_3$
硬度	3.5〜4
原産地	米国、南アフリカ、ロシア、アルゼンチン、ウルグアイ、ペルー、ルーマニア
チャクラ	心臓、高次の心臓のチャクラと関連、太陽神経叢と基底のチャクラの障害を除去
数字	4
十二星座	獅子座、蠍座
惑星	火星
効果	情緒の解放、精神的ストレス、自尊心、否定、積極的な姿勢を植え付ける、慢性的な自己非難を克服する、非合理的恐怖、記憶力、知性、食欲不振、片頭痛、喘息、呼吸器障害、循環器系、腎臓、視力、抑うつ、低血圧、ヘルペス、卵巣癌、膀胱、結腸、前立腺、生殖器、感染症、甲状腺

研磨した
ロードクロサイト

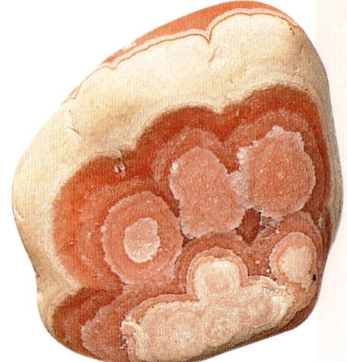

研磨したロードクロサイト

　無私の愛と同情を象徴するロードクロサイトは、意識を拡張し、霊的なエネルギーと物質的なエネルギーを統合します。心や人間関係に優れた作用があり、性的虐待を癒します。より良き善への学びを助けるソウルメイトを引き寄せ、苦しい感情を遮断するのではなく吸収することを心に教えてくれます。弁解や回避をすることなく、愛に満ちた自覚を持って、自分自身や他者に関する真実に直面することを強く促します。

　ロードクロサイトは高次の心と結びつき、新たな情報の統合、積極的な姿勢の促進、夢幻状態や想像力を促進します。情熱や性的衝動をはじめとする感情の自発的表現を促進し、沈んだ雰囲気を高揚させ、人生に明るさをもたらします。

ジェム・ロードクロサイト（Gem Rhodochrosite）

結晶系	六方晶系
化学組成	$MnCO_3$
硬度	3.5〜4
原産地	米国、南アフリカ、ロシア、アルゼンチン、ウルグアイ、ペルー、ルーマニア
チャクラ	心臓、高次の心臓のチャクラと関連、太陽神経叢と基底のチャクラの障害を除去
数字	4
十二星座	獅子座、蠍座
惑星	火星
効果	心身症、情緒の解放、精神的ストレス、自尊心、否定、積極的な姿勢を植え付ける、慢性的な自己非難を克服する、非合理的恐怖、記憶力、知性、食欲不振、片頭痛、喘息、呼吸器障害、循環器系、低血圧、卵巣癌、生殖器

母岩上の天然
ロードクロサイトの結晶

　ロードクロサイト（上記）の包括的な特性を有する他に、ジェム・ロードクロサイトはカルマによって定められたあなたの現世での存在の目的へ導き、前世での魂の契約を見ることを可能とし、必要があればこれらの書き換えを可能にします。霊の世界からの分離を癒し、普遍の愛に心を開くよう促すことから、癌における心因性の原因の改善や、再発予防のために「感情の青写真」を再プログラムするのに利用されています。

　注：ジェム・ロードクロサイトは高バイブレーションの石です。

ピンクサファイア (Pink Sapphire)

結晶系	六方晶系
化学組成	複合
硬度	9
原産地	ミャンマー、チェコ、ブラジル、ケニア、インド、オーストラリア、スリランカ、カナダ、タイ、マダガスカル
チャクラ	心臓
十二星座	天秤座
効果	情緒の閉塞感、平静、心の平和、集中力、多次元的細胞ヒーリング、身体系の活動亢進、腺、目、ストレス、血管疾患、過剰出血、静脈、弾力性

ピンクサファイアの原石(ジェムグレード)

ファセットカットしたピンクサファイア

　ピンクサファイアは、サファイア(p160)の包括的な特性を有する他に、発展のためにあなたが必要とするすべてのものを人生に引き寄せる磁石のような働きをします。感情の克服法を教え、情緒の閉塞感を解消して、変化したエネルギーを統合します。

ロードナイト (Rhodonite)

結晶系	三斜晶系
化学組成	$(Mn^{2+})SiO_3$
硬度	5.5〜6.5
原産地	スペイン、ロシア、スウェーデン、ドイツ、メキシコ、ブラジル
チャクラ	心臓、太陽神経叢
数字	9
十二星座	牡牛座
惑星	火星
効果	マントラ瞑想、非物質的世界の門を閉じる、混乱、疑念、自信、優れた創傷治癒作用、虫刺され、瘢痕、骨の成長、臓器の治癒、妊孕性、肺気腫、関節の炎症、関節炎、自己免疫疾患、胃潰瘍、多発性硬化症

　愛を育み、人類の兄弟愛を促進するロードナイトは情緒のバランスをとる石で、心を刺激して癒す働きがあります。エネルギーをグラウンディングし、陰陽のバランスをとり、その人の最大の潜在能力の実現を助けます。寛容と強く共鳴し、長期的な苦しみや虐待の後の和解を助けます。また、情緒的な自滅や共依存にも有益です。過去世ヒーリングでは、裏切りや放棄に対応し、過去世からの心の傷や傷痕を、それが過去のいつの時点であろうと取り去り、苦しい感情を変質させます。利己的ではない自己愛と寛容を促進し、本当は自分自身の内部にあるものをパートナーのせいにしようとする態度の撤回に役立ちます。「応急手当の石」として有用で、情緒的なショックやパニックを癒し、その過程において魂のサポートを行います。また侮辱を追い返し、報復を防ぎます。報復は自己破壊的であることを認識させ、危険や動揺した状況にあっても冷静さを保つのを助けます。

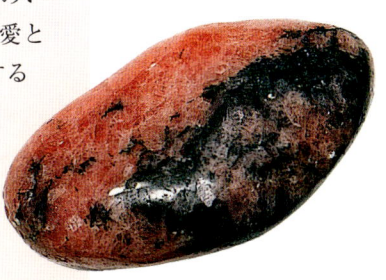

ロードナイトのタンブル

パイロフィライト (Pyrophyllite)

結晶系	単斜晶系
化学組成	$Al_2Si_4O_{10}(OH)_2$
硬度	2.5
原産地	米国、カナダ、ロシア、オーストラリア
チャクラ	仙骨、太陽神経叢
数字	1
十二星座	魚座
効果	自律、消化不良、胸焼け、胃酸過多、下痢

パイロフィライトはカオリンの一形態で、境界を容易に侵害されたり、境界があいまいすぎる人に有用です。他人に影響されやすい場合は、あなたをコントロールしようとする人に対して「ノー」と言うことを学ぼうとする時や、あなたを他の人に従わせるような約束や義務について再交渉しようとする際には、パイロフィライトを太陽神経叢の前にあてて境界を強化しましょう。

天然のパイロフィライト

コバルトカルサイト（コバルタイト） (Cobalto-calcite (Cobaltite))

結晶系	六方晶系
化学組成	$CaCO_3$
硬度	3
原産地	米国、英国、ベルギー、チェコ、スロバキア、ペルー、アイスランド、ドイツ、ルーマニア、ブラジル
チャクラ	心臓
十二星座	蟹座
効果	感情の癒し、自己発見、情緒的成熟、養育、瘢痕、失意、孤独、悲嘆、学習、動機、怠惰、再活性化、情緒的ストレス、排泄器官、骨のカルシウム取り込み、組織治癒、免疫系、小児の成長

コバルトカルサイトは悪戯好きで意地悪な石だと考えられていたことから、ドイツの鉱山労働者はこれを小妖精を意味する (kobold) すなわち悪戯好きな妖精ゴブリン (goblin) と命名しました。クリスタルヒーラーは、この石を無条件の愛や寛容を象徴するものと考えています。カルサイト (p245) の包括的な特性を有する他に、激しい感情を鎮め、自分自身や他者を愛することを助けます。知性と情緒を調和させ、発想を実行に移し、持って生まれた才能と人生の目的の発見を促します。他の人や惑星の苦しみを背負った人や、絶望した人のサポートをします。遠隔ヒーリングではコバルトカルサイトを写真の上に置いて、何かを目指している人や情緒的閉塞を克服しようとしている人にピンク色の光を送るのに用いてください。

母岩上のコバルトカルサイトの結晶

マンガンカルサイト（Mangano Calcite）

結晶系	六方晶系
化学組成	複合
硬度	3
原産地	米国、英国、ベルギー、チェコ、スロバキア、ペルー、アイスランド、ルーマニア、ブラジル
チャクラ	心臓、高次の心臓
十二星座	天秤座
惑星	金星
効果	トラウマ、疼痛、自尊心、自己受容、神経症状、緊張、不安、悪夢、学習、動機、怠惰、再活性化、情緒的ストレス、排泄器官、骨のカルシウム取り込み、沈着した石灰の溶解、骨格、関節、腸症状、皮膚、組織治癒、免疫系、小児の成長

　マンガンカルサイトは、カルサイト（p245）の包括的な特性を有する他に天使の世界とのコンタクトを促進します。寛容を象徴する石で、無条件の愛をもたらし、心を過去に縛りつけ続けている恐れや悲嘆を解放します。

マンガンカルサイトのタンブル

モルガナイト（ピンクベリル）
（Morganite (Pink Beryl)）

結晶系	六方晶系
化学組成	複合
硬度	7.5〜8
原産地	米国、ブラジル、中国、アイルランド、スイス、オーストラリア、チェコ、フランス、ノルウェー
チャクラ	心臓、高次の心臓
数字	1
十二星座	天秤座
惑星	金星
効果	魂の回復、身体と魂を再び合致させる、ストレスおよびストレス性疾患、結核、喘息、肺気腫、心臓の問題、めまい、インポテンス、肺、神経系、細胞の酸素化、勇気、ストレス、過剰分析、排泄系、肺系および循環器系、鎮静、毒素や汚染に対する抵抗性、肝臓、心臓、胃、脊椎、脳振盪、咽喉 感染症

モルガナイトのタンブル

　ベリル（p81）の包括的な特性を有する他に、モルガナイトは愛を引き寄せて、愛にあふれる気持ちや行動を促し、人生を楽しむ空間をもたらします。脱出戦略や霊的成長を阻んでいるかたくなな心や利己主義を認識させて、カルマによる情緒的苦痛を解放します。満たされていない情緒的欲求や霊的欲求、表面に現れていない感情への認識をもたらし、精神と身体の変化が生じている間、情緒体を安定状態に保ちます。癒しや変容への抵抗を解消し、被害者意識を取り除いて無条件の愛を受け入れるように心を開きます。

チューライト（ピンクゾイサイト）(Thulite (Pink Zoisite))

結晶系	斜方晶系
化学組成	$Ca_2Al_3(Si_2O_7)(SiO_4)O(OH)$
硬度	6〜6.5
原産地	ノルウェー
数字	5
十二星座	牡牛座、双子座
効果	極度の衰弱、神経衰弱、カルシウム欠乏、胃の不調、妊孕性、PMS（月経前症候群）、生殖器、無気力、解毒、過度の酸性化を中和、炎症軽減、免疫系、細胞再生、心臓、脾臓、膵臓、肺、卵巣、精巣 恥骨の上に置いて生殖器系を刺激する

チューライトのタンブル

チューライトの原石

チューライトという名前はノルウェーの古名*Thule*に由来しています。ゾイサイト（p56）の包括的な特性を有する他に、生命力との強力なつながりを持つドラマチックな性質の石で、癒しと再生を刺激します。克服すべき抵抗がある場合に有用で、好奇心や創作力を促進します。チューライトは人間の二面性を探り、愛と論理を組み合わせ、欲望や官能、セクシュアリティは人生を構成する自然なものであると教えます。情熱や性欲の表現を促し、外向性をもたらして、雄弁さや演出能力を促進します。

ユナカイト（エピドート）(Unakite (Epidote))

結晶系	単斜晶系
化学組成	複合
硬度	6〜7
原産地	米国、南アフリカ
チャクラ	第三の目
数字	9
十二星座	蠍座
効果	電磁スモッグ、大病からの回復、生殖器系、体重増加、妊娠、皮膚、組織、毛髪

ビジョンの石であるユナカイトは、情緒と霊性のバランスをとり、第三の目を開き、瞑想や非物質的ワークの後にグラウンディングをもたらします。再生を促し、閉塞の原因を明らかにして過去からの洞察を統合し、霊的および心理的な成長を阻害している状態を徐々に解消します。過去世ヒーリングにおいて問題の発生源に遡って再構成を行い、必要に応じて報復の必要を解消するのにも有用です。情緒の不調(dis-ease)の根本原因が遠い過去に生じたものか、近い過去に生じたものかを問わず、またどのようなレベルで生じたものかを問わず、明らかにして変容させます。

ユナカイトの原石

ピンクハーライト（Pink Halite）

結晶系	立方晶系
化学組成	NaCl（バーカイトを含む）
硬度	2
原産地	米国
チャクラ	宝冠、心臓
数字	1
十二星座	蟹座、魚座
効果	抑圧の解消、利尿、不安、解毒、代謝、水分貯留、腸障害、双極性障害、呼吸器障害、皮膚

　ピンクハーライトは米国のカリフォルニア州で産出します。この色はバーカイトというミネラルによってもたらされています。ハーライト（p250）の包括的な特性を有する他に、付着した霊的存在や憑霊の分離に有用なツールで、再付着を予防します。アルコールや薬物の影響下にある人に特に有効です。霊的成長を促進するピンクハーライトは、非物質的能力を開花させて否定的なものを取り除きます。環境の中に置くと、安らぎや愛されている感覚が促進されます。

天然のピンクハーライト

ピンクカルセドニー（Pink Chalcedony）

結晶系	三方晶系
化学組成	SiO₂（不純物を含む）
硬度	7
原産地	米国、オーストリア、チェコ、スロバキア、アイスランド、イングランド、メキシコ、ニュージーランド、トルコ、ロシア、ブラジル、モロッコ
数字	9
十二星座	蟹座、射手座
惑星	月
効果	共感、内面の安らぎ、信頼、心身症、心臓、免疫系、母乳授乳、リンパ液、寛大、敵意、訴訟、暗闇に対する恐怖、ヒステリー、抑うつ、否定的思考、起伏の激しい感情、悪夢、浄化、母性本能、母乳分泌、ミネラルの吸収、血管内のミネラル沈着、認知症、老齢、体力、ホリスティックな癒し、目、胆嚢、骨、脾臓、血液、循環器系

　カルセドニー（p247）の包括的な特性を有する他に、ピンクカルセドニーは思いやりやあらゆる優れた性質を促進する霊的な石でもあります。子供のように驚く気持ちや新しいことを学ぶ意欲をもたらし、創造性の現れの1つとして物語の話術を高めます。

ピンクカルセドニーの原石

ピンク色と桃色のクリスタル

チェリーオパール (Cherry Opal)

結晶系	非結晶質
化学組成	$SiO_2 \cdot nH_2O$
硬度	5.5〜6.5
原産地	オーストラリア、ブラジル、米国、タンザニア、アイスランド、メキシコ、ペルー、英国、カナダ、ホンジュラス、スロバキア
チャクラ	基底、仙骨、第三の目
数字	4
十二星座	双子座
効果	透視、超感覚、第三の目の閉塞による頭痛、組織再生、血管疾患、筋肉の緊張、脊椎障害、更年期症状、自尊心、生きる意欲の強化、直観、恐怖、忠誠、自発性、女性ホルモン、パーキンソン病、感染症、発熱、記憶力、血液と腎臓の浄化、インスリンの調節、出産、PMS（月経前症候群）、目、耳

オパール (p254) の包括的な特性を有する他に、チェリーオパールには下部チャクラの活性化作用があります。また、第三の目を開いて非物質的能力を発揮しつつ、中心感覚を促進します。

チェリーオパールのタンブル

天然のチェリーオパール

ヒューランダイト (Heulandite)

結晶系	単斜晶系
化学組成	$NaBa_4(Si_{27}Al_9)O_{72} \cdot 24H_2O$ 他
硬度	3.5〜4
原産地	インド
数字	9
十二星座	射手座
効果	喪失からの回復、可動性、体重減少、成長、下肢、血流、腎臓、肝臓、解毒、甲状腺腫、依存症、鼓腸、農業、園芸、レイキ

ヒューランダイトは異次元間の移動を助け、アカシックレコードの読解を促進します。前進に対して優れた作用があり、マイナスの感情を解放し、染み込んだ習慣や行動を変容し、新たな道の展開とわくわくするような可能性に置き換えを図るために、あなたを過去へと導きます。また、レムリアやアトランティス、さらにあなた自身の過去世における古代の知恵や技術の回復へと導くことも可能です。ゼオライト (p261) も参照。

天然のヒューランダイト

ピーチセレナイト（Peach Selenite）

結晶系	単斜晶系
化学組成	$CaSo_4 \cdot 2H_2O$（不純物を含む）
硬度	2
原産地	イングランド、米国、メキシコ、ロシア、オーストリア、ギリシャ、ポーランド、ドイツ、フランス、シチリア（イタリア）
チャクラ	全チャクラ（特に太陽神経叢と仙骨）
惑星	冥王星
効果	感情の癒し、判断、洞察、脊柱の調整、柔軟性、てんかん、歯科用アマルガムによる水銀中毒、活性酸素、母乳授乳 素晴らしいヒーリング効果がエネルギーレベルで生じる

立方体状に成形した
ピーチセレナイト

　セレナイト（p257）の包括的な特性を有する他に、情緒の変容に関する作用も有しています。強力なヒーリング作用があり、古いトラウマにとらわれた人や、過去世と現世を関連づけて考える必要がある人が持つのに特に適しています。放棄や拒絶、疎外感、裏切りといった問題を引き出して、そのエネルギーを癒しや寛容、受容へと変化させます。自己認識や新たな人生へと大きな飛躍をする際に持っておくのに最適な石です。

注：ピーチセレナイトは高バイブレーションの石です。

ピーチアベンチュリン（Peach Aventurine）

結晶系	三方晶系
化学組成	複合
硬度	7
原産地	イタリア、ブラジル、中国、インド、ロシア、チベット、ネパール
チャクラ	心臓、仙骨
数字	3
十二星座	牡羊座
惑星	水星
効果	極度の内気、過剰な心配、情緒的ストレス、心臓、肺、副腎、泌尿生殖器系、男性性と女性性のエネルギーのバランスをとる、繁栄、リーダーシップ、決断力、同情、共感、焦燥、創造性、どもり、重度神経症、胸腺、結合組織、神経系、血圧、代謝、コレステロール、動脈硬化、心臓発作、抗炎症、発疹、アレルギー、片頭痛、副鼻腔

天然の
ピーチアベンチュリン

　ピーチアベンチュリンは、アベンチュリン（p97）の包括的な特性を有する他に、新たな可能性への扉を開き、チャンスを最大限に活用できるようにしたり、創造性やさまざまな幸せを促進する幸運の石でもあります。不安を取り去り、心の中の批判的な声を静めるようにささやくこの石は、瞑想に適した状態をもたらします。ピーチアベンチュリンの内部に銀の斑点が入っていると、母なる地球のヒーリングエネルギーが身体内を流れるのを促進して、陰陽のバランスをとる働きがあります。

ピンク色と桃色のクリスタル

ウォーターメロン・トルマリン (Watermelon Tourmaline)

結晶系	三方晶系
化学組成	ケイ酸塩複合体
硬度	5〜7
原産地	スリランカ、ブラジル、アフリカ、米国、オーストラリア、アフガニスタン、イタリア、ドイツ、マダガスカル
チャクラ	心臓、高次の心臓
数字	2
十二星座	双子座、乙女座
効果	愛、優しさ、友情、情緒機能障害、過去の苦痛、抑うつ、恐怖、内面の安心感、神経再生、麻痺、多発性硬化症、ストレス、リラクセーション、知恵、同情、情緒的苦痛、破壊的感情、内分泌系の機能障害、肺、皮膚、忍耐、帰属意識、恐怖、開放性、若返り、安らかな睡眠、閉所恐怖症、パニック発作、多動、解毒、便秘、下痢、神経系、目、心臓、胸腺、脳、免疫系、体重減少、慢性疲労や極度の疲労の緩和、脊椎の再調整、肉離れ、胆嚢、肝臓

　ピンクトルマリン(上記)とベルデライト(p125)の包括的な特性を有する他に、魂の契約や人生の目的の認識に役立つことから人間関係に有益な石です。緑色にピンク色が内包されたこの石は、どんな悲惨な状況下にあっても意義を見出すのを助け、心臓のチャクラに強力な活性化作用を発揮して癒し、高次の自己へと結びつけます。忍耐や機転、駆け引きを教え、状況の理解や明確な意志表示を助けます。傷ついたヒーラーにとって極めて有益な石です。ウォーターメロン・トルマリンは、再び完全な状態になるために克服しなければならないかもしれないあらゆる抵抗を解消します。

ウォーターメロン・トルマリンのタンブル

ピンク トルマリン (Pink Tourmaline)

結晶系	三方晶系
化学組成	ケイ酸塩複合体
硬度	7〜7.5
原産地	スリランカ、ブラジル、アフリカ、米国、オーストラリア、アフガニスタン、イタリア、ドイツ、マダガスカル、タンザニア
チャクラ	心臓、大地、全チャクラを保護
数字	9、99
十二星座	天秤座
効果	リラクセーション、知恵、同情、情緒的苦痛、破壊的感情、内分泌系の機能障害、心臓、肺、皮膚、防御、解毒、脊椎の調整、男性性と女性性のエネルギーのバランスをとる、偏執症、読字障害、視覚と手の協調関係、コード化された情報の取り込みと解釈、気管支炎、糖尿病、肺気腫、胸膜炎、肺炎、エネルギーの流れ、閉塞の除去

　トルマリン(p210)の包括的な特性を有する他に、物質的世界と霊的世界の両方において愛を引き寄せる媚薬のような働きがあります。心臓の上に置くと、愛しても大丈夫であるという安心感が得られます。愛に信頼をもたらす一方で、他者から愛されたいと思う前に自分自身を愛する必要があることに目を向けさせます。肉体的な喜びを分かち合うのを助け、癒しのエネルギーに対する受容性を活性化させます。

ピンクトルマリンのタンブル

ピンクトルマリンの原石

ロードライトガーネット (Rhodolite Garnet)

結晶系	立方晶系
化学組成	マグネシウムとアルミニウムのケイ酸塩化合物（マンガン、クロムおよび／またはケイ酸鉄を含む）
硬度	6〜7.5
原産地	ヨーロッパ、アリゾナ（米国）、ニューメキシコ（米国）、南アフリカ、オーストラリア
チャクラ	基底
数字	7
十二星座	獅子座
惑星	火星
効果	代謝、心臓、肺、腰部、愛を引き寄せる、夢を見る、血液疾患、身体の再生、代謝、脊椎障害、細胞傷害、血液、肺、DNAの再生、ミネラルやビタミンの吸収

　ガーネット（p47）の包括的な特性を有する他に、ぬくもりや信頼、誠実さを象徴する石であるロードライトガーネットは、熟慮や直観、霊感を刺激します。健全なセクシュアリティを強化し、クンダリーニエネルギーを上昇させて不感症を克服します。

母岩中の
ロードライトガーネット

グロッシュラーガーネット (Grossular Garnet)

結晶系	立方晶系
化学組成	マグネシウムとアルミニウムのケイ酸塩化合物（マンガン、クロムおよび／またはケイ酸鉄を含む）
硬度	6〜7.5
原産地	ヨーロッパ、アリゾナ（米国）、ニューメキシコ（米国）、南アフリカ、オーストラリア
チャクラ	基底と心臓のチャクラに関連、全チャクラの浄化と活性化
数字	2、6
十二星座	蟹座
惑星	火星
効果	ストレス関連性疾患、神経系、不信、食欲不振、ビタミンの吸収、妊孕性、愛を引き寄せる、夢を見る、血液疾患、身体の再生、代謝、脊椎障害、細胞傷害、血液、心臓、肺、DNAの再生、ミネラルやビタミンの吸収

　ガーネット（p47）の包括的な特性を有する他に、グロッシュラーガーネットは特に訴訟において有用な石で、協調的努力や独創的な解決策をひらめかせます。

グロッシュラーガーネット

その他のピンク色と桃色の石

ピンク色の石：アンブリゴナイト（p77）、ダイヤモンド（p248）、デュモルティエライト（p150）、レピドライト（p181）、フェナサイト（p256）、スミソナイト（p138）、スティッヒタイト（p178）、スティルバイト（p260）、タイガーアイ（p206）、ジルコン（p261）
桃色の石：アポフィライト（p242）、ゼオライト（p261）

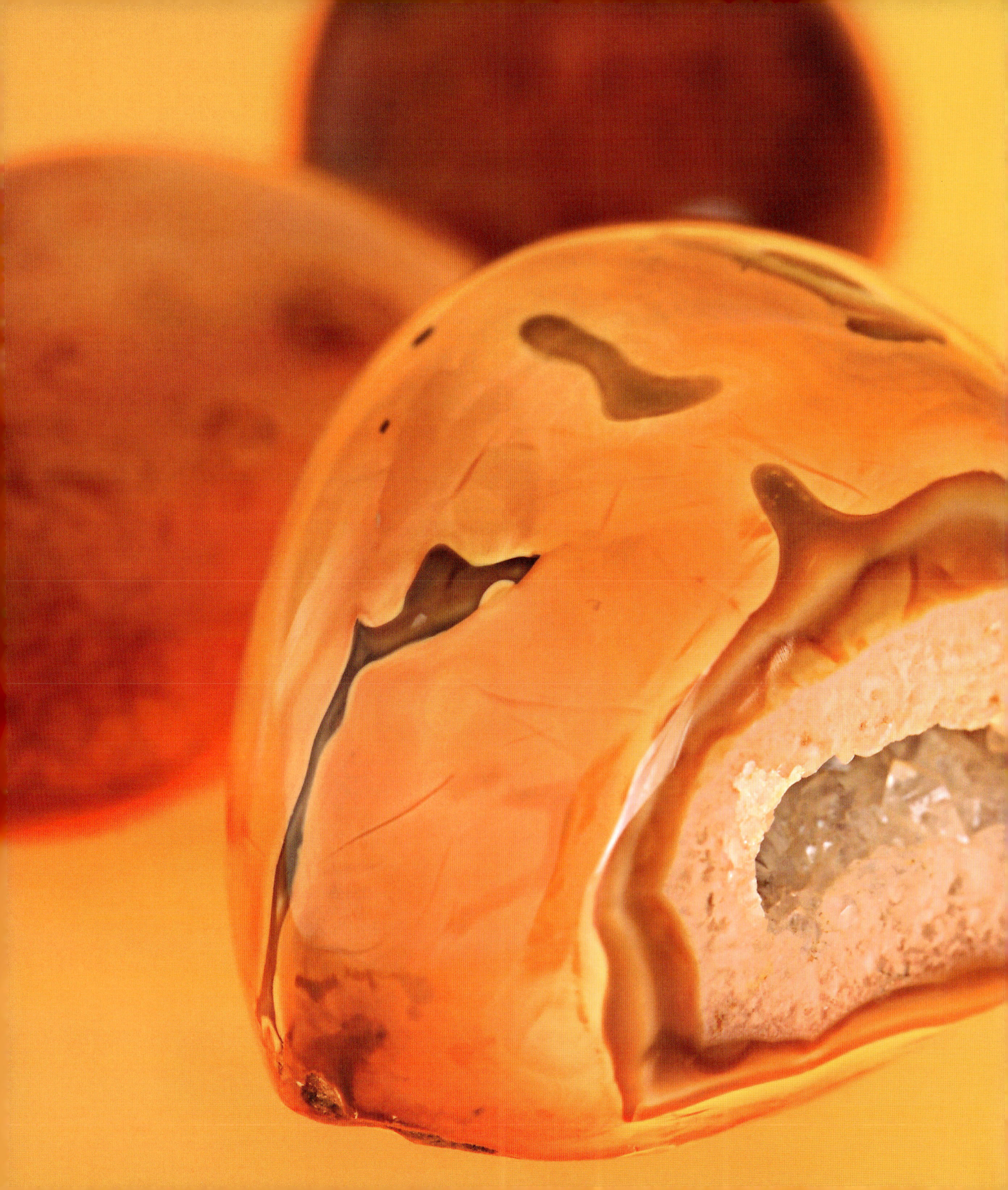

赤色とオレンジ色のクリスタル

赤色の石は、チャクラでは基底と仙骨、惑星では火星と共鳴しており、エネルギーを活性化させ、行動を開始させる働きがあります。また、性欲を高め、創造性を刺激する働きもあります。赤色の石は、出血や炎症の治療に対して伝統的に用いられてきました。刺激作用が極めて強く、短期的な利用に適しています。活力を象徴するオレンジ色の石は、仙骨のチャクラと太陽に共鳴します。創造性や自己主張の刺激に優れた効果があり、物事を成し遂げる、活力にあふれつつも大地にしっかり根ざしたエネルギーを有しています。

カーネリアン(Carnelian)

結晶系	三方晶系
化学組成	SiO_2（鉄、酸素、水酸基イオンを含む）
硬度	7
原産地	ブラジル、ロシア、インド、オーストラリア、マダガスカル、南アフリカ、ウルグアイ、米国、英国、チェコ、スロバキア、ペルー、アイスランド、ルーマニア
チャクラ	基底、仙骨
数字	6
十二星座	牡牛座、蟹座、獅子座、蠍座
惑星	太陽
効果	分析力、劇的な追跡、勇気、活力、代謝、集中力、妬み、記憶力低下、怒り、否定的感情、鼻出血、不妊、不感症、インポテンス、性的能力の増進、身体的外傷、血管疾患、食物消化、ビタミンとミネラルの吸収、心臓、血液循環、血液浄化、女性生殖器、下背部障害、リウマチ、関節炎、神経痛、高齢者の抑うつ、体液、腎臓、骨と靭帯の治療を加速、止血、頭痛

カーネリアンのタンブル

カーネリアン(Carnelian)という名前はラテン語で肉を意味する*carnis*に由来しています。深紅色のカーネリアンは熱処理されている可能性があり、光にかざして見ると縞模様が見えるのに対し、天然のカーネリアンは濁った色を示します。カーネリアンが魂の旅を助け、死後の世界において強力な防御力を有していると考えたエジプト人は、この石を大切にしました。エジプト人は、怒りや嫉妬、妬みを静めるためにカーネリアンを身につけました。強力なエネルギーを有するカーネリアンには安定化作用があり、現実にしっかりとつなぎとめる錨の役割をします。活力の回復にも優れた作用があります。カーネリアンには他の石を浄化する能力があります。

生命の循環を受容することを教え、死への恐れを取り除き、人生における積極的な選択を助けます。虐待の克服に有用で、自己信頼や自己認識、マイナスの条件の克服を助けます。瞑想時に邪魔になる雑念を取り除き、空想家を日々の現実に引き戻します。豊かさを象徴する石であり、ビジネスなどにおける成功への動機づけをします。

カーネリアンジオードのタンブル

カーネリアンの大型タンブル

赤色とオレンジ色のクリスタル

ジャスパー (Jasper)

結晶系	三方晶系
化学組成	SiO_2
硬度	7
原産地	世界各地
チャクラ	全チャクラを調整（色により異なる）
数字	6（種類により異なる）
十二星座	獅子座（種類により異なる）
効果	電磁波汚染や環境汚染、放射線、ストレス、性的快感を長引かせる、長期疾患や長期入院、血液循環、消化器と生殖器、体内のミネラル量のバランスをとる

レッドジャスパーの原石

「最高の養育者」として知られるジャスパーは、ストレスを受けている時には元気付けやサポートを行い、人生のあらゆる側面を統合する働きをします。シャーマニックジャーニーやダウジング、夢の思い出しを促進します。保護作用があり、負のエネルギーを吸収して、陰陽のバランスをとり、身体、情緒体、および精神体とエーテル体の調整を行います。

問題を断定的に把握する勇気をもたらし、自分自身に正直であることを促し、あらゆる追求に決意をもたらし、対立が避けられない時にはサポートを行います。迅速な思考を助け、組織能力を促進してプロジェクトを完遂させ、想像力を刺激して発想を行動に具体化させます。

レッドジャスパーとブレシエイティドジャスパー (Red and Brecciated Jasper)

結晶系	三方晶系
化学組成	SiO_2（鉄、酸素を含む）
硬度	7
原産地	世界各地
チャクラ	基底、仙骨
数字	6
十二星座	牡羊座、蠍座
惑星	火星
効果	性欲、再生、境界（バウンダリー）、循環器系、発熱、血液、肝臓、肝臓や胆管の閉塞、電磁波汚染や環境汚染、放射線、ストレス、性的快感を長引かせる、長期疾患や長期入院、血液循環、消化器と生殖器、体内のミネラル量のバランスをとる

レッドジャスパーのタンブル

レッドジャスパーやブレシエイティドジャスパーは、ジャスパー（上記）の包括的な特性を有する他に、穏やかな刺激やエネルギーのグラウンディング、不当な状況の是正をもたらします。問題が悪化する前に表面化させるレッドジャスパーは、触れることで気持ちを静める「ウォーリービーズ」を作るのに適しています。枕の下に置くと夢を思い出しやすくなります。基底のチャクラの刺激やオーラの浄化と安定化の作用を持つレッドジャスパーは、ネガティブなものをその発生源へ戻す働きをします。性的攻撃性を静め、性的相性を促進し、タントラセックスを充実させます。

赤色とオレンジ色のクリスタル

キュープライト（Cuprite）

結晶系	立方晶系
化学組成	Cu_2O
硬度	3.5〜4
原産地	米国、英国、オーストラリア、ボリビア、日本、メキシコ、ロシア、ドイツ、フランス、ナミビア、ペルー
チャクラ	基底
数字	3
十二星座	水瓶座
惑星	金星
効果	若返り、活力、性欲、性機能、代謝バランスの乱れ、心臓、血液、筋肉 組織、骨格系、AIDS（後天性免疫不全症候群）、癌、血管疾患、水分貯留、膀胱や腎臓の機能異常、めまい、高山病 喫煙者や大気汚染に曝された肺に有用

母岩上のキュープライト

キュープライト（Cuprite）という名前は、銅を意味するラテン語の*cuprum*に由来しています。この石は人道主義の原則や他者を助ける方法を示します。過去世の探求や魂が辿ってきた経験からの学びを助けます。キュープライトは、父親や導師、教師、過去か現在かを問わず何らかの権威的存在からの厳格なコントロールを解除して、これらの存在に関する困難を克服させます。意思を強化し、自らの人生に責任を負うことを助けるキュープライトは、必要に応じてメンターを引き寄せます。エネルギーの強力な伝導作用があり、大きな活力と体力をもたらし、人生の終末期に対し恐れを抱いている場合や、生命にかかわる可能性のある疾患を克服する決心をしたような場合に助けとなります。生存のために必要なものを引き寄せて、身体が生命力を取り込むのを助けます。生命力は血液を介して身体の細胞の中に入り、そこで細胞の機能の活性化や若返り、回復を図ります。キュープライトは、自分でどうすることもできない不安や状況に関して心を和らげます。

レッドジェイド（Red Jade）

結晶系	単斜晶系
化学組成	複合
硬度	6
原産地	米国、中国、イタリア、ミャンマー、ロシア、中東
チャクラ	基底、仙骨
十二星座	牡羊座
惑星	金星
効果	怒り、長寿、自己充足、解毒、ろ過、排泄、腎臓、副腎、細胞系や骨格系、脇腹痛、妊孕性、出産、腰部、脾臓、水-塩-酸-アルカリ比

レッドジェイドは、ジェイドの中で最も情熱にあふれ、刺激作用が強力な石で、愛することや建設的なストレス解消と関係しています。ジェイド（p120）の包括的な特性を有する他に、怒りにアクセスして緊張が建設的に利用され、臆病な人々の自己主張が促進されるように緊張を開放します。

ジェイドを加工して作ったお守り

ガーネット (Garnet)

結晶系	立方晶系
化学組成	マグネシウムとアルミニウムのケイ酸塩化合物（マンガン、クロムおよび／またはケイ酸鉄を含む）
硬度	6〜7.5
原産地	ヨーロッパ、アリゾナ（米国）、ニューメキシコ（米国）、南アフリカ、オーストラリア
チャクラ	基底、心臓のチャクラと関連、全チャクラの浄化と活性化
数字	2（種類により異なる）
十二星座	獅子座、乙女座、山羊座、水瓶座（種類により異なる）
惑星	火星
効果	愛を引き寄せる、夢を見る、血液疾患、身体の再生、代謝、脊椎障害、細胞傷害、血液、心臓、肺、DNAの再生、ミネラルやビタミンの吸収

ガーネットのタンブル

石榴（*granatum*）の種子にちなんで名づけられたガーネットは、贈られると幸運が訪れますが、盗むと不運に遭うと言われています。500年前には、幽霊や悪魔を追い払うのにガーネットが用いられていました。ガーネットは強力なエネルギー活性を特徴とする石で、保護作用があり、危険の接近を警告すると共に敵に痛手をもたらすと言われています。伝統的に婚約指輪に用いられているガーネットは、愛と献身を呼び起こし、抑制や禁忌を取り除きます。心を開いて自信を与えます。また、性的衝動のバランスをとり、情緒の不調和を軽減します。レッドガーネットには、クンダリーニエネルギーの穏やかな上昇を刺激して性的能力を強め、タントラセックスの効果を高め、性的癒しにとって相性の良いパートナーを引き寄せる働きがあります。

危機において有用な石の1つで、他になす術がないような状況や、生活が崩壊したりトラウマを引き起こすような状況において役立ちます。生存本能を強化し、勇気と希望をもたらします。ガーネットの影響下では、危機は立ち向かうべき対象となり、相互援助が促進されます。染み付いた行動パターンや時代遅れとなった考え方を解消し、抵抗や自らが招いている無意識の破壊行動を回避します。ガーネットは下垂体と強く関連しており、意識の拡張や過去世の思い出し、幽体離脱体験を刺激します。他のクリスタルを活性化させ、それらの効果を増幅させる働きもします。スクエアカットされたガーネットは職業上の成功をもたらします。

注：ガーネットには様々な形態のものがあります。種類別の解説を参照してください。

ガーネットの原石

ファセットカットしたガーネット

赤色とオレンジ色のクリスタル

アルマンディンガーネット（Almandine Garnet）

結晶系	立方晶系
化学組成	複合
硬度	6〜7.5
原産地	ヨーロッパ、アリゾナ（米国）、ニューメキシコ（米国）、南アフリカ、オーストラリア
チャクラ	基底、仙骨、心臓、宝冠
数字	1
十二星座	乙女座、蠍座
惑星	火星
効果	目、肝臓、膵臓、鉄の吸収、愛を引き寄せる、夢を見る、血液疾患、身体の再生、代謝、脊椎障害、細胞傷害、心臓、肺、DNAの再生、ミネラルやビタミンの吸収

　オレンジ色がかった赤色をしたアルマンディンガーネットは、再生作用が強く、自分のために時間をとることを可能にするような力をもたらします。ガーネット（p47）の包括的な特性を有する他に、深い愛をもたらし、真実と高次の自己との類似性の統合を助けます。高次の心を開き、慈善や同情の心を起こさせます。アルマンディンガーネットは、基底のチャクラと宝冠のチャクラの間のエネルギー経路を開き、霊的エネルギーを肉体の中にグラウンディングさせて、肉体を具現化させます。

パイロープガーネット（Pyrope Garnet）

結晶系	立方晶系
化学組成	複合
硬度	6〜7.5
原産地	ヨーロッパ、アリゾナ（米国）、ニューメキシコ（米国）、南アフリカ、オーストラリア
チャクラ	基底、宝冠
数字	5
十二星座	蟹座、獅子座
惑星	火星
効果	血液循環、消化管、胸焼け、咽頭痛、愛を引き寄せる、夢を見る、血液疾患、身体の再生、代謝、脊椎障害、細胞傷害、心臓、肺、DNAの再生、ミネラルやビタミンの吸収

　血液のような赤色をしたパイロープガーネットは、ガーネット（p47）の包括的な特性を有する他に、安定化作用を有し、活力やカリスマ性を与え、素晴らしい生活の質をもたらします。自らの中にある創造力を統合して基底のチャクラと宝冠のチャクラを保護し、これらのチャクラとオーラの調整を行い、グラウンディング状態と知恵を結び付けます。

パイロープガーネットの
タンブルで作ったビーズ

レッドガーネット(Red Garnet)

結晶系	立方晶系
化学組成	マグネシウムとアルミニウムのケイ酸塩化合物（マンガン、クロムおよび／またはケイ酸鉄を含む）
硬度	6〜7.5
原産地	ヨーロッパ、アリゾナ（米国）、ニューメキシコ（米国）、南アフリカ、オーストラリア
チャクラ	心臓、基底
十二星座	獅子座、山羊座、水瓶座
惑星	火星
効果	怒り、愛を引き寄せる、夢を見る、血液疾患、身体の再生、代謝、脊椎障害、細胞傷害、心臓、肺、DNAの再生、ミネラルやビタミンの吸収

ガーネットのタンブル

ヘッソナイトガーネット

　ガーネット(p47)の包括的な特性を有する他に、レッドガーネットは愛を象徴しています。心臓のエネルギーと同調して、感覚の活性化やセクシュアリティの強化、特に自分自身に向けた怒りのコントロールといった働きをします。儀式的魔術の際に身に付けると、さらなるエネルギーがもたらされます。

ヘッソナイトガーネット(Hessonite Garnet)

結晶系	立方晶系
化学組成	複合
硬度	6〜7.5
原産地	ヨーロッパ、アリゾナ（米国）、ニューメキシコ（米国）、南アフリカ、オーストラリア
チャクラ	基底と心臓のチャクラに関連、全チャクラの浄化と活性化
数字	6
十二星座	牡羊座
惑星	火星
効果	ホルモン産生の調節、嗅覚器系、不妊、インポテンス、健康障害の原因となっている負の影響を取り除く、愛を引き寄せる、夢を見る、血液疾患、身体の再生、代謝、脊椎障害、細胞傷害、心臓、肺、DNAの再生、ミネラルやビタミンの吸収

ヘッソナイトガーネットの原石

　ヘッソナイトガーネットはグロッシュラーガーネットの1種で、カルシウム含有量が多いことから、ガーネットの中で最も明るい色をしています。ガーネット(p47)の包括的な特性を有する他に、自尊心をもたらし、罪悪感や劣等感を解消し、他者への貢献を促進する働きがあります。新たな挑戦を行う際の助けとなる他、直観を開き、非物質的能力を開発します。幽体離脱の旅において、ヘッソナイトはあなたを目的地へと導きます。

赤色とオレンジ色のクリスタル

メラナイトガーネット（Melanite Garnet）

結晶系	立方晶系
化学組成	複合
硬度	6〜7.5
原産地	ヨーロッパ、アリゾナ（米国）、ニューメキシコ（米国）、南アフリカ、オーストラリア
チャクラ	基底、心臓、喉のチャクラと関連、全チャクラの浄化と活性化
数字	7
十二星座	双子座
惑星	火星
効果	怒りや妬み、嫉妬、不信を追い払う、骨、癌、脳卒中、リウマチ、関節炎、身体が薬物療法に慣れるのを助ける、愛を引き寄せる、夢を見る、血液疾患、身体の再生、代謝、脊椎障害、細胞傷害、心臓、肺、DNAの再生、ミネラルやビタミンの吸収

　ガーネット（p47）の包括的な特性を有する他に、メラナイトガーネットは抵抗力を強化し、誠実さを促します。心臓と喉のチャクラから閉塞を取り除き、真実を語ることができるようにします。あらゆる状況における愛の欠如を克服し、どのようなものであろうと、人間関係を次の段階に進めます。

シナバー（Cinnabar）

結晶系	六方晶系
化学組成	HgS
硬度	2〜2.5
原産地	中国、米国、スペイン
数字	8
十二星座	獅子座
惑星	水星
効果	血液、身体の体力や柔軟性、体重の安定化、妊孕性（シナバーは有毒）

　シナバーはかつて「錬金術師の石」でした。水銀が含まれていたことから、金に変えることができると考えられていたのです。見事な朱色をしていることから、竜の血を意味するペルシャ語の古語*zinjifrah*にちなんだ名前がつけられました。（これは石器時代の洞窟壁画で用いられた顔料です。）霊性レベルでは、シナバーはすべてのものをそのままの状態で完璧であると受け入れることや、閉塞したエネルギーの解放、エネルギーセンターの調整と関連しています。

　豊かさを象徴する石の1つであるシナバーは、強力なエネルギーを有しており、売上の増大と富の維持のために金庫の中に置かれていました。説得力や自己主張力を高め、攻撃的になることなく努力を実らせることや、組織および地域社会の活動、事業活動、資金状況を支援します。権威や権力を与え、外見においては美的観点から好感度が高く上品なものとすることから、表向きの人格あるいは印象を強化するのに有用です。精神面では、頭脳の回転を高め、弁舌を流暢にします。

母岩上のシナバーの結晶

レッドカルセドニー（Red Chalcedony）

結晶系	三方晶系
化学組成	複合
硬度	7
原産地	米国、オーストリア、チェコ、スロバキア、アイスランド、イングランド、メキシコ、ニュージーランド、トルコ、ロシア、ブラジル、モロッコ
数字	9
十二星座	射手座
効果	血液循環、血圧、血液凝固、空腹の軽減、寛大、敵意、訴訟、悪夢、暗闇に対する恐怖、ヒステリー、抑うつ、否定的思考、起伏の激しい感情、浄化、ミネラルの吸収、血管内のミネラル沈着、体力、ホリスティックな癒し、目、胆嚢、骨、脾臓、循環器系（栄養の吸収を阻害して一過性の吐き気を引き起こす可能性がある）

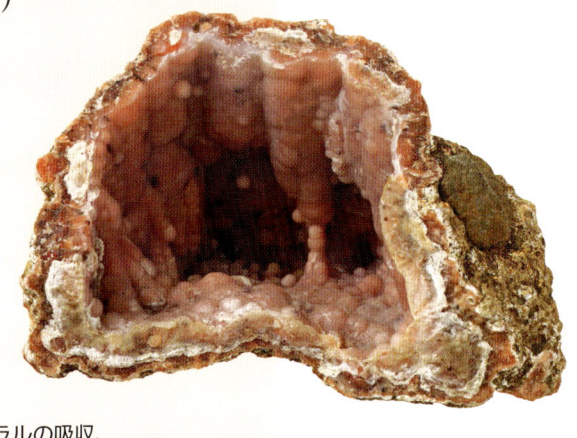

天然のレッドカルセドニーのジオード

　レッドカルセドニーは、カルセドニー（p247）の包括的な特性を有する他に、目標を達成する力と粘り強さをもたらし、戦うべき時と、潔く負けるべき時を助言します。夢を明らかにして、それを最もポジティブな方法で実現するための戦略を考え出してくれます。

レッドサードオニキス（Red Sardonyx）

結晶系	三方晶系
化学組成	複合
硬度	7
原産地	ブラジル、インド、ロシア、トルコ、中東
チャクラ	基底
数字	3
十二星座	牡羊座
惑星	火星
効果	エネルギーの枯渇、耳鳴、肺、骨、脾臓、感覚器官、体液調節、細胞の代謝、免疫系、栄養の吸収、老廃物の排泄

　サードオニキス（p204）の包括的な特性を有する他に、レッドサードオニキスには身に付けた人を刺激してエネルギーを活性化させる働きがあります。

研磨した
レッドサードオニキス

赤色とオレンジ色のクリスタル

レピドクロサイト（Lepidocrosite）

結晶系	斜方晶系
化学組成	γ-FeO(OH)
硬度	5.5
原産地	スペイン、インド
チャクラ	全チャクラの調整と活性化
数字	8
十二星座	射手座
効果	他の石のヒーリングエネルギーを強化、食欲抑制、肝臓、虹彩、生殖器、腫瘍、細胞再生

　レピドクロサイトは、物質と意識の間の橋渡しの働きをし、霊的洞察の実践的な適用を促進します。オーラを浄化し、精神錯乱や、否定的なもの、よそよそしさ、格差を解消し、これらを自分自身や環境、および人類への愛に置き換えます。直観を高め、判断を下すことなく観察し、独断を伴わずに教えることを可能にし、自分自身が力の問題に陥ることなく他者のエンパワーメントを図る能力を強化します。最後まであきらめない力や、人生の旅路やなすべき仕事に対して責任を負う力を与えます。日々の現実において心を刺激し、あなた自身のグラウンディングを行うことで、刺激やグラウンディングのレベルを問わず、レピドクロサイトはあなたの力を認識します。
スーパーセブンも参照（p266）。

天然の産出形態
レピドクロサイトで
覆われている

アメジストをはじめとするクォーツに内包されたレピドクロサイト
（Lepidocrosite included in Quartz or Amethyst）

結晶系	複合
化学組成	複合
硬度	様々
原産地	スペイン、インド
効果	レイキ、エンパワーメント、他の石のヒーリングエネルギーを強化、細胞再生、腫瘍、細胞記憶に働きかける多次元的ヒーリング、プログラミングに対する効果的な受容体、筋力テストの成績向上、臓器の浄化と強化、身体のバランスをとる

クォーツポイントに
内包された
レピドクロサイト

　クォーツ（p230）やアメジスト（p168）に内包されたレピドクロサイト（上記）は、個人のビジョンを至高善と一致させて夢を顕在化させます。誤った自己イメージや思い込みを解消し、正しい認識を植え付けます。レピドクロサイトとこれらの組み合わせは、すべてが完璧な状態になることを約束します。時空を超えた領域にあなたを連れ出し、天使の世界とのコミュニケーションを可能とするエンパワーメントの石であることから、直観の活性化に最適な組合せです。意識して利用すれば、現在の行動の影響を知るために未来へ導いたり、真の自己との出会いのために至高の存在へと導くことができます。肉体とエーテル体の間にあるシルバーコード（silver cord）を介して接触を維持すると、ジャーニーの間魂を守り、スムーズな帰還を確保し、洞察を持ち帰ることを可能にします。クォーツに内包されたレピドクロサイトは、肉体とエーテル体、生体磁場を統合します。前進を妨げている閉塞の解除を助けることから、ヒーリングにおいては、レイキエネルギーの伝達や再生プロセスを促進します。

ブッシュマン・レッド・カスケード・クォーツ
(Bushman Red Cascade Quartz)

結晶系	六方晶系
化学組成	複合
硬度	7
原産地	アフリカ
チャクラ	基底、仙骨
数字	4
十二星座	牡羊座、蠍座
惑星	火星
効果	積極的な行動、活力、元気、血流、血管、筋肉、自分で設定した限界、歯周病、無気力、エネルギー強化

　ブッシュマンクォーツは、ドルージークォーツ(p63)の包括的な特性を有する他に、身体的にも精神的にもあなたの最も深い部分に蓄えられたエネルギーの利用を促します。赤い色は鉄に由来しており、これがクォーツに強力なエネルギー充電をもたらしています。この活力にあふれた石と数分間接するだけでエネルギーが再充電されますが、あなた自身のエネルギーが既に高レベルに達していたり、純化されている場合には、この石のエネルギーは強すぎるかもしれません。ブッシュマンクォーツもあなたを高次の世界へ導くことができますが、エネルギーが強すぎて扱いきれない可能性があるため、あなた自身がクリスタルを用いたワークに習熟していない場合には監督者の下で用いる必要があります。

天然のブッシュマン・レッド・カスケード・クォーツ

ビクスバイト（レッドベリル）
(Bixbite (Red Beryl))

結晶系	六方晶系
化学組成	複合
硬度	7.5〜8
原産地	米国、ブラジル、中国、アイルランド、スイス、オーストラリア、チェコ、フランス、ノルウェー
チャクラ	基底、仙骨
数字	8
十二星座	牡羊座
効果	創造的エネルギー、心臓、肺、肝臓、胃、脾臓、腎臓、膵臓、副甲状腺、甲状腺、呼吸器、勇気、ストレス、過剰分析、排泄、肺系および循環器系、鎮静、毒素や汚染に対する抵抗性、脊椎、脳振盪、咽喉 感染症

ビクスバイトの原石

　ベリル(p81)の包括的な特性を有する他に、ビクスバイトは基底のチャクラを開いて再活性化し、心臓のチャクラと普遍の愛の調和を図り、身体エネルギーを強化して人間関係に融和と調和をもたらします。好機を象徴するビクスバイトは、物事を終わらせたり、新たなプロジェクトを始めることを可能にします。

赤色とオレンジ色のクリスタル

ハーレクインクォーツ（Harlequin Quartz）

結晶系	複合
化学組成	複合
硬度	複合
原産地	世界各地
チャクラ	心臓、基底、宝冠のチャクラを接続
効果	不安、抑うつ、脳内の電気の流れ、静脈、記憶力、甲状腺機能障害、回復意欲の活性化、長患いの後の沈んだ気持ちを楽にする、臆病な女性、自尊心、意志力、三焦経、強迫的欲求、依存症、過食、喫煙、過度の甘やかし、ストレス、ヒステリー、炎症、有機、出血、月経過多、身体の熱を取る、赤血球形成、血液の調節、鉄の吸収、循環障害、レイノー病、貧血、腎臓、組織再生、脚の痙攣、神経障害、不眠、脊椎調整、骨折、プログラミングに対する効果的な受容体、免疫系、身体のバランスをとる、エネルギー強化

　クォーツ（p230）とヘマタイト（p222）の包括的な特性を有する他に、ハーレクインクォーツは普遍の愛を表し、霊的世界と物質的世界の架け橋として機能します。内部に赤いヘマタイトの斑点が筋のように入っていることから、心臓の癒しを刺激し、肉体の活力と霊的な活力を身体に引き込んで霊感をもたらします。肉体の両極性や経絡のバランスをとり、それらをエーテル体に固定して、オーラ体と肉体の神経系を調和させます。精神を落ち着かせる作用があり、インディゴチルドレンが地球上の生活へ適応するのを助けるのに優れた働きをします。

ハーレクインクォーツ
（クォーツポイントに
ヘマタイトの結晶が
内包されている）

ヘマタイトを高密度に
内包した
ハーレクインクォーツ

ルビーオーラ・クォーツ（Ruby Aura Quartz）

結晶系	六方晶系
化学組成	複合
硬度	脆性
原産地	（処理石）
チャクラ	基底、心臓
効果	生存に関する問題、虐待、内分泌系、真菌感染や寄生虫に対する天然の抗生物質、プログラミングに対する効果的な受容体、身体のバランスをとる、エネルギー強化

　ルビーオーラはクォーツとプラチナで作られたもので、情熱と活力をもたらし、心の知恵を活性化します。オーラクォーツ（p143）の包括的な特性を有する他に、霊的な高揚作用があり、キリスト意識へ導きます。攻撃性や暴力から守る働きがあり、特に子供の身体的虐待の影響を癒すのに有用です。

ルビーオーラの
ポイントクォーツ

レッド・ファントムクォーツ
(Red Phantom Quartz)

結晶系	三方晶系
化学組成	複合
硬度	7
原産地	世界各地
チャクラ	基底、仙骨、太陽神経叢
効果	インナーチャイルド、臆病な女性、自尊心、意志力、古いパターン、三焦経、数学や技術科目の学習、法的状況、強迫的欲求、依存症、過食、喫煙、過度の甘やかし、ストレス、ヒステリー、炎症、勇気、出血、月経過多、身体の熱を取る、赤血球形成、鉄の吸収、循環障害、レイノー病、貧血、エネルギー強化

レッド・ファントムクォーツ

　リモナイト（p83）にヘマタイト（p222）とカオリナイトの両方またはいづれかが内包されたレッドファントム（p239も参照）は、外部から注入されたエネルギーを取り除き、オーラを癒します。情緒的苦痛や過去世のトラウマを解き放ち、心に静寂をもたらし、肉体にエネルギーを与えます。インナーチャイルドを癒し、生きるために遮断や抑制をしなければならなかった子供時代の感情の表出を促進します。ヘマタイトを含んだ中国産レッドファントムは、存在にかかわるような絶望の克服と生命力や身体の活力の回復を助けるのに大きな力を発揮します。ビジネスにおいて有用で、経済的な安全を強化し、忍耐力をもたらして、落胆の克服を助けます。知識を持ったアースヒーラーが用いると地球を安定化させます。

ルビー (Ruby)

結晶系	三方晶系
化学組成	Al_2O_3
硬度	9
原産地	インド、マダガスカル、ロシア、スリランカ、カンボジア、ケニア、メキシコ、ジンバブエ、タンザニア
チャクラ	心臓、基底
数字	3
十二星座	牡羊座、蟹座、獅子座、蠍座、射手座
惑星	火星
効果	力強いリーダーシップ、勇気、無私無欲、高い自覚、集中力、怒り、免疫強化、性的活動、極度の疲労、無気力、性的能力、元気、多動、解毒、血液とリンパ、発熱、感染症、制限された血流、心臓、循環器系、副腎、腎臓、生殖器、脾臓

ルビーの原石

　ラテン語で赤を意味する*ruber*から名付けられたルビーは、ヴェディックのヒーリングで用いられる宝石の1つで、家族や財産に関する保護作用を発揮する主要な石の1つでもあり、サイキックアタックや心のエネルギーを吸収しようとするバンパイアに対する強力な盾の役割をします。かつてはカボションカット（カーバンクル）と呼ばれる形状に加工されており、古代の宝石職人の間ではルビーはしばしばこの名称で呼ばれていました。ルビーは警告作用を有する石の1つで、危険や病気の兆候があると色が濃くなると言われています。生命に活力をもたらしますが、敏感な人にとっては過剰刺激となる可能性があります。ルビーは、モチベーションを高めたり、現実的な目標を設定することによって人生への情熱を燃やします。この石はあなたを「至福に身を委ね」させようとし、ポジティブな夢や明確な視覚化を促進します。豊かさを象徴する石の1つであり、富と情熱の保有を助けます。

ファセットカットしたルビー

赤色とオレンジ色のクリスタル

ジンカイト（Zincite）

結晶系	六方晶系
化学組成	ZnO
硬度	4
原産地	イタリア、米国、ポーランド（クリスタラインジンカイトは熱処理されたもの、または人工的に作られたもの）
チャクラ	特に基底と仙骨のチャクラに関連（色により異なる）
数字	5
十二星座	牡牛座、天秤座
効果	必要な変化、無気力、先延ばし、自信、恐怖症、催眠コマンド、精神的刷り込み、空の巣症候群、創造性、毛髪、皮膚、前立腺、更年期症状、免疫系、経絡、CFS（慢性疲労症候群）、AIDS（後天性免疫不全症候群）、自己免疫疾患、カンジダ感染、粘液症状、気管支炎、てんかん、排泄および吸収に関する器官、不妊

　燃え立つ炎の中から生まれたクリスタラインジンカイトは、あなたの人生の変容や変成に優れた作用を持ちます。ライトボディ（light body）を肉体にしっかりと固定し、カルマの契約と魂の進化の達成を助け、物理的エネルギーと個人の力を統合します。プロセスの明示やエネルギーの枯渇したシステムの再活性化を助け、催眠コマンドやエネルギーの閉塞を取り除き、生命力の自由な流れを促進します。

　物理的レベルと霊的レベルの両面で豊かさを引き寄せ、クンダリーニエネルギーの上昇を助け、本能や直観を強化します。ジンカイトはショックやトラウマを癒し、トラウマを引き起こすような状況に対処する勇気をもたらします。抑うつを改善し、辛い記憶を葬り去るためにこれらの記憶を解放します。ジンカイトはヒーリングクライシス（訳注：ヒーリングの過程における1種の好転反応）を刺激する可能性があります。

ゾイサイト（Zoisite）

結晶系	斜方晶系
化学組成	$Ca_2Al_3(Si_2O_7)(SiO_4)O(OH)$
硬度	6～6.5
原産地	オーストリア、タンザニア、インド、マダガスカル、ロシア、スリランカ、カンボジア、ケニア、イタリア、スイス
数字	4
十二星座	双子座
効果	無気力、解毒、過度の酸性化を中和、炎症軽減、免疫系、細胞再生、心臓、脾臓、膵臓、肺、妊孕性、卵巣、精巣

　ゾイス・ファン・エーデルシュタイン（S. Zois van Edelstein）男爵にちなんで命名されたゾイサイトは、ネガティブなエネルギーをポジティブなエネルギーに変化させるのに優れた作用を発揮します。他者に影響されたり、規範にあわせようとするのではなく、自己の真実を表現することを助けます。また、破壊的な衝動を建設的なものへと変化させます。抑圧された感覚や感情を表現できるように表面化させ、心に再び焦点をあわせます。重い病気やストレスからの回復を促進します。

　チューライト（p36）とタンザナイト（p179）も参照。

ゾイサイトの原石

レッド（ブラッド）アゲート（Red (Blood) Agate）

結晶系	三方晶系
化学組成	複合
硬度	6
原産地	米国、インド、モロッコ、チェコ、ブラジル、アフリカ
チャクラ	基底
十二星座	牡羊座、蠍座
効果	虫刺され、情緒的トラウマ、自信、集中力、分析力、知覚、オーラの安定化、負のエネルギーの変容、情緒の不調（dis-ease）、消化作用、血管、皮膚疾患

レッドアゲートのタンブル

　古代ローマでは、虫刺されの予防や血液の治療のためにブラッドアゲートを身につけていました。アゲートの包括的特性についてはp190を参照。

レッドブラウン・アゲート（Red-brown Agate）

結晶系	三方晶系
化学組成	複合
硬度	6
原産地	米国、インド、モロッコ、チェコ、ブラジル、アフリカ
チャクラ	大地、基底、仙骨
十二星座	蠍座、山羊座
効果	PMS（月経前症候群）、月経痛、排卵や月経の遅延、情緒的トラウマ、オーラの安定化、負のエネルギーの変容、情緒の不調（dis-ease）、消化作用

　レッドブラウン・アゲートは、子供を持ちたいという強い衝動から心を解き放ち、仙骨のチャクラを静める働きがあることから、特に出産可能年齢の問題によって子供を持ちたいという願望で頭がいっぱいになっている人に有用です。過剰な性的衝動を静める働きもあります。

ルベライト（レッドトルマリン）（Rubellite (Red Tourmaline)）

結晶系	三方晶系
化学組成	ケイ酸塩複合体
硬度	7～7.5
原産地	スリランカ、ブラジル、アフリカ、米国、オーストラリア、アフガニスタン、イタリア、ドイツ、マダガスカル
チャクラ	仙骨
十二星座	蠍座、射手座
効果	活力、解毒、心臓、消化器系、血管、生殖器系、血液循環、脾臓や肝臓の機能、静脈、筋痙攣、悪寒、防御、脊椎の調整、男性性と女性性のエネルギーのバランスをとる、偏執症、読字障害、視覚と手の協調関係、コード化された情報の取り込みと解釈、エネルギーの流れ、閉塞の除去

ルベライトの原石

ルベライトの原石

　トルマリン（p210）の包括的な特性を有する他に、ルベライトは愛を理解する力を強化します。如才なさや柔軟性、社会性、外向性を促進して、過剰な攻撃性や極端な消極性のバランスをとります。仙骨のチャクラを活性化し、あらゆるレベルにおけるスタミナや持久力、創造性を強化します。

赤色とオレンジ色のクリスタル

レッドカルサイト (Red Calcite)

結晶系	六方晶系
化学組成	$CaCO_3$（不純物を含む）
硬度	3
原産地	米国、英国、ベルギー、チェコ、スロバキア、ペルー、アイスランド、ルーマニア、ブラジル
チャクラ	基底、心臓
数字	8
効果	便秘、恐怖、腰部、下肢、関節のこわばり、学習、動機、怠惰、再活性化、情緒的ストレス、排泄器官、骨のカルシウム取り込み、沈着した石灰の溶解、骨格、関節、腸症状、皮膚、血液凝固、組織治癒、免疫系

　レッドカルサイトは、カルサイト (p245) の包括的な特性を有する他に、エネルギー強化作用を有しており、情緒を高揚させ、意志力を強化し、心臓のチャクラを開き、基底のチャクラを活性化し、性的困難を克服します。停滞したエネルギーを取り除いて、閉塞を解消し、オーラレベルにおいては、あなたの人生の中で前進を阻んでいる障害物を取り除く働きをします。レッドカルサイトの活力はパーティーを盛り上げます。

レッドカルサイトの原石

ヘマトイドカルサイト (Hematoid Calcite)

結晶系	六方晶系
化学組成	複合
硬度	様々
原産地	米国、英国、ベルギー、チェコ、スロバキア、ペルー、アイスランド、ルーマニア、ブラジル
効果	記憶力、血液の浄化と酸素化、ストレス、学習、動機、怠惰、再活性化、情緒的ストレス、排泄器官、骨のカルシウム取り込み、沈着した石灰の溶解、骨格、関節、腸症状、皮膚、血液凝固、組織治癒、免疫系、小児の成長、潰瘍、いぼ、化膿した創傷、臆病な女性、自尊心、意志力、三焦経、数学や技術科目の学習、法的状況、強迫的欲求、依存症、過食、喫煙、過度の甘やかし、ストレス、ヒステリー、炎症、勇気、出血、月経過多、身体の熱を取る、赤血球形成、血液の調節、鉄の吸収、循環障害、レイノー病、貧血、腎臓、組織再生、脚の痙攣、神経障害、不眠、脊椎調整、骨折

　カルサイト（包括的特性についてはp245を参照）の安定作用とヘマタイト (p222) の保護および浄化作用が融合されたヘマトイドカルサイトは、グラウンディングを必要とするようなエネルギーの流入を経験する場合に非常に有用な石となります。特にエネルギー同士の衝突が起こっているような強いエネルギーの場にいる時は常に身につけておきましょう。記憶力を助ける働きがあることから、物を失くしたり、誕生日や名前を覚えられない時にはヘマトイドカルサイトが見つけ出してくれます。

天然の
ヘマトイドカルサイト

レッドアベンチュリン（Red Aventurine）

結晶系	三方晶系
化学組成	SiO$_2$（不純物を含む）
硬度	7
原産地	イタリア、ブラジル、中国、インド、ロシア、チベット、ネパール
チャクラ	基底
数字	3
十二星座	牡羊座
惑星	火星
効果	生殖器系、男性性と女性性のエネルギーのバランスをとる、繁栄、焦燥、リーダーシップ、決断力、創造性、どもり、重度神経症、胸腺、代謝、コレステロール、動脈硬化、アレルギー、副腎、筋肉系

レッドアベンチュリン（p97も参照）は、癌をはじめとする生殖器系疾患に有用です。占星術のチャート上に「風」のエレメント（訳注：双子座、天秤座、水瓶座）の過剰がある場合にバランスをとります。

レッドブラック・オブシディアン（Red-black Obsidian）

結晶系	非結晶質
化学組成	SiO$_2$（不純物を含む）
硬度	5～5.5
原産地	メキシコ、火山地域
チャクラ	基底
数字	1
十二星座	蠍座、山羊座
惑星	土星
効果	発熱、悪寒、同情、体力、消化、解毒、閉塞、動脈硬化、関節炎、関節痛、痙攣、負傷、疼痛、出血、血液循環、前立腺肥大

オブシディアン（p214）の包括的な特性を有する他に、レッドブラック・オブシディアンにはクンダリーニエネルギーの上昇作用があります。活力や男らしさ、兄弟愛を促進します。

レッドサーペンティン（Red Serpentine）

結晶系	単斜晶系
化学組成	(MgFe)$_3$Si$_2$O$_5$(OH)$_4$（不純物を含む）
硬度	3～4.5
原産地	英国、ノルウェー、ロシア、ジンバブエ、イタリア、米国、スイス、カナダ
チャクラ	基底、脾臓
数字	8
効果	糖尿病、長寿、解毒、寄生虫の排出、カルシウムとマグネシウムの吸収、低血糖

レッドサーペンティン（p205も参照）は、膵臓の刺激と調節を行うことから糖尿病の治療に特に有用です。また、グラウンディングの作用が強いことから、シャーマンのワーク中やトランス状態において有用です。コーンウォール（英国）やアイルランドで産出するレッドサーペンティンは、ケルトの人々にとって特に有用であると言われています。

レッドスピネル（Red Spinel）

結晶系	立方晶系
化学組成	$MgAl_2O_4$（不純物を含む）
硬度	7.5〜8
原産地	スリランカ、ミャンマー、カナダ、米国、ブラジル、パキスタン、スウェーデン（合成石の可能性有り）
チャクラ	基底
数字	3
十二星座	蠍座
惑星	冥王星
効果	活力、筋肉や神経の症状、血管

母岩上のレッドスピネル

スピネル（p260）の包括的な特性を有する他に、レッドスピネルには肉体的な活力と体力の刺激作用があります。クンダリーニエネルギーを目覚めさせ、基底のチャクラを開いて調整します。

レッド・タイガーアイ（Red Tiger's Eye）

結晶系	三方晶系
化学組成	複合
硬度	4〜7
原産地	米国、メキシコ、インド、オーストラリア、南アフリカ
チャクラ	基底
数字	4
十二星座	獅子座、蠍座
惑星	太陽
効果	性欲、右脳と左脳の統合、知覚、内部対立、プライド、強情、情緒バランス、陰陽、疲労、血友病、肝炎、単核球症、抑うつ、生殖器

レッド・タイガーアイのタンブル

タイガーアイ（p206）の包括的な特性を有する他に、レッド・タイガーアイには無気力を克服し、モチベーションを与える働きがあります。停滞した代謝を加速化させたり、低下した性欲を高める働きもあり、気の流れの強化にも用いられます。

レッドジルコン（Red Zircon）

結晶系	正方晶系
化学組成	$ZrSiO_4$（不純物を含む）
硬度	6.5〜7.5
原産地	オーストラリア、米国、スリランカ、ウクライナ、カナダ
チャクラ	基底のチャクラに関連、基底と太陽神経叢と心臓のチャクラを接続
十二星座	射手座
惑星	太陽
効果	相乗効果、恒常性、嫉妬、所有欲、虐待、女性嫌悪、同性愛嫌悪、人種差別、坐骨神経痛、痙攣、不眠、抑うつ、月経不順、筋肉、骨、めまい、肝臓（ジルコンは、ペースメーカー装着者やてんかん患者に目まいを引き起こす可能性がある—もし目まいが生じた場合は直ちに身体からジルコンを離すこと）

レッドジルコンの原石

レッドジルコン（p261も参照）は、特にストレスがかかった状況において身体に活力をもたらしてくれます。富を得ようとする儀式の力を強化すると言われています。

クリーダイト（Creedite）

結晶系	単斜晶系
化学組成	$Ca_3Al_2(SO_4)(OH)_2F_8 \cdot 2H_2O$
硬度	4
原産地	米国、メキシコ
チャクラ	喉、宝冠
数字	6
十二星座	乙女座
効果	骨折、筋肉や靭帯の断裂、脈拍安定化、ビタミンA、B、Eの吸収

　最初の発見地である米国コロラド州のクリード・クアドラングル（Creede Quadrangle）にちなんで命名されたクリーダイトは、高次の霊的バイブレーションと同調し、チャネリングされたメッセージや印象の明確化に用いられます。古文書に表された普遍の知恵への同調を助けると言われており、あらゆるレベルでの霊的コミュニケーションを促進します。クリーダイトは幽体離脱体験に役立ち、魂を目的地に導き、体験後にすべてを思い出すのを促します。オレンジクリーダイトは、霊的進化に緊急性をもたせ、異なる意識レベル間の移動能力を加速させ、肉体をバイブレーション変化に順応させます。

天然のクリーダイト結晶

サンストーン（Sunstone）

結晶系	三斜晶系
化学組成	$(Na, Ca)AlSi_3O_8$
硬度	5～6
原産地	カナダ、米国、ノルウェー、ギリシャ、インド
チャクラ	基底、仙骨、太陽神経叢のチャクラに関連、全チャクラの浄化
数字	1
十二星座	獅子座、天秤座
惑星	太陽
効果	悲観主義、自尊心、性的刺激、共依存、セルフ・エンパワーメント、独立、活力、先延ばし、抑うつ、季節性情動障害、セルフヒーリング、自律神経系、慢性咽頭痛、胃潰瘍、軟骨障害、リウマチ、様々な痛み

　サンストーンは、現世でのあなたの現在の人生設計と関連しており、カルマの契約の履行や、契約がもはや適切でなくなった場合に再交渉を行う上で助けとなります。破壊的な力に対する保護作用があると言われており、生きる喜びをもたらし、直観力を高めます。人生の喜びが失われた場合、サンストーンがそれを回復すると共に、あなた自身で喜びを育むことを助け、真の自己の輝きを可能にします。伝統的に、この石は慈悲深い神々や幸運と関連しており、太陽が持つ再生力と結び付いた錬金術のような性質を持っています。

　エネルギーを吸い取ろうと他者から仕掛けられた「フック」がチャクラにある場合もオーラにある場合もこれを取り除きます。サンストーンは他者との関係を元に戻すことから、しがらみを断ち切るのに極めて有効です。「ノー」というのが難しく、常に他者の犠牲となっているような状況下では常にサンストーンを身近に置いておきましょう。サンストーンは、不当な扱いを受けたり、損害を被ったり、見捨てられたりといった感覚を取り除きます。抑圧やコンプレックスを取り除き、失敗感を覆し、出来事に対する見方をポジティブなものに切り替えてくれます。

サンストーンの原石

サンストーンのタンブル

赤色とオレンジ色のクリスタル

オレゴンオパール (Oregon Opal)

結晶系	非結晶質
化学組成	$SiO_2 \cdot nH_2O$
硬度	5.5〜6.5
原産地	オレゴン(米国)
チャクラ	喉、太陽神経叢
十二星座	蟹座、天秤座、蠍座、魚座
効果	粘液、自尊心、生きる意欲の強化、直観、恐怖、忠誠、自発性、女性ホルモン、更年期、パーキンソン病、感染症、発熱、記憶力、血液と腎臓の浄化、インスリンの調節、出産、PMS(月経前症候群)、目、耳

100年以上前に羊飼いによって発見されたオレゴンオパールは霊性の高い石です。オパール(p254)の包括的な特性を有する他に、過去世の探求を助け、過去の悲嘆やトラウマ、落胆を解放するのに極めて効果的です。オレゴンオパールは、他者がついた嘘と自分自身の自己欺瞞や妄想による嘘の両方を暴きます。情緒体の障害を取り除き、あらゆる種類のポジティブな感情を増幅させます。

オレゴンオパールの原石

セレストバライト (Celestobarite)

結晶系	複合
化学組成	複合
硬度	様々
原産地	イングランド(英国)、ポーランド、デンマーク、オーストラリア、米国
チャクラ	太陽神経叢、基底、宝冠
数字	8
十二星座	天秤座
効果	非物質的な多次元的ヒーリング

シャーマンが占いに用いる石(未来に起こることを示す石)で、物事の両面を見せてくれます。問題を明確化させて決断へ導きます。ジャーニーに最適な石で、基底のチャクラと宝冠のチャクラの間に浮遊した状態のあなたを支え、魂の断片や霊が住む世界であるミドルワールド(middle world)への旅の間には守護者の働きをします。セレストバライトはバリアを通過させて端まで無事にあなたを導いてくれます。物事の影の側面を愉快に示す「ジョーカー」のエネルギーを有しており、物事はみな変化することを教えてくれます。この石に表れたヤヌス(ローマ神話の神)の顔は、過去、現在、未来を見つめています。バライト(p244)とアイアンパイライト(p91)も参照。

セレストバライトの原石

ドルージークォーツ(Drusy Quartz)

結晶系	六方晶系
化学組成	SiO_2（不純物を含む）
硬度	7
原産地	世界各地
チャクラ	仙骨
数字	4
十二星座	全星座
惑星	太陽と月
効果	自分で設定した限界、歯周病、無気力、細胞記憶に働きかける多次元的ヒーリング、プログラミングに対する効果的な受容体、臓器の浄化と強化、免疫系、身体のバランスをとる、エネルギー強化

　オレンジ色をしたドルージークォーツは、クォーツ(p230)の包括的な特性を有する他に、病に臥せっている人や介護者に適した石でもあります。この石は調和を促進し、受容や援助、感謝や好意的な評価を容易にします。思いやりを深め、極めて困難な状況にあっても人生に笑いを見出す力を教えます。

母岩上の
ドルージークォーツ

ファイアーアゲート(Fire Agate)

結晶系	三方晶系
化学組成	SiO_2
硬度	6
原産地	米国、インド、モロッコ、チェコ、ブラジル、アフリカ
チャクラ	大地、基底、仙骨
数字	9
十二星座	牡羊座
惑星	水星
効果	恐怖、不安感、渇望、破壊的欲求、依存症、胃、神経系や内分泌系、血液循環、暗視力、三焦経、顔面潮紅、エネルギーの燃え尽き、情緒的トラウマ、自信、集中力、知覚、分析力、オーラの安定化、負のエネルギーの変容、情緒の不調(dis-ease)、消化作用、胃炎、目、子宮、リンパ系、膵臓、血管、皮膚疾患（長期間にわたって身につけること）

　アゲート(p190)の包括的な特性を有する他に、ファイアーアゲートには地球との深い関係があり、地球のエネルギーを鎮めて安心と安全をもたらします。グラウンディングの作用が強力であることから、困難な状況を支えます。また、特に他者から向けられた悪意に対して保護作用も発揮します。身体のまわりに防御盾のようなものを築いて呪いを穏やかに追い返します。リラクセーションを助け、身体をゆったりさせて瞑想を促進します。完全無欠を象徴していると言われるこの石は、霊的な強さをもたらし、意識の進化を促進します。壊れたチャクラの上に置くと、穏やかに回復をもたらします。ファイアーアゲートはエーテル体の閉塞を取り除き、オーラを活性化させます。ファイアーアゲートは火のエレメントに関連しており、性的活動を助け、あらゆるレベルで活力を刺激します。ファイアーアゲートを持っていると内面の問題に対する解決策が容易に得られます。

天然のファイアーアゲート

赤色とオレンジ色のクリスタル

ファイアーオパール (Fire Opal)

結晶系	非結晶質
化学組成	$SiO_2 \cdot nH_2O$(不純物を含む)
硬度	5.5～6.5
原産地	オーストラリア、ブラジル、米国、タンザニア、アイスランド、メキシコ、ペルー、英国、カナダ、ホンジュラス、スロバキア
チャクラ	仙骨
数字	9
十二星座	蟹座、獅子座、天秤座、射手座
効果	活性化、温める、生殖器の刺激、燃え尽き症候群の予防、腹部、下背部、三焦経、腸、副腎、自尊心、生きる意欲の強化、女性ホルモン、更年期、パーキンソン病、感染症、発熱、記憶力、血液と腎臓の浄化、インスリンの調節、PMS(月経前症候群)

オパール(p254)の包括的な特性を有する他に、ファイアーオパールは個人の力を強化する働きとエネルギーを再活性化する働きを有しています。内面の炎を目覚めさせ、危険に対する保護装置やエネルギー増幅装置として働きます。希望を象徴するファイアーオパールは、事業やお金を呼び込むこと、変化を促進し、進歩を受け入れるのに優れた効果を発揮します。作用は爆発的なものとなる場合がありますが、過去との決別を助けます。不当な状況や虐待を経験している場合には、ファイアーオパールはそれらの結果生じる情緒の混乱を支え、現在の状況から目指すべき状況への移行を容易にするような洞察を得るのを助けます。思考や感情を増幅させ、深く根ざした悲嘆の感情が例え他の世に端を発したものであっても解放します。あなたの創造性を阻害しているすべてのものを解除します。ファイアーオパールは健全なセクシュアリティを促進し、オーガズムを深めます。虐待的な人間関係を断ち切るのを助け、現世や他の世における虐待の後に信頼できる人間関係を再構築するのに有用です。

天然の
ファイアーオパール

オレンジ・グロッシュラー・ガーネット (Orange Grossular Garnet)

結晶系	立方晶系
化学組成	複合
硬度	6～7.5
原産地	ヨーロッパ、アリゾナ(米国)、ニューメキシコ(米国)、南アフリカ、オーストラリア
チャクラ	基底、仙骨、心臓のチャクラに関連、全チャクラの浄化と活性化
数字	2、6
十二星座	蟹座
惑星	火星
効果	妊孕性、ビタミンAの吸収、関節炎、リウマチ、腎臓、粘膜、皮膚、愛を引き寄せる、夢を見る、血液疾患、身体の再生、代謝、脊椎障害、細胞傷害、血液、心臓、肺、DNAの再生、ミネラルやビタミンの吸収

ガーネット(p47)の包括的な特性を有する他に、オレンジ・グロッシュラー・ガーネットは困難な状況や訴訟の際に持っていると有用な石です。創造性を刺激するだけでなく、リラクセーションや流れに身を任せることを教え、献身や協力への意欲を掻き立てます。

天然のオレンジ・
グロッシュラー・
ガーネット

オレンジ・ヘッソナイト・ガーネット
(Orange Hessonite Garnet)

結晶系	立方晶系
化学組成	複合
硬度	6〜7.5
原産地	ヨーロッパ、アリゾナ（米国）、ニューメキシコ（米国）、南アフリカ、オーストラリア
チャクラ	基底、仙骨、心臓のチャクラに関連、全チャクラの浄化と活性化
数字	7
十二星座	蠍座
惑星	火星
効果	自尊心、愛を引き寄せる、夢を見る、血液疾患、身体の再生、代謝、脊椎障害、細胞傷害、血液、心臓、肺、DNAの再生、ミネラルやビタミンの吸収

　オレンジヘッソナイトは、インドのヴェーダ占星術では月の昇交点（ノース・ノード）を支配していると考えられています。ジェムレメディに用いられる重要な石の1つでもあります。出生図上の昇交点のアスペクトが悪い場合、悪いカルマや混乱、怠惰、攻撃的な言動がもたらされると言われています。知性が鈍り、論理や道徳性が失われます。ガーネット（p47）とヘッソナイトガーネット（p49）の包括的な特性を有する他に、オレンジヘッソナイトは攻撃性を軽減し、自尊心の醸成を促進することから、これらの性質を是正します。アストラルジャーニーにおいてはガイドの働きを担います。また、リラックスさせる効果のあるオレンジヘッソナイトは解毒の際の心と身体を助けます。

母岩上のヘッソナイトの結晶

スペサルタイトガーネット (Spessartite Garnet)

結晶系	立方晶系
化学組成	複合
硬度	6〜7.5
原産地	ヨーロッパ
チャクラ	基底、仙骨、心臓のチャクラに関連、全チャクラの浄化と活性化
数字	1、7
十二星座	水瓶座
惑星	火星
効果	抗うつ作用、悪夢を止める、心臓、性的問題、乳糖不耐、カルシウムバランスの不良、愛を引き寄せる、夢を見る、血液疾患、身体の再生、代謝、脊椎障害、細胞傷害、血液、肺、DNAの再生、ミネラルやビタミンの吸収

研磨したスペサルタイトガーネット

　ドイツのババリア地方のシュペサルト山地（Spessart）にちなんで名付けられたスペサルタイトガーネットは振動数が高い石です。ガーネット（p47）の包括的な特性を有する他に、他者を助けたいという気持ちをもたらし、分析プロセスや合理的精神を強化します。

スペサルタイトガーネットの原石

赤色とオレンジ色のクリスタル　65

オレンジカルサイト（Orange Calcite）

結晶系	六方晶系
化学組成	$CaCO_3$（不純物を含む）
硬度	3
原産地	米国、英国、ベルギー、チェコ、スロバキア、ペルー、アイスランド、ルーマニア、ブラジル
チャクラ	基底、仙骨
数字	8
十二星座	蟹座
惑星	太陽
効果	生殖器系、性的虐待、胆嚢、腸障害、過敏性腸症、粘液、学習、動機、怠惰、再活性化、情緒的ストレス、排泄器官、骨のカルシウム取り込み、沈着した石灰の溶解、骨格、関節、皮膚、血液凝固、組織治癒、免疫系、小児の成長

　カルサイト（p245）の包括的な特性を有する他に、オレンジカルサイトは強力な活性化作用と浄化作用を有しています。情緒のバランスをとり、恐れを取り除いて抑うつを克服し、問題を解消して可能性を最大限に高めます。カルマによるしがらみや仙骨のチャクラに残された過去の虐待の記憶を取り除き、あらゆるレベルでの癒しを促進します。新たな洞察や創造性を日常生活の中に取り入れる手助けをします。

天然のオレンジカルサイト（酸処理したもの）

アイシクルカルサイト（Icicle Calcite）

結晶系	六方晶系
化学組成	$CaCO_3$（不純物を含む）
硬度	3
原産地	米国、英国、ベルギー、チェコ、スロバキア、ペルー、アイスランド、ルーマニア、ブラジル
チャクラ	仙骨、太陽神経叢
数字	8
十二星座	蟹座
効果	学習、動機、怠惰、再活性化、情緒的ストレス、排泄器官、骨のカルシウム取り込み、沈着した石灰の溶解、骨格、関節、腸症状、皮膚、血液凝固、組織治癒

　オレンジカルサイトとホワイトカルサイト（包括的特性についてはp245を参照）が組み合わさったアイシクルカルサイトは導きをもたらすクリスタルで、創造性や物事を新たな視点で見る力を高めます。恐れを解き放ち、自らの目的に向かって生き抜くための前進を助けます。不調（dis-ease）の除去には白い部分、エネルギーの充電と癒しにはオレンジ色の部分を用いてください。

天然のアイシクルカルサイトのワンド

オレンジジェイド (Orange Jade)

結晶系	単斜晶系
化学組成	$NaAlSi_2O_6$ (不純物を含む)
硬度	6
原産地	米国、中国、イタリア、ミャンマー、ロシア、中東
チャクラ	仙骨
数字	11
十二星座	牡羊座
効果	長寿、自己充足、解毒、ろ過、排泄、腎臓、副腎、細胞系や骨格系、脇腹痛、妊孕性、出産、腰部、脾臓、水-塩-酸-アルカリ比

　ジェイド (p120) の包括的な特性を有する他に、オレンジジェイドは活気に満ちた石で、穏やかな刺激作用を有しています。喜びをもたらし、あらゆる存在との相互関連性を教えます。

イエロージェイドに内包されたオレンジ ジェイド

オレンジブラウン・セレナイト (Orange-brown Selenite)

結晶系	単斜晶系
化学組成	$CaSO_4 \cdot 2H_2O$
硬度	2
原産地	イングランド、米国、メキシコ、ロシア、オーストリア、ギリシャ、ポーランド、ドイツ、フランス、シチリア (イタリア)
チャクラ	大地、仙骨
十二星座	牡牛座
効果	ジオパシックストレス、判断、洞察、脊柱の調整、柔軟性、てんかん、歯科用アマルガムによる水銀中毒、活性酸素 素晴らしいヒーリング効果がエネルギーレベルで生じる

　セレナイト (p257) の包括的な特性を有する他に、オレンジブラウン・セレナイトは天使のエネルギーを地球に導き、アースヒーリングを助けます。ジオパシックストレスや電磁波ストレスの悪影響を受けている家に特に有用です。

オレンジブラウン・セレナイトの原石

オレンジスピネル (Orange Spinel)

結晶系	立方晶系
化学組成	$MgAl_2O_4$ (不純物を含む)
硬度	7.5〜8
原産地	スリランカ、ミャンマー、カナダ、米国、ブラジル、パキスタン、スウェーデン (合成石の可能性有り)
チャクラ	仙骨
数字	9
十二星座	牡羊座
惑星	冥王星
効果	不妊、筋肉や神経の症状、血管

　スピネル (p260) の包括的な特性を有する他に、オレンジスピネルは仙骨のチャクラを開いて調整します。創造性と直観を刺激し、情緒のバランスをとり、不妊を治療します。

オレンジ・ファントムクォーツ
(Orange Phantom Quartz)

結晶系	三方晶系
化学組成	SiO_2（内包物を伴う）
硬度	7
原産地	ブラジル、ロシア、インド、オーストラリア、マダガスカル、南アフリカ、ウルグアイ、米国、英国、チェコ、スロバキア、ペルー、アイスランド、ルーマニア
チャクラ	太陽神経叢、第三の目、心臓、仙骨
数字	5、6
十二星座	牡牛座、蟹座、獅子座、蠍座
惑星	太陽
効果	依存症、分析力、劇的な追跡、勇気、活力、代謝、集中力、妬み、記憶力低下、怒り、否定的感情、鼻出血、不妊、不感症、インポテンス、性的能力の増進、身体的外傷、血管疾患、ビタミンとミネラルの吸収、心臓、血液循環、血液浄化、女性生殖器、下背部障害、リウマチ、関節炎、神経痛、高齢者の抑うつ、体液、骨と靭帯の治癒を加速、止血、頭痛、古いパターン、聴覚障害、透聴力

オレンジ・ファントムクォーツ

　カーネリアン（包括的特性についてはp44を参照）が内包されていることから、強力なエネルギー活性化作用と若返り作用を持ち、依存症的な性格の克服や、常に「より多く」を求めようとする行動を終わらせること、回復に集中させることに有用です。オレンジファントムの中でも特に色の淡いものは、ジャーニーによって高次の自己と接触し、あなたの真実に迫ることを可能にします。このような自己との再接続ができると、洞察を日常生活の中に活かすことができます。ファントムクォーツの包括的特性についてはp239を参照。

オレンジ・ファントムクォーツ（逆ファントム）
(Reversed Orange Phantom Quartz)

結晶系	三方晶系
化学組成	複合
硬度	複合
原産地	ブラジル、ロシア、インド、オーストラリア、マダガスカル、南アフリカ、ウルグアイ、米国、英国、チェコ、スロバキア、ペルー、アイスランド、ルーマニア
チャクラ	仙骨
効果	分析力、劇的な追跡、勇気、活力、代謝、集中力、妬み、記憶力が弱い、怒り、否定的感情、鼻出血、不妊、不感症、インポテンス、性的能力の増進、身体的外傷、血管疾患、ビタミンとミネラルの吸収、心臓、血液循環、血液浄化、女性生殖器、下背部障害、高齢者の抑うつ、体液、骨と靭帯の治癒を加速、止血、頭痛、古いパターン、聴覚障害、透聴力

　この珍しいファントムクォーツは、カーネリアン（包括的特性についてはp44を参照）がクォーツ（p230）のまわりに融合して出来たもので、自己の心の中や宇宙の真の意味に対する洞察を明確にします。肉体の中の不調（dis-ease）がある部位や不調のかすかな原因となっている部位に導いて、根本原因を正確に示すことから、診断に有用な石です。自分の人生を自分でコントロールしたいと願う時や、長期的な支援や活力を必要としている時に有用な石の1つです。ファントムクォーツの包括的特性についてはp239を参照。

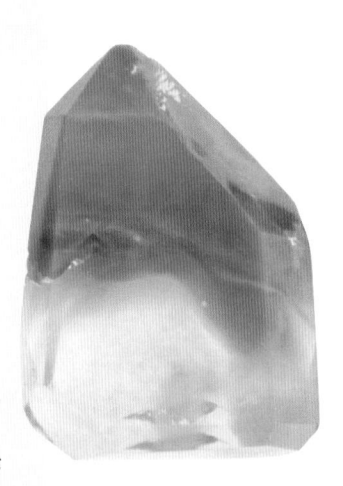

オレンジ・ファントムクォーツ（逆ファントム）

タンジェリンクォーツ（Tangerine Quartz）

結晶系	六方晶系
化学組成	SiO_2（内包物と不純物を含む）
硬度	7
原産地	アフリカ
チャクラ	基底、仙骨
効果	不妊、不感症、生殖器系、腸、ビタミンや鉄の吸収、酸-アルカリバランスの調節、活性酸素の除去、あらゆる症状に対するマスターヒーラー、細胞記憶に働きかける多次元的ヒーリング、プログラミングに対する効果的な受容体、身体のバランスをとる、エネルギー強化

　タンジェリンクォーツ（p230も参照）は、魂の回復や統合、サイキックアタックを受けた後の治癒に用いられます。制限された信念体系を超越し、よりポジティブなバイブレーションへと導きます。「類は友を呼ぶ」ことを示し、分かち合うことを教えます。タンジェリンクォーツは、過去世ヒーリングに有用で、魂が過ちをおかしたと感じており、そのことにより罪悪感が生まれていることから償いをしなくてはならないような場合に有益です。特に魂レベルのショックやトラウマの後に優れた作用を発揮し、オーラとエーテル体の青写真を再調整します。

ダブルターミネイティド
ポイントの天然
タンジェリン クォーツ

タンジェリン・
クォーツ・ポイント

オレンジジルコン（Orange Zircon）

結晶系	正方晶系
化学組成	$ZrSiO_4$（不純物を含む）
硬度	6.5～7.5
原産地	オーストラリア、米国、スリランカ、ウクライナ、カナダ（熱処理されている可能性有り）
チャクラ	仙骨
数字	4
十二星座	獅子座
惑星	太陽
効果	相乗効果、恒常性、嫉妬、所有欲、虐待、同性愛嫌悪、女性嫌悪、人種差別、坐骨神経痛、痙攣、不眠、抑うつ、骨、筋肉、めまい、肝臓、月経不順（ジルコンは、ペースメーカー装着者やてんかん患者に目まいを引き起こす可能性がある―もし目まいが生じた場合は直ちに身体からジルコンを離すこと）

　オレンジジルコン（p261も参照）は、負傷から守ってくれることから、旅の間の優れたお守りとなります。美を強化し、嫉妬から守るといわれています。

オレンジジルコンの原石

その他の赤色とオレンジ色の石

赤色の石：アベンチュリン（p97）、キャシテライト（p139）、グロッシュラーガーネット（p41）、ヘマタイト（p222）、アイドクレース（p116）、モスアゲート（p101）、マスコバイト（p31）、オニキス（p219）、オパール（p254）、フェナサイト（p256）、ロードナイト（p33）、スティルバイト（p260）、チューライト（p36）、バナジナイト（p203）

オレンジ色の石：カーネリアン（p44）、アイドクレース（p116）、アイオライト（p150）、スティルバイト（p260）、バナジナイト（p203）、ウルフェナイト（p207）、ジンカイト（p56）

赤色とオレンジ色のクリスタル

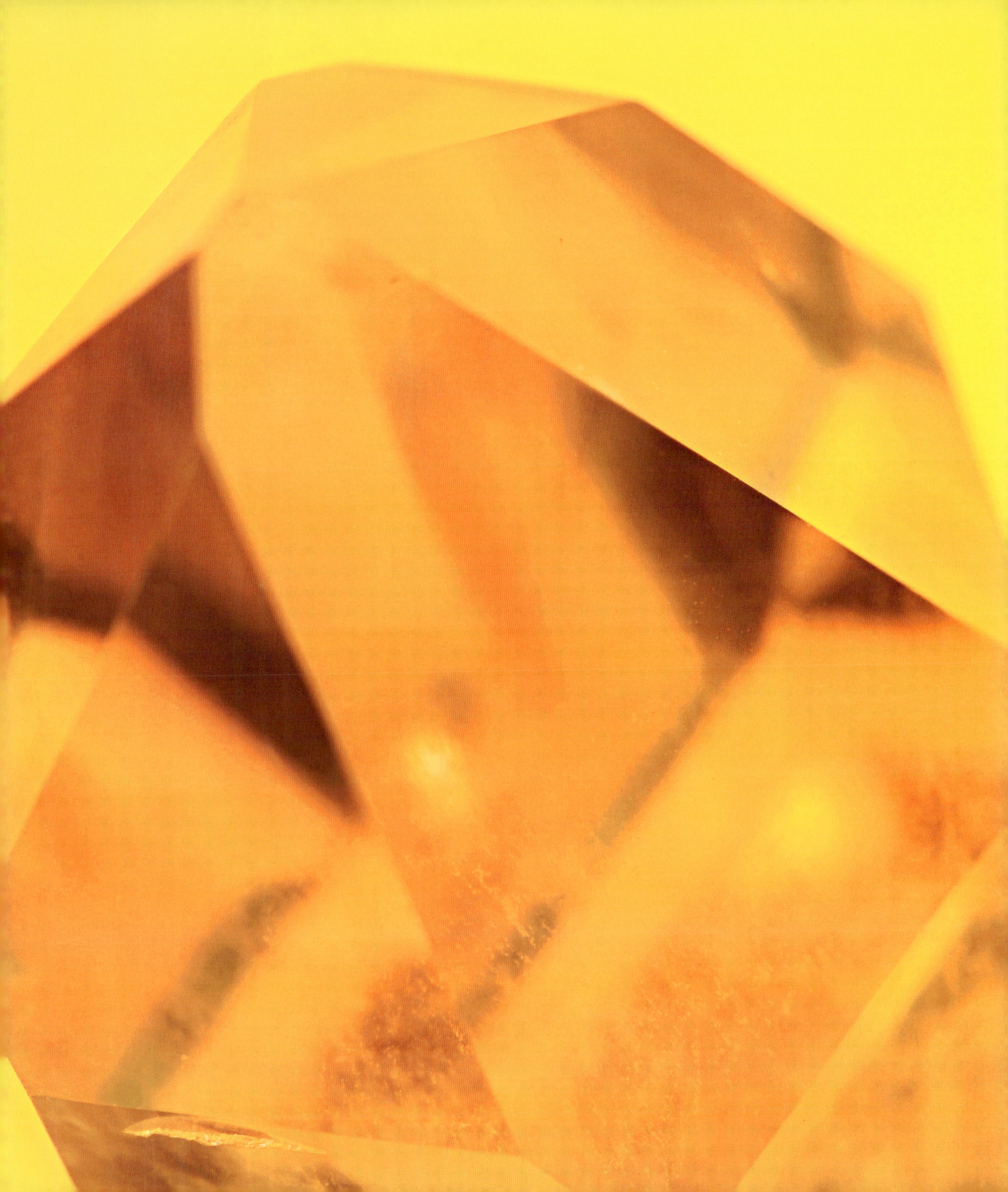

黄色、クリーム色、金色のクリスタル

黄色の石は、太陽神経叢や心と関連しており、情緒と知性のバランスをとります。胆汁の異常や黄疸をはじめとする肝臓病の治療に伝統的に用いられ、季節性の抑うつの緩和に優れた効果を発揮し、冬に太陽の暖かさをもたらします。金色の石は昔から富や豊かさと関連づけられてきました。黄色の石は知性を象徴する惑星である水星と共鳴し、黄色と金色の石はどちらも太陽と共鳴します。

シトリン (Citrine)

結晶系	三方晶系
化学組成	SiO_2
硬度	7
原産地	ブラジル、ロシア、フランス、マダガスカル、英国、米国（熱処理されたアメジストの可能性有り）
チャクラ	全チャクラの浄化と再活性化
数字	6
十二星座	牡羊座、双子座、獅子座、天秤座
惑星	太陽
効果	環境の影響への過敏反応、楽観主義、過去との決別、自尊心、自信、集中力、抑うつ、恐怖、恐怖症、個性、動機、創造性、自己表現、悪夢、アルツハイマー病、痒み、男性ホルモン、解毒、排泄、活性化、再充電、CFS（慢性疲労症候群）、変性疾患、消化、脾臓、膵臓、腎臓や膀胱の感染症、眼障害、血液循環、胸腺、甲状腺、神経、便秘、セルライト エリキシルとして：月経障害、更年期、顔面潮紅、ホルモンバランスの回復、疲労の軽減

大型のシトリンポイント

シトリンのジオード

　シトリンは、レモンを意味するフランス語*citron*にちなんで名付けられたクリスタルで、淡い色は肉体とその機能を司り、濃い色は人生の霊的側面を司ると言われています。太陽の力を持つことから強力な浄化作用と再生作用がある非常に有益な石です。活性化作用と高い創造性があり、シトリン自身は浄化を必要としません。負のエネルギーを吸収、変質させて大地へ流し、環境を保護します。豊かさを引き寄せるには特に有益な石ですから、金庫の中や家の中の富を象徴するコーナーに置いてください。分かち合いを促進し、見る人すべてに喜びをもたらします。

　グループや家族の不和の改善に有用で、自己破壊的な行動を建設的なものに逆転させ、建設的な批判に基いた行動を支援します。内面の平穏を促し、生来備わった知恵の表出を可能にし、感情の流れに身を委ねて情緒のバランスをとるのを助けます。

注： 皮膚に接触するように身につけてください。

この大粒のシトリンはアメジストを熱処理したものと思われる

スモーキーシトリンと
スモーキー・シトリン・ハーキマー
(Smoky Citrine and Smoky Citrine Herkimer)

結晶系	三方晶系
化学組成	SiO_2（不純物を含む）
硬度	7
原産地	世界各地
チャクラ	大地、太陽神経叢
十二星座	射手座
数字	2、6、8
惑星	冥王星、太陽
効果	環境の影響への過敏反応、エネルギーの除去、楽観主義、過去との決別、自尊心、自信、集中力、抑うつ、恐怖、恐怖症、個性、動機、創造性、自己表現、悪夢、アルツハイマー病、痒み、男性ホルモン、解毒、排泄、活性化、再充電、CFS（慢性疲労症候群）、変性疾患、消化、脾臓、膵臓、腎臓や膀胱の感染症、眼障害、血液 血液循環、胸腺、甲状腺、神経、便秘、セルライト、DNA修復、細胞障害、代謝バランスの乱れ、現在に影響を及ぼしている過去世での負傷や病気を思い出す、ジオパシックストレス、X線曝露、性欲、鎮痛、生殖器系、筋肉、神経組織、内なるビジョン、テレパシー、解毒、多次元的ヒーリング、放射能や接触によって生じる疾患に対する防御、ジオパシックストレスや電磁波汚染による不眠

　スモーキーシトリンは浄化を全く必要とせず、負のエネルギーを受け取ることもありません。非物質的な能力の強化と、その能力を日常の現実に根付かせるのに優れた働きをします。また、あなたの霊的な歩みから障害を取り除き、エーテル体の青写真を浄化します。スモーキー・シトリン・ハーキマーは、古い考えやあなたを貧困に陥れた思考形態を追い払い、豊かさへの道を開きます。いずれの石も他の世で交わされた契約（特に貧困や貞節に関するもの）の解除に優れた作用を発揮し、発展の妨げとなっている現在の状況や環境から抜け出すのを助けます。各クリスタルの包括的特性については、シトリンはp72、ハーキマーダイヤモンドはp241、スモーキークォーツはp186をそれぞれ参照。

天然のスモーキーシトリンのカテドラルクォーツ

スモーキー・シトリン・ハーキマー

黄色、クリーム色、金色のクリスタル

'シトリン'ハーキマー ('Citrine' Herkimer)

結晶系	三方晶系
化学組成	SiO_2(不純物を含む)
硬度	7
原産地	アメリカ、インド
チャクラ	大地、第三の目のチャクラと関連、全チャクラの浄化と再活性化
数字	3、6
十二星座	牡羊座、双子座、獅子座、天秤座、射手座
惑星	太陽
効果	環境の影響への過敏反応、楽観主義、過去との決別、自尊心、自信、集中力、抑うつ、恐怖、恐怖症、個性、動機、創造性、自己表現、悪夢、アルツハイマー病、解毒、排泄、活性化、再充電、CFS（慢性疲労症候群）、変性疾患、セルライト、内なるビジョン、テレパシー、ストレス、解毒、多次元的ヒーリング、放射能や接触によって生じる疾患に対する防御、ジオパシックストレスや電磁波汚染による不眠、DNA修復、細胞障害、代謝バランスの乱れ、現在に影響を及ぼしている過去世での負傷や病気を思い出す

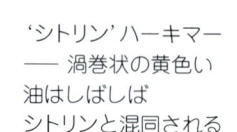

'シトリン'ハーキマー —— 渦巻状の黄色い油はしばしばシトリンと混同される

'シトリン'ハーキマーの黄色はたいていクリスタル内部の油から生じています。シトリン(p72)とハーキマー(p241)の包括的な特性を有する他に、貧困意識やあなたを貧困に陥れている刷り込みを取り除いて、豊かさへの道を開きます。地球のエネルギー強化に優れた効果があり、地球に活気を与えます。また、環境から富や資源を倫理的に正しく入手することにも優れた働きをします。

注：'シトリン'ハーキマーは高バイブレーションの石です。

イエロークンツァイト (Yellow Kunzite)

結晶系	単斜晶系
化学組成	$LiAlSi_2O_6$（リチウムを含む）
硬度	6.5〜7
原産地	米国、マダガスカル、ブラジル、ミャンマー、アフガニスタン
チャクラ	全チャクラ
十二星座	牡牛座、獅子座、蠍座
惑星	金星、冥王星
効果	放射線、DNA、知性と直観と霊感を組み合わせる、謙虚、貢献、忍耐、自己表現、創造性、ストレス関連性の不安、双極性障害、精神疾患と抑うつ、ジオパシックストレス、内省、免疫系、ラジオニクスによる遠隔ヒーリング実施時の患者の身代わり、麻酔、循環器系、心筋、神経痛、てんかん、関節痛

天然のイエロークンツァイト

クンツァイト(p30)の包括的な特性を有する他に、イエロークンツァイトは環境スモッグを取り除き、放射線や電磁波をオーラ体からはねのけます。チャクラの調整やDNAの再構成、細胞の青写真や身体のカルシウム-マグネシウムバランスの安定化に効果があります。

注：イエロークンツァイトは高バイブレーションの石です。

ゴールデン・エンハイドロ・ハーキマー
(Golden Enhydro Herkimer)

結晶系	三方晶系
化学組成	SiO_2（不純物を含む）
硬度	7
原産地	ヒマラヤ山脈
チャクラ	太陽神経叢、第三の目、宝冠、高次の宝冠
数字	3
十二星座	射手座
効果	感情の浄化、性別に関する混乱、内なるビジョン、テレパシー、ストレス、解毒、多次元的細胞ヒーリング、放射能や接触によって生じる疾患に対する防御、ジオパシックストレスや電磁波汚染による不眠、DNA修復、細胞障害、代謝バランスの乱れ、現在に影響を及ぼしている過去世での負傷や病気を思い出す、インフルエンザ、咽喉、気管支炎

内部に油滴が見える
ゴールデン・
エンハイドロ・
ハーキマー

　ゴールデンエンハイドロはヒマラヤ山脈で産出する珍しい石で、内部に黄色の油でできた小さな泡または血管状のものがはっきりと確認でき、ダブルターミネイティドの形状をとる非常にエネルギーの強力なクリスタルです。ハーキマー(p241)の包括的な特性を有する他に、霊的能力の開発や第三の目の刺激に優れた効果があり、聖なる山々に存在する何世代も前の霊的知恵へとあなたをまっすぐ導きます。太陽神経叢の癒しや何世代にもわたって引き継がれてきた情緒障害を取り除くのに強力な作用を発揮し、情緒体と青写真を浄化して情緒の健康をもたらします。生まれ変わる時に性別が変わった人々の性別に対する混乱や葛藤を取り除き、第三の目から注入されたエネルギーや現世または他の世で課された制限を取り除きます。

注：ゴールデン・エンハイドロ・ハーキマーは高バイブレーションの石です。

イエローフェナサイト (Yellow Phenacite)

結晶系	三方晶系
化学組成	Be_2SiO_4
硬度	7.5〜8
原産地	マダガスカル、ロシア、ジンバブエ、コロラド（米国）、ブラジル
チャクラ	高次の宝冠
十二星座	双子座
効果	顕現、多次元的ヒーリング

（フェナサイトは物理レベルを超えた部分で働く）

イエローフェナサイトの
原石

　フェナサイト(p256)の包括的な特性を有する他に、イエローフェナサイトは顕現の石でもあり、望みの内容が至高善のためになるものであるなら物理界においてそれを実現させてくれます。地球外のものとの接触に関する特別な能力があります。

注：イエローフェナサイトは高バイブレーションの石です。

黄色、クリーム色、金色のクリスタル

シトリン・スピリット・クォーツ（Citrine Spirit Quartz）

結晶系	六方晶系
化学組成	SiO_2（不純物を含む）
硬度	7
原産地	マガリースバーグ（南アフリカ）
チャクラ	大地、太陽神経叢
数字	4
十二星座	全星座
惑星	太陽、月
効果	豊かさ、ジオパシックストレス、アセンション、再生、自己寛容、忍耐、オーラ体の浄化と刺激、洞察力に富んだ夢、過去の再構成、男性性と女性性の混和、陰陽、不和を癒す、幽体離脱、解毒、強迫行動、妊孕性、発疹、環境の影響への過敏反応、楽観主義、過去との決別、自尊心、自信、集中力、抑うつ、恐怖、恐怖症、活性化、再充電、CFS（慢性疲労症候群）、変性疾患

　スピリットクォーツ（p237）の包括的な特性を有する他に、シトリン・スピリット・クォーツには自己認識を促進する働きがあります。オーラを清浄化し、あなたの力のセンタリングを助け、あなたの人生の方向付けを助けます。意図の浄化をもたらし、豊かさに近づきつつ、同時に物質的なものへの依存や執着を解き放つような場合に特に有用です。ビジネスにおいては目標と計画に集中させます。グリッドを構築して家の安定化を図り、電磁スモッグやジオパシックストレスから保護するのに有用です。また、あらゆる種類の地球エネルギーの障害を癒します。対立の解消を助け、あなたを不当に扱った人々を許したり、自分自身に許しを乞うようにプログラミングすることが可能です。

注：シトリン・スピリットクォーツは高バイブレーションの石です。

シトリン・スピリット・クォーツ

レモンクリソプレーズ（Lemon Chrysoprase）

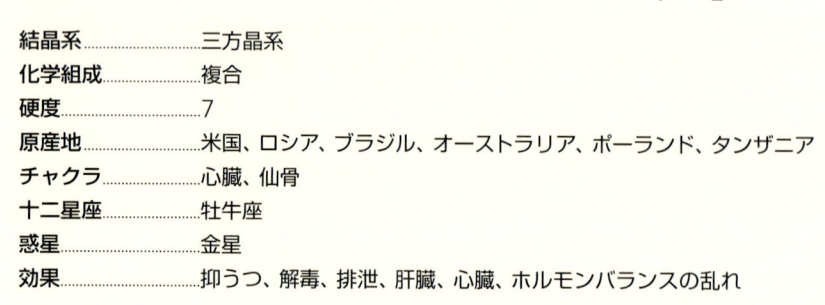

結晶系	三方晶系
化学組成	複合
硬度	7
原産地	米国、ロシア、ブラジル、オーストラリア、ポーランド、タンザニア
チャクラ	心臓、仙骨
十二星座	牡牛座
惑星	金星
効果	抑うつ、解毒、排泄、肝臓、心臓、ホルモンバランスの乱れ

　同情と親愛を象徴するレモンクリソプレーズの色はニッケルに由来しています。小児期の夜間恐怖症に有用で、特にその原因が過去世にある場合に効果があります。精神の覚醒を高め、内なる知恵とつながり、宇宙や他者への信頼を深めさせます。

レモンクリソプレーズのタンブル

黄色、クリーム色、金色のクリスタル

アンブリゴナイト（Amblygonite）

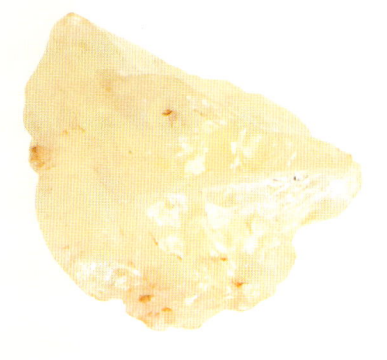

結晶系	三斜晶系
化学組成	$LiNaAlPO_4F$
硬度	5.5〜6
原産地	米国、ブラジル、フランス、ドイツ、スウェーデン、ミャンマー、カナダ
チャクラ	太陽神経叢のチャクラに関連、全チャクラを開いて調整
数字	6
十二星座	牡牛座
効果	ストレス、遺伝的障害、芸術、音楽、詩歌、創造性、胃、消化、頭痛

アンブリゴナイトの原石

　アンブリゴナイトは、自分自身の成長や、二重性を調整して対立するものを統合することを助けます。不死の魂であるという感覚を目覚めさせます。情緒のフックを太陽神経叢から穏やかに取り除くのに有用で、怒りを伴う結末を迎えることなく人間関係を終わらせることを助けます。不安で締め付けられたようになった胃を鎮めます。不調和や治安の混乱がある部分にグリッドを作成するのに利用できます。特に若い人々が関与している場合に効果的です。ヒーリングにおいては、身体の電気系を活性化させ、コンピュータから放射される電磁波に敏感な人は、胸腺の上にこの石をテープで貼りつけると防御することができます。

注：アンブリゴナイトは高バイブレーションの石です。

アストロフィライト（Astrophyllite）

結晶系	三斜晶系
化学組成	$K_2Na(Fe^{2+})_7Ti_2Si_8O_{26}(OH)_4F$
硬度	3
原産地	米国
チャクラ	高次の宝冠
数字	9
十二星座	蠍座
効果	プロジェクトの完遂、てんかん、生殖器系やホルモン系、PMS（月経前症候群）や更年期障害、細胞再生、大腸、脂肪の沈着

アストロフィライトの
タンブル

　星の葉を意味するアストロフィライトは、幽体離脱の促進に優れた効果があり、他の世界におけるガイドや保護者の役割を果たします。また、自己から離れた場に立って客観視することにも優れた効果があります。限界がないことを認識させ、潜在能力の最大限の発揮を導きます。あなたの人生にもはや役に立たなくなったものを罪悪感を伴うことなく排除し、1つの扉が閉じれば別の扉が開くことを教え、前進すべき道を示します。触覚の感度を高め、知覚を改善すると言われており、特に他者のニーズへの気づきをもたらすことから、マッサージや指圧の訓練を受けている人に有用です。夢を活性化し、あなたの魂が考えるあなたにとっての歩むべき道を夢に見せてくれます。

イエロージルコン（Yellow Zircon）

結晶系	正方晶系
化学組成	$ZrSiO_4$
硬度	6.5～7.5
原産地	オーストラリア、米国、スリランカ、ウクライナ、カナダ（熱処理されている可能性有り）
チャクラ	太陽神経叢
十二星座	射手座
惑星	太陽
効果	抑うつ、相乗効果、恒常性、嫉妬、所有欲、虐待、同性愛嫌悪、女性嫌悪、人種差別、坐骨神経痛、痙攣、不眠、抑うつ、骨、筋肉、めまい、肝臓、月経不順（ジルコンは、ペースメーカー装着者やてんかん患者に目まいを引き起こす可能性がある―もし目まいが生じた場合は直ちに身体からジルコンを離すこと）

イエロージルコン（p261も参照）は、ビジネスや恋愛における成功を引き寄せ、性的エネルギーを強化します。落ち込んだ気分を高揚させ、機敏な状態にします。

イエロージェイド（Yellow Jade）

結晶系	複合
化学組成	$NaAlSi_2O_6$
硬度	6
原産地	米国、中国、イタリア、ミャンマー、ロシア、中東
チャクラ	太陽神経叢
数字	11
十二星座	双子座
惑星	金星
効果	身体の消化器系や排泄系、自己充足、長寿、解毒、ろ過、排泄、腎臓、副腎、細胞系や骨格系、縫合、妊孕性、腰部、水-塩-酸-アルカリ比

ジェイド（p120）の包括的な特性を有する他に、イエロージェイドには活性化作用や刺激作用があります。また、喜びや幸せをもたらす穏やかさも備えており、あらゆる存在との相互関連性を教えます。

天然のイエロージェイド

イエロースピネル（Yellow Spinel）

結晶系	立方晶系
化学組成	複合
硬度	7.5～8
原産地	スリランカ、ミャンマー、カナダ、米国、ブラジル、パキスタン、スウェーデン（合成石の可能性有り）
チャクラ	太陽神経叢
数字	5
十二星座	獅子座
惑星	冥王星
効果	筋肉や神経の症状、血管

スピネル（p260）の包括的な特性を有する他に、イエロースピネルは知性を刺激し、個人の力を強化します。

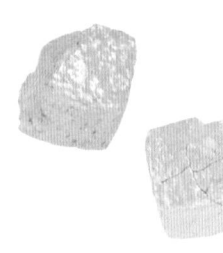

イエロースピネル

黄色、クリーム色、金色のクリスタル

アンバー (Amber)

結晶系	非結晶質
化学組成	C, H, O（不純物を含む）
硬度	2〜2.5
原産地	英国、ポーランド、イタリア、ルーマニア、ロシア、ドイツ、ミャンマー、ドミニカ
チャクラ	喉のチャクラに関連、全チャクラの障害を除去して浄化
数字	3
十二星座	獅子座、水瓶座
惑星	太陽
効果	利他主義、記憶力、信頼、知恵、平穏、意思決定、抑うつ、活力、ストレス、咽喉、甲状腺腫、胃、脾臓、腎臓、膀胱、肝臓、胆嚢、関節障害、粘膜、創傷治癒、天然の抗生物質

研磨したアンバー

天然のアンバー

　アンバーは装飾品としては最古の部類に入り、アンバー製のビーズが紀元前8000年頃の墳墓から発見されています。自然な温もりがあることから、アンバーは生きていると考えられ、中国では虎が死ぬとその魂がアンバーに変わると信じられていました。アンバーを羊毛や絹にこすりつけると静電気が発生します。アンバーはギリシャ語でelectronと呼ばれており、これが電気（electricity）の語源となりました。厳密にはアンバーはクリスタルではなく、樹脂が凝固して化石化したものです。地球と強力な関連があることから、高レベルのエネルギーをグラウンディングします。身体から不調（dis-ease）を取り除き、組織の再活性化を助ける強力な治癒作用と浄化作用があります。また、環境やチャクラも浄化します。ネガティブなエネルギーを吸収して、身体の自己治癒を助けるポジティブな力に変えます。ヒーラーがクライアントの痛みを取り込むのを予防したり、サイキックバンパイアの攻撃に対抗する防御盾のような役割を果たします。

アダマイト (Adamite)

結晶系	斜方晶系
化学組成	$Zn_2AsO_4(OH)$
硬度	3.5
原産地	メキシコ、ギリシャ、米国
チャクラ	太陽神経叢、心臓、喉
数字	8
十二星座	蟹座
効果	内分泌系、腺、心臓、肺、咽喉

母岩上のアダマイト

　心と頭を結びつけるのに有用で、情緒的な問題に対処する際に明晰性と内面の力をもたらします。未知の未来に向かって自信を持って前進するのを助け、企業家能力や職業生活と私生活の両面における成長のための新たな道を見極める能力が明らかになります。原則に立ち返らせてくれる石です。

黄色、クリーム色、金色のクリスタル

イエローアパタイト(Yellow Apatite)

結晶系	六方晶系
化学組成	$Ca_5(PO_4)_3(F, CL, OH)$
硬度	5
原産地	カナダ、米国、メキシコ、ノルウェー、ロシア、ブラジル
チャクラ	太陽神経叢
数字	9
十二星座	双子座
効果	毒性、CFS(慢性疲労症候群)、無気力、抑うつ、集中力欠如、学習効率が悪い、消化不良、セルライト、肝臓、膵臓、胆嚢、脾臓、動機、神経衰弱、過敏性、人道主義的姿勢、無関心、貢献、コミュニケーション、エネルギー枯渇、疼痛、骨、細胞、カルシウムの吸収、軟骨、歯、運動能力、関節炎、関節障害、くる病、食欲抑制、代謝率、腺、経絡、臓器、高血圧

イエローアパタイトの原石

イエローアパタイトは、アパタイト(p133)の包括的な特性を有する他に、強力な除去作用があり、カルマによる罪悪感や被害者意識を解き放ち、停滞したエネルギーを取り除き、溜め込まれた怒りを中和します。エーテル体の青写真のバランスをとり、閉塞や過去の条件付けを癒し、精神的な活動過剰あるいは活動低下のバランスをとります。刷り込まれた姿勢や誤った仮定を取り除くのに有用です。

注:イエローアパタイトは高バイブレーションの石です。

イエローサファイア(Yellow Sapphire)

結晶系	六方晶系
化学組成	Al_2O_3(不純物を含む)
硬度	9
原産地	ミャンマー、チェコ、ブラジル、ケニア、インド、オーストラリア、スリランカ、カナダ、タイ、マダガスカル
チャクラ	第三の目、宝冠
数字	4
十二星座	獅子座
惑星	月、土星
効果	抱負の達成、解毒、蛇の咬傷に対する防御、胃、胆嚢、肝臓、脾臓、平静、心の平和、集中力、多次元的ヒーリング、身体系の活動過剰

ファセットカットしたイエローサファイア

アーユルヴェーダのジェムレメディに用いられる石の1つでヒンドゥーの神ガネーシャ(Ganesha)に関係するイエローサファイアは、富を家に引き寄せることから繁栄や収入増加のために現金箱の中に置かれます。サファイア(p160)の包括的な特性を有する他に、知性を刺激し、大局を読めるように総合的な集中力を高めます。

黄色、クリーム色、金色のクリスタル

イエロージンカイト（Yellow Zincite）

結晶系	六方晶系
化学組成	(Zn, Mn)O
硬度	4
原産地	イタリア、米国、ポーランド（クリスタラインジンカイトは熱処理されたもの、または人工的に作られたもの）
チャクラ	太陽神経叢
数字	5
十二星座	牡牛座、天秤座
効果	尿路感染症、必要な変化、無気力、先延ばし、自信、恐怖症、催眠コマンド、精神的刷り込み、空の巣症候群、創造性、毛髪、皮膚、前立腺、更年期症状、免疫系、経絡、CFS（慢性疲労症候群）、AIDS（後天性免疫不全症候群）、自己免疫疾患、カンジダ感染、粘液症状、てんかん、排泄および吸収に関する器官、不妊

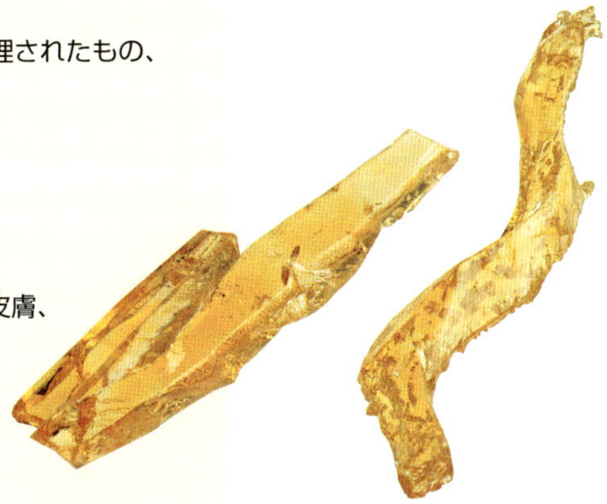

イエロージンカイトには、ジンカイト（p56）の包括的な特性の他に尿路感染症に特に有効な作用があります。

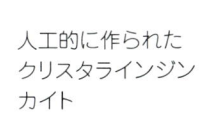

人工的に作られたクリスタラインジンカイト

ベリル（Beryl）

結晶系	六方晶系
化学組成	$Be_3Al_2Si_6O_{18}$
硬度	7.5〜8
原産地	米国、ブラジル、中国、アイルランド、スイス、オーストラリア、チェコ、フランス、ノルウェー
チャクラ	太陽神経叢、宝冠（色により異なる）
数字	1
十二星座	獅子座（各種ベリルの欄も参照）
惑星	月
効果	勇気、ストレス、過剰分析、排泄、肺系および循環器系、鎮静、毒素や汚染に対する抵抗性、肝臓、心臓、胃、脊椎、脳振盪、咽喉感染症

ベリルの原石

ベリルという名称は、緑色の宝石を意味するギリシャ語beryllosに由来しています。この石は伝統的に雨の魔術や嵐に対する防御に用いられていました。エリザベス1世の形而上学的助言者であったディー博士（Dr. Dee）はベリル製のクリスタルボールを所有していましたが、これは現在大英博物館に所蔵されています。ベリルには外部からの影響や操作に対する強力な保護作用があります。ストレスの多い生活への対処や不必要な重荷を下ろすのを助けます。存在の純粋性を象徴しているベリルは、可能性の実現を助け、倦怠期に陥っている既婚者に再び愛を呼び覚まします。

ファセットカットしたベリル

黄色、クリーム色、金色のクリスタル

ゴールデンベリル（ヘリオドール）
(Golden Beryl (Heliodor))

結晶系	六方晶系
化学組成	$Be_3Al_2Si_6O_{18}$
硬度	7.5〜8
原産地	米国、ブラジル、中国、アイルランド、スイス、オーストラリア、チェコ、フランス、ノルウェー
チャクラ	太陽神経叢、第三の目、宝冠
十二星座	獅子座
効果	更年期、燃え尽き症候群、勇気、ストレス、過剰分析、排泄、肺系および循環器系、鎮静、毒素や汚染に対する抵抗性、肝臓、心臓、胃、脊椎、脳振盪、咽喉感染症

ゴールデンベリルのタンブル

ゴールデンベリルのボール

　ゴールデンベリルは大昔から儀式的魔術や占いに用いられてきた予言の石です。ベリル(p81)の包括的な特性を有する他に、存在の純粋性を促し、自発性や独立性を教えます。成功欲や可能性を現実に変える力を刺激します。エネルギーの拡張を助けるゴールデンベリルは、地球上での生活を困難に感じている魂や、ヒーリングワークによる燃え尽きに苦しむ人、情緒解放のための長時間にわたるワークで疲弊した人のサポートをすると言われています。

クリソベリル (Chrysoberyl)

結晶系	斜方晶系
化学組成	$BeAl_2O_4$
硬度	8.5
原産地	ロシア、スウェーデン、スリランカ、ミャンマー、ブラジル、カナダ、ガーナ、ノルウェー、ジンバブエ、中国、オーストラリア、カナダ
チャクラ	宝冠のチャクラを開き、太陽神経叢のチャクラと調整
数字	6
十二星座	獅子座
効果	創造性、戦略的計画、同情、寛容、寛大、自信、セルフヒーリング、アドレナリン、コレステロール、胸部、肝臓

　クリソベリルはギリシャ語のchrysosとberyllosを組み合わせた言葉で金色がかった黄色を意味します。クリソベリルは今はベリルの1種とみなされていません。新たな始まりを象徴する石で、古くなったエネルギーパターンを解放し、問題の両面を見ることを助け、不正をはたらいた家族や友人への許しを促します。他のクリスタルと一緒に用いると、クリソベリルは不調(dis-ease)の原因を浮き彫りにします。また、クリソベリルは創造性の促進にも優れた効果があります。

クリソベリルの原石

黄色、クリーム色、金色のクリスタル

カコクセナイト（Cacoxenite）

結晶系	六方晶系
化学組成	$(Fe^{3+})_{24}AlO_6(PO_4)_{17}(OH)_{12} \cdot 75H_2O$
硬度	3〜4
原産地	イングランド、スウェーデン、フランス、ドイツ、オランダ、米国
チャクラ	第三の目、宝冠
数字	9
十二星座	射手座
効果	ストレス、ホリスティックな癒しと心身に関する気づき、恐怖、ホルモン障害や細胞障害、心臓、肺、風邪、インフルエンザ、呼吸器系の軽い不調

クォーツの母岩中のカコクセナイト原石

　上昇（アセンション）を象徴する石であるカコクセナイトは、霊的意識を高め、地球の進化を刺激するために惑星の配列を利用する際に役立ちます。あなたの霊的進化を助ける核となる魂の記憶へと導きます。ポジティブなものを強調する性質を持つカコクセナイトは、制限や抑圧を解き放ちます。克服できそうもない問題を抱えている時はカコクセナイトと共に瞑想を行いましょう。アメジストに内包されたカコクセナイトは、心を開いて新しい考えを受け入れさせ、個人の意志と高次の自己との調和を図ります。満月や新月の儀式の力を増幅しますが、銀の中にカコクセナイトが埋め込まれている場合は特にその力が強くなります。

リモナイト（Limonite）

結晶系	非結晶質
化学組成	$\alpha\text{-}FeO(OH)$
硬度	4〜5.5
原産地	ブラジル、フランス、ドイツ、ルクセンブルグ、イタリア、ロシア、キューバ、ザイール、インド、ナミビア、米国
数字	7
十二星座	乙女座
効果	脱水症、浄化、筋骨格系、鉄とカルシウムの吸収、黄疸、発熱、肝臓、消化

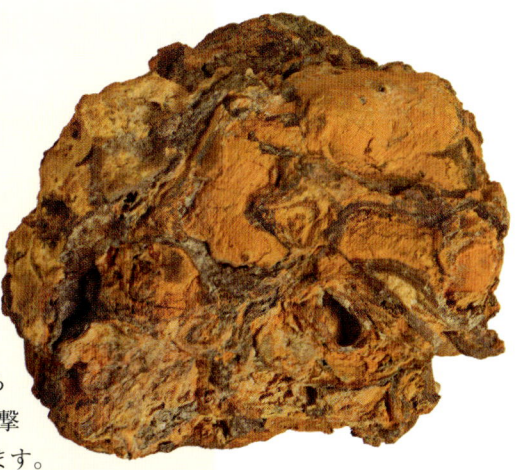

　リモナイトという名称は酸化鉄の一般名で、ギリシャ語で「湿った草地」を意味する*leimons*に由来しています。水と関係があることから脱水症の治療に用いられましたが、沼地（＝窮地）から抜け出すのにも優れた働きをします。グラウンディングや保護作用を持ち、生活を安定化させる他に、特に極限状態において内面的な強さを刺激する働きがあります。非物質的な活動中の肉体の保護、精神的な影響や攻撃からの防御、テレパシーの強化、混乱や霊による苦しみの改善を行います。精神の癒しに強力に作用し、若々しさを回復して、抵抗を必要とすることなく自分の立場を貫くことを助けます。他の石を用いたインナーチャイルドの癒しを促進します。

　レッド（p55）およびイエロー（p92）のファントムクォーツも参照。

リモナイトの原石

黄色、クリーム色、金色のクリスタル

イエロージャスパー（Yellow Jasper）

結晶系	三方晶系
化学組成	SiO_2（鉄、酸素、水酸基イオンを含む）
硬度	7
原産地	世界各地
チャクラ	太陽神経叢
十二星座	獅子座
効果	内分泌系、毒性、電磁波汚染や環境汚染、放射線、ストレス、長期疾患や長期入院、血液循環、消化器や生殖器、体内のミネラル量のバランスをとる 鎮痛には、イエロージャスパーを痛む部分の上に置いて和らげる

イエロージャスパーは霊的ワークや物理的な旅行の際に優れた保護作用を発揮します。ジャスパー（p45）の包括的な特性を有する他に、地球上におけるあなたの旅を助け、人生の道程から外れないようにします。長く持ち続け過ぎた感情を取り払います。ポジティブなエネルギーを導き、肉体を楽にさせます。行動不全の子供や不器用な子供、事故を起こしやすい子供に有用です。

イエロージャスパーのタンブル

イエローラブラドライト（Yellow Labradorite）

結晶系	三斜晶系
化学組成	複合
硬度	5〜6
原産地	イタリア、グリーンランド、フィンランド、ロシア、カナダ、スカンジナビア
チャクラ	第三の目、太陽神経叢
数字	6、7
十二星座	獅子座、蠍座、射手座
効果	ラジオニクスによる遠隔ヒーリング実施時の患者の身代わり、身体とエーテル体の調整、活力、独自性、代謝の調節

ラブラドライト（p227）の包括的な特性を有する他に、イエローラブラドライトは最高次の意識にアクセスし、視覚化やトランス、透視、チャネリングを促進します。精神体を拡張させて高次の知恵に同調させます。他者からの不当な影響や操作を取り除くのに有用です。特に、共依存、すなわち、人生において相手が学ぶべきことを学ばられなかったり、無意識の内に依存が長引くことを願う人がいる状況への対処に有用です。

注： イエローラブラドライトは高バイブレーションの石です。

ラブラドライトのタンブル

セプタリアン(Septarian)

結晶系	三方晶系
化学組成	複合
硬度	3
原産地	オーストラリア、米国、カナダ、スペイン、イングランド(英国)、ニュージーランド、マダガスカル
チャクラ	基底のチャクラと関連、心臓と喉と第三の目のチャクラを統合
数字	66
十二星座	牡牛座、射手座
効果	季節性情動障害、忍耐、ホリスティックな癒し、耐久力、セルフヒーリング、代謝、成長、腸、腎臓、血液、皮膚疾患、心臓、学習、動機、怠惰、再活性化、情緒的ストレス、排泄器官、沈着した石灰の溶解、骨格、関節、腸症状、皮膚、組織治癒、免疫系、小児の成長、潰瘍、いぼ、情緒的ストレス、怒り、信頼性、受容、柔軟性、グラウンディング、レイノー病、悪寒、骨、カルシウムの吸収、椎間板の弾力性、夜間の痙攣、筋痙攣、免疫系、プロセスの調節、寛大、敵意、訴訟、悪夢、暗闇に対する恐怖、ヒステリー、抑うつ、否定的思考、起伏の激しい感情、浄化、開放創、血管内のミネラル沈着、認知症、老齢、体力

成形した
セプタリアンジオード

　セプタリアンは、海底でできた泥のボールが、7つのポイントに分かれてあらゆる方向に光を発していることから数字の7を意味するラテン語*septem*から名付けられたというのが通説ですが、囲いや壁を意味する*saeptum*に由来するという説もあります。カルサイト(p245)、カルセドニー(p247)、アラゴナイト(p190)が組み合わさったもので、灰色の凝固物はデーヴァのエネルギーに接続しています。セプタリアンは自己育成や他者のケア、地球のケアに優れたサポート作用を有しています。発想を育て、成就に結び付けるのを助けます。また、情緒と知性を高次の心と調和させます。NLP(神経言語プログラミング)の働きを持つ石で、もはや役に立たなくなった行動や感情の再パターン化や再プログラミングを助けます。

　人前で話をする際に有用なツールとなり、聴衆の一人一人を個人的に話しかけられているような気持ちにさせ、グループ内でのコミュニケーション能力を強化します。霊的グループをまとめる働きもあります。ヒーラーはこの石を用いて不調(dis-ease)の診断や原因に対する洞察を行います。身体の自己治癒力を集中する力があります。

スネークスキン・アゲート (Snakeskin Agate)

結晶系	三方晶系
化学組成	SiO_2
硬度	6
原産地	米国、インド、モロッコ、チェコ、ブラジル、アフリカ
チャクラ	基底、仙骨
十二星座	双子座
惑星	水星
効果	しわ、聴覚障害、胃、皮膚症状

スネークスキン・アゲート (p190も参照) は、生きる喜びに導き、日常生活から心配や抑うつを取り除く手助けをします。下部チャクラの上に置くとクンダリーニの上昇を活性化させることができます。溶け込むことを助け、物理的世界でも霊の世界でも姿を見られることなく旅することを可能にします。また、低次の世界における魂の回復に携える石としても有用です。スネークスキン・アゲートは皮膚をなめらかにするのに利用されます。

スネークスキン・アゲート

ゴールデンカルサイト (Golden Calcite)

結晶系	六方晶系
化学組成	$CaCO_3$ (不純物を含む)
硬度	3
原産地	米国、英国、ベルギー、チェコ、スロバキア、ペルー、アイスランド、ルーマニア、ブラジル
チャクラ	太陽神経叢、宝冠
十二星座	獅子座
効果	排泄、学習、動機、怠惰、再活性化、情緒的ストレス、排泄器官、骨のカルシウム取り込み、沈着した石灰の溶解、骨格、化膿した創傷

ゴールデンカルサイト (p245も参照) は強力な除去作用を有しています。特にエリキシルとして用いると、ゴールデンカルサイトのエネルギーが気分を高揚させます。瞑想を促進し、深いリラクセーションや霊的状態をもたらし、最高次の霊的導きへと結び付けます。高次の心や意志を刺激します。

ゴールデンカルサイトの原石

イエローフローライト (Yellow Fluorite)

結晶系	立方晶系
化学組成	CaF_2
硬度	4
原産地	米国、イングランド (英国)、メキシコ、カナダ、オーストラリア、ドイツ、ノルウェー、中国、ペルー、ブラジル
チャクラ	太陽神経叢のチャクラと関連、全チャクラを浄化
十二星座	山羊座、魚座
惑星	水星
効果	協調努力、知的活動、毒性、コレステロール、肝臓、バランス、協調、自信、内気、心配、センタリング、集中力、心身症

イエローフローライトは、フローライト (p177) の包括的な特性の他に、創造性を強化し、グループのエネルギーを安定化する作用を有しています。

母岩上のイエローフローライト

イエロートパーズ (Yellow Topaz)

結晶系	斜方晶系
化学組成	$Al_2(SiO_4)(F, OH)_2$
硬度	8
原産地	米国、ロシア、メキシコ、インド、オーストラリア、南アフリカ、スリランカ、パキスタン、ミャンマー、ドイツ
チャクラ	太陽神経叢
十二星座	射手座、獅子座
惑星	太陽、木星
効果	明敏、問題解決、誠実、寛容、自己実現、情緒的サポート、健康状態を示す、消化、食欲不振、味覚、神経、代謝、皮膚、視力(ビジョン)

ファセットカットしたトパーズ

　ビンゲンの聖女ヒルデガルド(St. Hildegard of Bingen)は、弱った視力を是正するためにトパーズのエリキシルを推奨しました。このクリスタルは、疑念や不安を乗り越え、「行動」するのではなく「存在」することを可能とするこの宇宙への信頼を促します。最も必要とされているところにエネルギーを注ぎ、身体の経絡を再充電して調整し、あなたが歩むべき道に光を照らし、内面に備わった力を利用させます。伝統的に愛と幸運の石として知られており、自己宣言や顕現、視覚化を助け、あなたが自分自身の内面の豊かさに気付くのを促します。オーラの浄化やリラクセーションの誘発に優れた効果があり、あらゆるレベルの緊張を解き放ち、霊的成長が困難であった場合には成長を加速することができます。喜びに満ちたトパーズのまわりではネガティブなものは存在できません。

ゴールデン(インペリアル)トパーズ (Golden (Imperial) Topaz)

結晶系	斜方晶系
化学組成	$Al_2(SiO_4)(F, OH)_2$
硬度	8
原産地	米国、ロシア、メキシコ、インド、オーストラリア、南アフリカ、スリランカ、パキスタン、ミャンマー、ドイツ
チャクラ	太陽神経叢
数字	9
十二星座	獅子座、射手座、魚座
惑星	太陽、木星
効果	細胞構造、太陽神経叢、神経衰弱、燃焼不足、肝臓、胆嚢、内分泌腺、明敏、問題解決、誠実、寛容、自己実現、情緒的サポート、健康状態を示す、消化、食欲不振、味覚、神経、代謝、皮膚、視力(ビジョン)

天然のゴールデントパーズ

　ゴールデントパーズは、イエロートパーズ(上記)の包括的な特性を有する他に、電池の働きがあり、あなたを霊的にも肉体的にも再充電します。宇宙の最高次の力への意識的同調に優れた働きを発揮する石で、同調によって得た情報を蓄え、あなたが神から授けられた存在であることを思い出させます。ゴールデントパーズは自分の能力を認識し、メンター(指導者)を引き寄せるのを手助けします。寛大さや率直さを維持したままでカリスマ性と自信をもたらします。限界の克服と大きな計画の立案を助けます。

ルチレーテッドトパーズ（Rutilated Topaz）

結晶系	複合
化学組成	複合
硬度	不詳
原産地	極めて稀
チャクラ	第三の目
十二星座	双子座、蠍座、射手座
効果	明敏、問題解決、誠実、寛容、自己実現、情緒的サポート、健康状態を示す、消化、食欲不振、味覚、神経、代謝、皮膚、視力、細胞再生

　ルチレーテッドトパーズは透明のクリスタルの中に細かい毛状の物質が浮かんだ珍しい石で、イエロートパーズ（p87）とルチレーテッドクォーツ（p202）の包括的な特性を有する他に、視覚化や保護、顕現に極めて有効です。占いにも適した石で、深い洞察をもたらし、その人の人生に愛と光を引き寄せるようにプログラミングすることが可能です。ルチレーテッドトパーズは物理的世界や霊的世界からの妨害を防ぎます。

注：ルチレーテッドトパーズは高バイブレーションの石です。

ルチレーテッドトパーズのポイント

ルチルポイントを伴ったトパーズクラスター

ゴールデン・タイガーアイ（Golden Tiger's Eye）

結晶系	三方晶系
化学組成	$NaFe(SiO_3)_2$（不純物を含む）
硬度	4〜7
原産地	米国、メキシコ、インド、オーストラリア、南アフリカ
チャクラ	第三の目、太陽神経叢
数字	4
十二星座	獅子座、山羊座
惑星	太陽
効果	右脳と左脳の統合、知覚、内部対立、プライド、強情、情緒バランス、陰陽、疲労、血友病、肝炎、単核球症、抑うつ、目、夜間視力、咽喉、生殖器、収縮、骨折

　ゴールデン・タイガーアイは、タイガーアイ（p206）の包括的な特性を有する他に、細部への注意を助け、過度な自己満足や危険に対して警告し、感情ではなく理屈に基いて行動を起こすことを促します。試験や重要な会議に優れた効果を発揮します。サイキックアタックを受けた時に、自分の存在を見えないようする力を与えると言われています。太陽神経叢から負のエネルギーを抜き取って、エネルギーの発生源に戻します。ゴールデン・タイダーアイを車の中に置いて事故を防止してください。身につけるのは短期間に限るべきです。

ゴールデン・タイガーアイのタンブル

黄色、クリーム色、金色のクリスタル

イエロートルマリン(Yellow Tourmaline)

結晶系	三方晶系
化学組成	ケイ酸塩複合体
硬度	7〜7.5
原産地	スリランカ、ブラジル、アフリカ、米国、オーストラリア、アフガニスタン、イタリア、ドイツ、マダガスカル
チャクラ	太陽神経叢
数字	1、4、33
十二星座	獅子座
効果	知的追求、ビジネス、胃、肝臓、脾臓、腎臓、胆嚢、防御、解毒、脊椎の調整、男性性と女性性のエネルギーのバランスをとる、偏執症、読字障害、視覚と手の協調関係、コード化された情報の取り込みと解釈、気管支炎、糖尿病、肺気腫、胸膜炎、肺炎、エネルギーの流れ、閉塞の強化と除去

イエロートルマリンは、トルマリン(p210)の包括的な特性を有する他に、個人の力を強化して進むべき霊的な道を開きます。

ファセットカットした
イエロートルマリン

サルファ(Sulphur)

結晶系	斜方晶系
化学組成	S
硬度	2
原産地	イタリア、ギリシャ、米国、日本、インドネシア、ロシア、南米、火山地域
数字	7
十二星座	獅子座
惑星	太陽
効果	強情、極度の疲労、重篤疾患、創造性、感染症、発熱、風邪、腫脹、線維や組織の成長、痛みを伴う腫脹や関節障害、皮膚症状

サルファは火山地域と関係しており、悪魔を追い払うための魔術的ワークに昔から利用されてきました。感情や暴力、皮膚症状、発熱など、あらゆる「噴出するもの」に優れた効果があります。潜在的な非物質的能力を表面に引き出すことができます。カルマの浄化に強力な効果があります。サルファは負の電気を帯びており、破壊的なエネルギーや発散、感情の吸収に極めて有用です。環境中のどこにでも置くことが可能で、負の性質のものを吸収し、進歩を阻む障害を取り除きます。サルファは性格の中のネガティブな特性を見つけ出し、反抗的な部分や頑固な部分、手に負えない部分にアプローチして意識的な変化への道を開きます。注意散漫にさせるような反復的な思考パターンを断ち切り、思考プロセスを今現在にグラウンディングさせます。

注:サルファは毒性があるため内用してはなりません。

'パウダー'
サルファの原石

クリスタラインサルファ

黄色、クリーム色、金色のクリスタル

ゴールドシーン・オブシディアン
(Gold Sheen Obsidian)

結晶系	非結晶質
化学組成	SiO_2（不純物を含む）
硬度	5〜5.5
原産地	メキシコ、火山地域
チャクラ	太陽神経叢、第三の目
十二星座	射手座
惑星	土星
効果	同情、体力、解毒 物理レベルを超えた部分で最良の働きをする

　ゴールドシーン・オブシディアンは占いの石で、あなたを過去、現在、未来、さらに問題の本質の奥深くへと導きます。オブシディアン(p214)の包括的な特性を有する他に、エネルギーの場のバランスをとり、ヒーリングを必要としているものを示します(但し、そのヒーリングは他のクリスタルが行います)。ゴールドシーンは、あらゆる種類の無益性や対立といった感覚を除去します。自我の関与を取り除くことによって、霊的導きの知恵をもたらします。

ゴールドシーン・オブシディアンのボール

チャルコパイライト (Chalcopyrite)

結晶系	正方晶系
化学組成	$CuFeS_2$
硬度	3.5〜4
原産地	フランス、チリ、ナミビア、ザンビア、ペルー、ドイツ、スペイン、モンタナ(米国)、ユタ(米国)
チャクラ	宝冠
数字	9
十二星座	山羊座
惑星	金星
効果	自尊心、知覚、論理的思考、エネルギーの閉塞、毛髪の成長、細絡(皮膚に浮き出た細い静脈)、脳障害、排泄器官、腫瘍、感染症、RNA/DNA、関節炎、気管支炎、炎症、発熱

　チャルコパイライトは、ギリシャ語で銅を意味するchalkosにちなんで名付けられた銅を含むパイライトで叩くと火花が出ます。この石はあなたを「真実の炎」へと導きます。無心状態の達成に優れた働きをし、知覚を強化して霊的知恵を吸収します。古代の転生に関係があり、現世における困難や不調(dis-eases)の原因にアクセスします。エネルギーの伝達作用が強力で、太極拳や鍼、指圧のサポートをし、エネルギーの閉塞を解放して身体のまわりの気の動きを促進します。失せ物の場所を見つけ出すのに用いると、様々な場面毎に姿を消したり、再び現れたりします。チャルコパイライトは、豊かさとは心の状態であることを教え、内面の安心感をもたらします。

チャルコパイライトのタンブル

アイアンパイライト（Iron Pyrite）

結晶系	立方晶系
化学組成	FeS_2
硬度	6〜6.5
原産地	米国、スペイン、ポルトガル、イタリア、英国、チリ、ペルー
数字	3
十二星座	獅子座
惑星	火星
効果	エネルギー、駆け引き、絶望、疲労、劣等感、隷属状態、不十分、惰性、記憶力、潜在能力へのアクセス、協力、血液、血液循環、骨、細胞形成、DNA損傷、経絡、胃の不調による睡眠障害、消化管、毒物摂取、循環器系や呼吸器系、肺、喘息、気管支炎、血流の酸素化

愚者の金として知られるパイライトの名前は「火打ち石」を意味するギリシャ語に由来していますが、これはパイライトが火花を発する石であることからその中心に火があると考えられていたためです。エネルギーに対する優れた盾の作用があり、パイライトはあらゆるレベルの負のエネルギーや汚染物質を遮断し、肉体やオーラからのエネルギー流出を防ぎ、オーラ体と肉体を保護して災いをかわします。また、ポジティブな見通しをもたらします。外見の裏側にあるものを見通します。劣等感を抱いている男性に有用で、男性性への自信を強化しますが、男らしい男性には作用が強すぎて攻撃性をもたらす可能性があります。パイライトは非常に急速に作用し、カルマによる病気や心身症の原因を探るのに特に有用です。立方体のパイライトは知力の拡張と構築を行い、本能と直観、創造性と分析のバランスをとります。

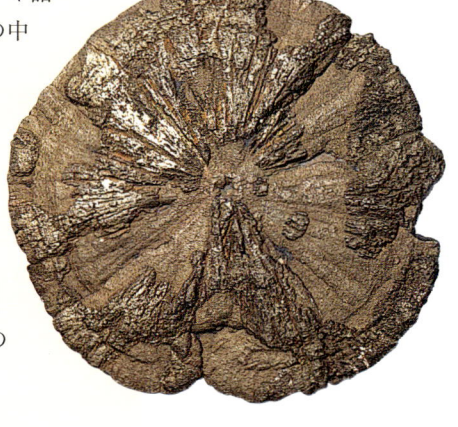

天然の
アイアンパイライト

アイアンパイライトの
フラワー

マーカサイト（Marcasite）

結晶系	斜方晶系
化学組成	FeS_2
硬度	6〜6.5
原産地	米国、メキシコ、ドイツ、フランス
チャクラ	基底
数字	8
十二星座	獅子座
効果	陽エネルギー、集中力、記憶力、ヒステリー、血液浄化、いぼ、ほくろ、そばかす、脾臓

「火の石」を意味するアラビア語 markaschatsa にちなんで名付けられたマーカサイトは、特に精霊の認識能力や透視能力といった非物質的能力を拡張します。日常生活の中に心霊に対する盾をしっかりと立てることから、マーカサイトはハウスクリアリング、すなわち家の除霊を請け負う人々に役立ちます。自己の洞察にあたって離れた視点を提供し、必要に応じて調整を行うのを助けます。思考の散漫や混乱、記憶力の低下に悩んでいる場合は、マーカサイトが明晰性をもたらします。意志力を強化し、今まで行ったことのない領域へ大胆に前進させます。獅子座に対し優れた効果があり、輝きを促進し、真の豊かさを見つけるために霊的な不足感に苦しんでいる人を助けます。

母岩上の
マーカサイトの結晶

黄色、クリーム色、金色のクリスタル

ウラノフェン（Uranophane）

結晶系	単斜晶系
化学組成	$Ca(UO_2)_2(SiO_3OH)_2 \cdot 5H_2O$
硬度	2〜3
原産地	ザイール、ドイツ、米国、チェコ、ドイツ、オーストラリア、フランス、イタリア
数字	5
効果	放射線障害（その他の特性は未確認）

　放射性クリスタルであるウラノフェンは、他のクリスタルから離れたところで保管しなければなりません。また、長期間使用してはなりません。しかし、適切な資格を有する専門家の監督の下で利用すれば、核医学や放射線療法をサポートすることが可能です。また、昔の放射線障害を取り除くためのホメオパシーの触媒として機能させることも可能です。

母岩上の
ウラノフェンの原石

イエロー・ファントムクォーツ（Yellow Phantom Quartz）

結晶系	六方晶系
化学組成	SiO_2（内包物を伴う）
硬度	7
原産地	世界各地
チャクラ	第三の目、宝冠、過去世、太陽神経叢
十二星座	双子座
惑星	太陽
効果	古いパターン、聴覚障害、透聴力

　イエロー・ファントムクォーツは知性に同調した石で、ファントム（p239）とクォーツ（p230）の包括的な特性を有する他に、頭が記憶や思考パターンを思い出して再構成するのを助けます。内包されているのはリモナイトで、この石にはあらゆる種類の知的活動の刺激作用があります。このファントムクォーツは、現世あるいは他世で精神にとりついた付着物の除去に用いられます。

イエロー・ファントム
クォーツ

ゴールデンヒーラー・クォーツ（Golden Healer Quartz）

結晶系	六方晶系
化学組成	SiO_2（不純物を含む）
硬度	7
原産地	アフリカ
チャクラ	第三の目、宝冠、太陽神経叢のチャクラと関連、全チャクラを調整
惑星	太陽
効果	多次元的ヒーリング、あらゆる症状に対するマスターヒーラー、細胞記憶に働きかけるヒーリング、プログラミングに対する効果的な受容体、臓器の浄化と強化、免疫系、身体のバランスをとる、熱傷の鎮静化、エネルギー強化

　ゴールデンヒーラー・クォーツは天然の被膜を伴う透明なクリスタルで、クォーツ（p230）の包括的な特性を有する他に、異なる世界間を含む遠距離間の霊的コミュニケーションを促進し、多次元的ヒーリングに力を与えます。キリスト意識にアクセスし、陰陽エネルギーのバランスをとると言われています。

ダブルターミネイティド・
ゴールデンヒーラー・
クォーツ

黄色、クリーム色、金色のクリスタル

サンシャインオーラ・クォーツ
(Sunshine Aura Quartz)

結晶系	六方晶系
化学組成	複合（処理石）
硬度	脆性
原産地	（処理石）（金属蒸着ではなく染色による可能性有り）
チャクラ	太陽神経叢
惑星	太陽、月
効果	情緒的なトラウマや痛み、あらゆるレベルの便秘、毒性、多次元的ヒーリング、細胞記憶に働きかける多次元的ヒーリング、プログラミングに対する効果的な受容体、臓器の浄化と強化、免疫系、身体のバランスをとる、熱傷の鎮静化

　サンシャインオーラ・クォーツは、オーラクォーツ（p143）とクォーツ（p230）の包括的な特性を有する他に、拡張作用と保護作用も有しています。金とプラチナで作られたサンシャインオーラ・クォーツは、強力かつ極めて活発なエネルギーを有しています。

オパールオーラ・クォーツ (Opal Aura Quartz)

結晶系	六方晶系
化学組成	複合（処理石）
硬度	脆性
原産地	（処理石）
チャクラ	太陽神経叢
惑星	太陽
効果	情緒的トラウマや痛み、あらゆるレベルの便秘、毒性、多次元的ヒーリング、プログラミングに対する効果的な受容体、筋力テストの成績向上、臓器の浄化と強化、免疫系、身体のバランスをとる、熱傷の鎮静化

　プラチナで作られた本物のオパールオーラ・クォーツは、オーラクォーツ（p143）とクォーツ（p230）の包括的な特性を有する他に、神や宇宙意識との完全な結合状態をもたらします。虹が希望と楽観主義を象徴するように、オパールオーラは喜びを象徴しています。すべてのチャクラの浄化とバランス調整を行い、ライトボディ（light body）を物理界に統合し、瞑想による深い覚醒状態を導き、肉体が受け取った情報をグラウンディングさせます。

注：この石は、追加的な特性を持たない染色クォーツの可能性があります。

オパールオーラ・クォーツ（ダイヤモンドウィンドウのあるポイントを右側に伴ったコンパニオンクリスタル）

オパールオーラのロングポイント

その他の黄色の石

アンドラダイトガーネット（p192）、アポフィライト（p242）、アラゴナイト（p190）、バライト（p244）、キャシテライト（p139）、セルサイト（p247）、コーベライト（p158）、ダンブライト（p26）、ダイヤモンド（p248）、グロッシュラー ガーネット（p41）、カイアナイト（p152）、レピドクロサイト（p52）、マグネサイト（p252）、ムーンストーン（p251）、モスアゲート（p101）、マスコバイト（p31）、オニキス（p219）、オパール（p254）、ペリドット（p120）、プレナイト（p122）、スミソナイト（p138）、ワーベライト（p123）、ウルフェナイト（p207）、ゾイサイト（p56）

黄色、クリーム色、金色のクリスタル

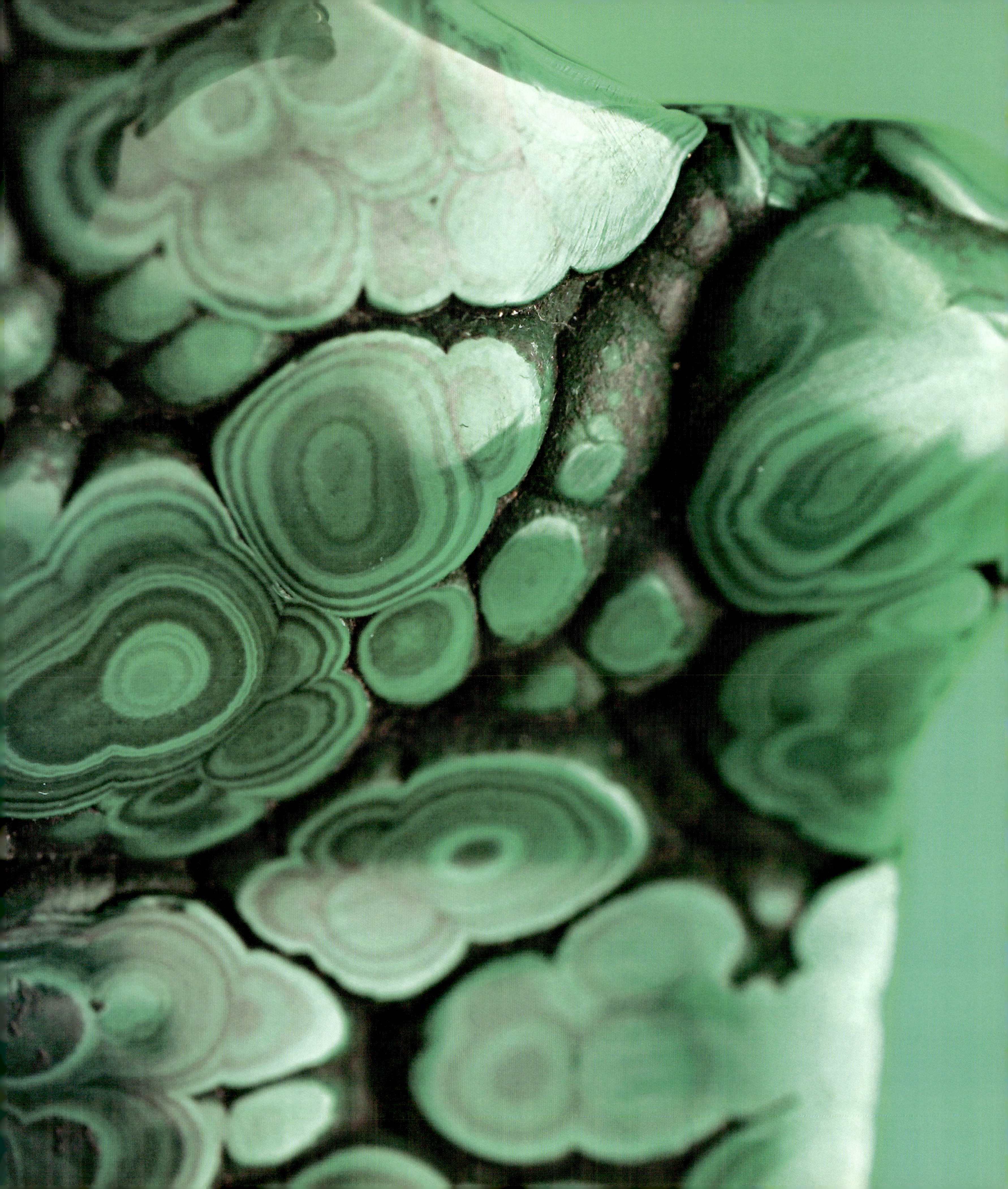

緑色のクリスタル

緑色の石は、チャクラでは心臓のチャクラ、惑星では金星と共鳴し、感情の癒しと思いやりをもたらします。緑色は自然の色に似ており、疲れ目を癒すことから、これらの石は伝統的に眼病の緩和や視力の改善に用いられてきました。

マラカイト（Malachite）

結晶系	単斜晶系
化学組成	$Cu_2CO_3(OH)_2$
硬度	3.5〜4
原産地	米国、オーストラリア、ザイール、フランス、ロシア、ドイツ、チリ、ニューメキシコ、ルーマニア、ザンビア、コンゴ、中東
チャクラ	心臓、太陽神経叢、基底、仙骨
数字	9
十二星座	蠍座、山羊座
惑星	金星
効果	変容（トランスフォーメーション）、精神-性的問題、抑制、再生、内気、肝臓や胆嚢の解毒、ストレス、不眠、アレルギー、目、循環器疾患、出産、痙攣、月経障害、陣痛、女性生殖器、血圧、喘息、関節炎、てんかん、骨折、関節腫脹、成長、乗り物酔い、めまい、腫瘍、視神経、膵臓、脾臓、副甲状腺、DNA、細胞構造、免疫系、組織の酸性化、糖尿病

研磨したマラカイト

　マラカイトは緑色のアオイ科植物を意味するギリシャ語 *malache* にちなんで名付けられました。邪眼や魔術、悪霊に対する防御作用があると言われるこの石には、情緒体の強力な浄化作用の他、過去世や小児期のトラウマを解放する作用がありますが、利用は資格を有するヒーラーに委ねるのが最善です。マラカイトは強力なエネルギー伝達作用を有するため、この石の影響下では人生が情熱的なものとなります。何があなたの霊的成長を阻害しているかを容赦なく指摘し、深層にある感情や心因性の原因を引き出し、無用なしがらみや古い行動パターンを断ち切り、自らの行動や考え、感情への責任の持ち方を教えます。マラカイトは保護を象徴する重要な石の1つでもあり、環境や身体から発せられる負のエネルギーや汚染物質を吸収し、プルトニウムや放射線を吸い上げ、電磁スモッグを取り除きます。マラカイトにはデーヴァの力との強力な親和性があり、地球を癒します。

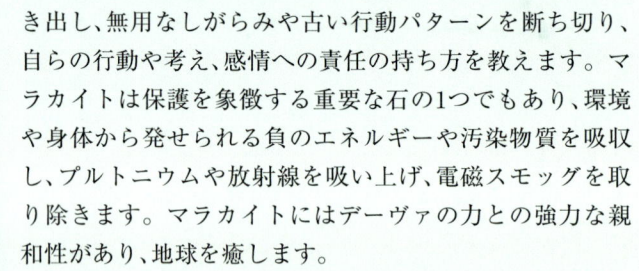

　マラカイトは占いや内外を問わず他の世界へのアクセスに利用できます。マラカイトの渦巻状の模様を経由したジャーニーは、潜在意識からの洞察や未来からのメッセージを受け取るのを助けます。

注：マラカイトは銅鉱石であり、摂取量によっては人体に有毒となります。しかし、研磨された石を身につけることは全く安全であり、中毒量を摂取することにはなりません。

マラカイトには色の濃淡でできた特徴的な渦巻模様がある

アベンチュリン（Aventurine）

結晶系	三方晶系
化学組成	SiO_2
硬度	7
原産地	イタリア、ブラジル、中国、インド、ロシア、チベット、ネパール
チャクラ	心臓、脾臓
数字	3
十二星座	牡羊座
惑星	水星
効果	男性性と女性性のエネルギーのバランスをとる、繁栄、リーダーシップ、決断力、同情、共感、焦燥、創造性、どもり、重度神経症、胸腺、結合組織、神経系、血圧、代謝、コレステロール、動脈硬化、心臓発作、抗炎症、発疹、アレルギー、片頭痛、目、副腎、肺、副鼻腔、心臓、筋肉系や泌尿生殖器系

グリーンアベンチュリンの原石

アベンチュリンは非常にポジティブな性質を持つ石で、ジオパシックストレスに対抗するために庭や家にグリッドを組むのに利用されます。アベンチュリンを身につけると電磁スモッグを吸収して環境汚染から保護してくれます。サイキックバンパイアによる心臓のエネルギーの吸収から保護し、知性体と情緒体を統合します。アベンチュリンは、別の選択肢や可能性を認識しつつ、心の状態を安定化させます。情緒の回復を助け、自分の心のままに生きられるようにします。アベンチュリンは誕生から7歳までの成長を司っています。

グリーンアベンチュリン（Green Aventurine）

結晶系	三方晶系
化学組成	SiO_2
硬度	7
原産地	イタリア、ブラジル、中国、インド、ロシア、チベット、ネパール
チャクラ	心臓、脾臓
十二星座	牡羊座
惑星	水星
効果	マイナスの感情や考え、悪性疾患、吐き気、ストレス、目、心臓、男性性と女性性のエネルギーのバランスをとる、繁栄、リーダーシップ、決断力、同情、共感、焦燥、創造性、どもり、重度神経症、胸腺、結合組織、神経系、血圧、代謝、コレステロール、動脈硬化、心臓発作、抗炎症、発疹、アレルギー、片頭痛、副腎、肺、副鼻腔、筋肉系や泌尿生殖器系

グリーンアベンチュリンには、アベンチュリン（上記）の包括的な特性を有する他に心地よさをもたらす作用、総合的なヒーリング作用や調和作用、健康や情緒面での落ち着きをもたらす作用があります。何があなたを喜ばせたり悲しませたりするのかをはっきりさせるのに役立ちます。視力を強化するために昔から身につけられていました。また、ギャンブルの際のお守りとしても用いられていました。脾臓のチャクラに対し優れた保護作用を発揮することから、胸骨下部にあたるように身につけるか、左の腕の下の下側にテープで貼りつけてください。

グリーンアベンチュリンのタンブル

緑色のクリスタル

レインボーオブシディアン（Rainbow Obsidian）

結晶系	非結晶質
化学組成	SiO_2（不純物を含む）
硬度	5〜5.5
原産地	メキシコ、世界各地の火山地域
チャクラ	心臓
数字	2
十二星座	天秤座
惑星	土星
効果	傷心、同情、体力、受け入れがたいものの消化、解毒、閉塞、動脈硬化

　レインボーオブシディアンは穏やかな性質を持つオブシディアンの1つですが、オブシディアン（p214）の包括的な特性を有する他に、強力な保護作用も有し、あなたの霊的性質の進化について教えます。昔の恋愛のしがらみを断ち切り、他者が心に残したフックをそっと外して心臓のエネルギーを再び満たします。ペンダントとして身に付けると、オーラの負のエネルギーを吸収し、身体のストレスを取り除きます。過去世ヒーリングの促進や特に健康や幸福レベルにおいて過去世が現世に及ぼしている影響に関する洞察を得るために利用できます。

研磨したレインボーオブシディアン

グリーンオブシディアン（Green Obsidian）

結晶系	非結晶質
化学組成	SiO_2（不純物を含む）
硬度	5〜5.5
原産地	メキシコ、火山地域
チャクラ	心臓、喉
数字	5
十二星座	双子座
惑星	土星
効果	胆嚢、心臓、同情、体力、受け入れがたいものの消化、解毒、閉塞、動脈硬化、関節炎、関節痛、痙攣、負傷、疼痛、出血、血液循環

　グリーンオブシディアンは、オブシディアン（p214）の包括的な特性を有する他に、チャクラに他者から仕掛けられたフックを取り除き、再びこのようなフックが仕掛けられることのないように保護します。胆嚢のチャクラと心臓のチャクラに特に有益です。

グリーンオブシディアンの原石

ハイアライト（ウォーターオパール）
(Hyalite (Water Opal))

結晶系	非結晶質
化学組成	$SiO_2 \cdot nH_2O$
硬度	5.5～6.5
原産地	オーストラリア、ブラジル、米国、タンザニア、アイスランド、メキシコ、ペルー、英国、カナダ、ホンジュラス、スロバキア
チャクラ	基底のチャクラを宝冠、過去世のチャクラに連結
十二星座	蟹座
効果	気分の安定、自尊心、生きる意欲の強化、直観、恐怖、忠誠、自発性、女性ホルモン、更年期、パーキンソン病、感染症、発熱、記憶力、血液と腎臓の浄化、インスリンの調節、出産、PMS（月経前症候群）、目、耳

ハイアライトの原石

　ハイアライトは、その水のように見える内部が直観を刺激し、霊的世界と接続してあなたの人生設計へアクセスすることから、占いに最適な石です。オパール（p254）の包括的な特性を有する他に、瞑想体験を促進する作用を有した気分安定化のための石でもあります。幽体離脱をしようとしている人をサポートし、肉体を包んでいるものは魂の一時的な乗り物であることを教え、平穏な通過を促進します。

アレキサンドライト (Alexandrite)

結晶系	六方晶系
化学組成	$BeAl_2O_4$
硬度	7.5～8
原産地	米国、ブラジル、中国、アイルランド、スイス、オーストラリア、チェコ、フランス、ノルウェー
チャクラ	下部チャクラ、心臓
数字	1
十二星座	蠍座
惑星	冥王星
効果	長寿、防御、神経系や腺組織、炎症、脾臓、膵臓、男性生殖器、神経組織、首の筋肉の緊張、白血病の副作用、勇気、ストレス、過剰分析、排泄、肺系および循環器系、鎮静、毒素や汚染に対する抵抗性、肝臓、胃、脊椎、脳振盪

ファセットカットした
アレキサンドライト

母岩上の
アレキサンドライト

　1830年のロシア皇帝アレクサンダー2世（Czar Alexander II）の21歳の誕生日に発見されたことにちなんで命名されたアレキサンドライトは多色性で、深緑色の石は人工光線の下では赤く輝き、ファセットカットされると色が淡くなります。人造の場合があります。守護の石であり、浄化の石としても有用で、男性性と女性性のエネルギーの調和を図り、感情の正確な理解を助けます。ベリル（p81）の包括的な特性を有する他に、再生作用も有しており、自尊心を再構築し、自我の再生を促します。意志力と夢を強化します。感情を和らげ、少ない労力で人生に喜びを見出す方法を教え、想像力を刺激し、自分自身の内面の声に同調させます。恋愛に幸運をもたらします。

アレキサンドライトの
原石

緑色のクリスタル

ツリーアゲート（Tree Agate）

結晶系	三方晶系
化学組成	複合（鉄の内包物を伴う）
硬度	6
原産地	米国、インド、モロッコ、チェコ、ブラジル、アフリカ
チャクラ	大地
十二星座	乙女座
惑星	水星
効果	免疫系、感染症、忍耐、精神的強さ、健全な自我、揺るぎない自尊心、情緒的トラウマ、自信、集中力、知覚、分析力、オーラの安定化、負のエネルギーの変容、情緒の不調（dis-ease）、消化作用、胃炎、目、胃、子宮、リンパ系、膵臓、血管、皮膚疾患

　ツリーアゲートは安定化作用が極めて高い石で、非常に困難な状況の中でも安全感と安心感をもたらします。アゲート（p190）の包括的な特性を有する他に、自然が持つ養育的エネルギーとも強いつながりがあり、活力を回復します。この石は長期間にわたって身につけてください。アースヒーリングに有用で、あらゆる種類の草木に優れた効果があり、何かを栽培している土地のまわりのグリッディングに利用できます。ネガティブなものに対する保護作用があり、力を与えます。不愉快な場面に冷静に直面してそれらを克服し、そのような場面の中にも意義を見出すことを助けます。

研磨したツリーアゲート

グリーンアゲート（Green Agate）

結晶系	三方晶系
化学組成	SiO₂（不純物を含む）
硬度	6
原産地	米国、インド、モロッコ、チェコ、ブラジル、アフリカ
チャクラ	仙骨、脾臓
十二星座	乙女座
惑星	水星
効果	不妊、情緒的トラウマ、自信、集中力、知覚、分析力、オーラの安定化、負のエネルギーの変容、情緒の不調（dis-ease）、消化作用、胃炎、目、胃、子宮、リンパ系、膵臓、血管、皮膚疾患

　古代の女性たちは、不妊予防のためにグリーンアゲートを浸しておいた水を飲んでいました。アゲート（p190）の包括的な特性を有する他に、天然のグリーンアゲートは論争の解決、精神的および情緒的な柔軟性の強化、意志決定力の向上を助けます。

グリーンアゲートの
タンブル

モスアゲート（Moss Agate）

結晶系	三方晶系
化学組成	複合
硬度	6
原産地	米国、インド、モロッコ、チェコ、ブラジル、アフリカ
チャクラ	基底、仙骨、大地、喉
数字	1
十二星座	乙女座
惑星	水星
効果	豊かさ、助産、天候や汚染に対する過敏、自尊心、恐怖、抑うつ、回復、抗炎症、循環器系や排泄系、リンパの流れ、免疫系、右脳と左脳のアンバランスによって生じる抑うつ、低血糖、脱水症、感染症、風邪とインフルエンザ、真菌感染症や皮膚感染症、エネルギー枯渇、肩凝り、情緒的トラウマ、自信、集中力、知覚、分析力、オーラの安定化、負のエネルギーの変容、情緒の不調（dis-ease）、消化作用、胃炎、目

　古代においては、モスアゲートは園芸家のお守りとして用いられました。この石は魂をリフレッシュさせ、見るものすべての中に美を見出す力を与えると言われていました。出産を象徴する石でもあり、助産師の仕事を助け、痛みを軽減して分娩経過を良好にします。アゲート（p190）の包括的な特性を有する他に、新たな始まりを象徴する石でもあり、閉塞や霊的束縛を解除します。知的な人々の直観へのアクセスを助け、直感的な人々がそのエネルギーを実用的なものに活用することを助けます。人間関係が壊れる際に強力な保護作用を発揮します。

モスアゲートのタンブル

デンドリティックアゲート（Dendritic Agate）

結晶系	三方晶系
化学組成	複合
硬度	6
原産地	米国、インド、モロッコ、チェコ、ブラジル、アフリカ
チャクラ	大地のチャクラに関連、全チャクラを調整
数字	3
十二星座	双子座
惑星	水星
効果	平穏な環境、安定性、忍耐、チャクラのアンバランスによって生じた不調（dis-ease）、血管、神経、神経痛、骨格障害、毛細血管の再生、循環器系、鎮痛、情緒的トラウマ、自信、集中力、知覚、分析力、オーラの安定化、負のエネルギーの変容、情緒の不調（dis-ease）、消化作用、胃炎、目、胃、子宮、リンパ系、膵臓、皮膚疾患 最大の効果を得るには長期間身につけること

　デンドリティックアゲートは、アゲート（p190）の包括的な特性を有する他に、豊かさを象徴する石としても知られており、商売や農業をはじめとするあらゆる人生の領域に豊かさと充足をもたらし、作物の生産量を増やし、室内植物の健康を維持します。地球のエネルギーの場の内部の渦巻を安定化させ、ジオパシックストレスやブラック・レイ・ライン（black ley line）を克服します。デンドリティックアゲートは、あなたと地球とのつながりを深め、成長しても地球とのつながりを維持しておくように促します。

研磨したデンドリティックアゲート

緑色のクリスタル

エジリン (Aegirine)

結晶系	単斜晶系
化学組成	$NaFe^{3+}Si_2O_6$
硬度	6
原産地	グリーンランド、米国、アフリカ
チャクラ	高次の心臓
数字	5
十二星座	魚座
効果	自尊心、完全性、感受性、目標に集中する、免疫系、筋肉と筋肉痛、骨、代謝系、神経

　スカンジナビアの海の神Aegirにちなんで名づけられたエジリンは、エネルギー光線の発生と集中、情緒の閉塞感の除去、ポジティブなバイブレーションの強化に優れた作用を発揮します。サイキックアタックや否定的思考に極めて有用で、とりついていたものが取り除かれた後にオーラを修復します。大局的見地からものごとを見つめ、人間関係の問題の癒しや離別による悲嘆の克服を助けます。昔の恋愛に由来するエネルギー侵入から保護します。真の自己の探求に力を与え、心が必要としていることをする能力を強化して、集団の圧力に従うことなく自らの真実に従うことを促します。エジリンは、身体の自己治癒システムや他のクリスタルのヒーリングエネルギーの強化に利用することができます。

天然のエジリンのワンド

母岩中のエジリン原石

アンナベルガイト (Annabergite)

結晶系	単斜晶系
化学組成	$Ni_3(AsO_4)_2 \cdot 8H_2O$
硬度	2
原産地	カナダ、米国、ドイツ、サルジニア(イタリア)、イタリア、スペイン、ギリシャ
チャクラ	第三の目
数字	6
十二星座	山羊座
効果	放射線療法、感染症、脱水症、腫瘍、細胞障害、ラジオニクス治療

　アンナベルガイトは、すべてのものがあるがままで完璧であることを示し、あらゆる可能性を開きます。この神秘的な石は視覚化や直観を促進します。また、宇宙の賢主との接触を可能にすると言われています。過去世への退行に優れた働きをします。生体磁気シースの調整と強化を行い、肉体の経絡のエネルギーの流れを強化し、これらを地球の経絡と調和させます。

アンナベルガイトのタンブル

イットリアンフローライト(Yttrian Fluorite)

結晶系	立方晶系
化学組成	CaF$_2$（イットリウムを含む）
硬度	4
原産地	米国、スウェーデン、イングランド（英国）、中国、ペルー、ブラジル
チャクラ	第三の目、心臓
十二星座	魚座
惑星	水星
効果	協調、自信、内気、心配、センタリング、集中力、栄養の吸収、抗ウイルス、皮膚と粘膜、帯状疱疹、神経関連痛

　イットリアンの外形は他のフローライトと少し異なっています。このクリスタルには無秩序を是正する働きはありません。しかし、精神活動を高める働きがあり、貢献や奉仕を象徴する石であることからヒーリング効果に優れています。フローライト（p177）の包括的な特性を有する他に、顕現の原則を教え、人間関係を強化しながら富や豊かさを引き寄せます。

注：イットリアンフローライトは高バイブレーションの石です。

グリーンフローライト(Green Fluorite)

結晶系	立方晶系
化学組成	CaF$_2$（不純物を含む）
硬度	4
原産地	米国、イングランド（英国）、メキシコ、カナダ、オーストラリア、ドイツ、ノルウェー、中国、ペルー、ブラジル
チャクラ	大地、脾臓、太陽神経叢のチャクラに関連、全チャクラを浄化
十二星座	山羊座
惑星	水星
効果	陳腐化した条件付け、胃障害、腸、バランス、協調、自信、内気、心配、センタリング、集中力、心身症、栄養の吸収、気管支炎、肺気腫、胸膜炎、肺炎、抗ウイルス、感染症、障害（疾患）、歯、細胞、骨、DNA損傷、皮膚と粘膜、呼吸器、風邪、インフルエンザ、副鼻腔炎、潰瘍、創傷、癒着、関節の可動化、関節炎、リウマチ、脊髄損傷、鎮痛、帯状疱疹、神経関連痛、しみ、しわ、歯科処置

ワンドに加工したグリーンフローライト

　グリーンフローライトは、過剰なエネルギーをグラウンディングさせ、情緒的トラウマを消散させ、感染を除去し、環境中の負のエネルギーを吸収します。フローライト（p177）の包括的な特性を有する他に、潜在意識から情報を引き出し、直観にアクセスします。オーラやチャクラ、精神の浄化作用があります。特に脾臓のチャクラに対しては保護作用もあります。

ダイオプサイド（Diopside）

結晶系	単斜晶系
化学組成	$CaMgSi_2O_6$
硬度	5〜6.5
原産地	米国、スウェーデン、カナダ、ドイツ、インド、ロシア
数字	9
十二星座	乙女座
効果	数学、信頼、精神症状、身体虚弱、酸-アルカリバランス、炎症、筋肉の痛みと痙攣、腎臓、心臓、ホルモンバランス、血液循環、血圧、ストレス

ダイオプサイドという名前は、この石が持つ二重対称性を反映して、2つの外観を意味するギリシャ語*diopsis*に由来しています。あなたを傷つけた人あるいはものとの和解を助け、必要に応じてあなたからアプローチをとることを促進します。同情と謙虚さを強め、他者の苦しみに気持ちや心を開き、惑星への貢献を促進します。分析を象徴する石で、知的能力を刺激します。学問や創造的な職業に有用です。謙虚さを教え、あなたの直観を支持してあなたが本当に感じていることへの接触と尊重を助けます。悲しみを表現できない人を癒す有用な石で、決別と赦しを促します。過剰な重荷を背負っていると感じる人に、楽に生きる方法を教えます。

ダイオプサイド

アクチノライト（Actinolite）

結晶系	単斜晶系
化学組成	$Ca_2(Mg, Fe^{2+})_5Si_8O_{22}(OH)_2$
硬度	5.5〜6
原産地	米国、ブラジル、ロシア、中国、ニュージーランド、カナダ、台湾
チャクラ	心臓
数字	4、9
十二星座	蠍座
効果	自尊心、ストレス、アスベストに関連した癌、免疫系、肝臓、腎臓

非物質的な次元での防御に優れた石で、オーラを拡張させ、その端を結晶化させます。あなたを高次の意識に接続し、肉体、心、精神、霊性のバランスをもたらします。視覚化に優れた補助作用があります。霊的な歩みにおいて閉塞や人的抵抗に遭遇した時に有用で、望ましくないことや不適切なことを解決します。身体のあらゆる機能に調和をもたらし、成長を刺激します。また、身体が変化やトラウマへ順応するのも助けます。

天然の
アクチノライトのポイント

母岩中の
アクチノライト原石

アクチノライトクォーツ（Actinolite Quartz）

結晶系	複合
化学組成	複合
硬度	複合
原産地	米国、ブラジル、ロシア、中国、ニュージーランド、カナダ、台湾
効果	解毒、代謝、自尊心、ストレス、アスベストに関連した癌、免疫系、肝臓、腎臓、細胞記憶に働きかける多次元的ヒーリング、プログラミングに対する効果的な受容体、身体のバランスをとる

　アクチノライト（p104）とクォーツ（p230）の包括的な特性を有する他に、道に迷ったように感じる時や新たな方向を模索している時に特に有用な石です。適時の感覚をもたらし、進むべき新たな道を示し、犯した過ちの中に意義を見出すのを助けます。

クォーツに内包された
アクチノライト

ブラッドストーン（ヘリオトロープ）
（Bloodstone (Heliotrope)）

結晶系	三方晶系
化学組成	複合
硬度	7
原産地	オーストラリア、ブラジル、中国、チェコ、ロシア、インド
チャクラ	高次の心臓のチャクラに関連、下部チャクラの浄化と再調整
数字	4、6
十二星座	牡羊座、天秤座、魚座
惑星	火星
効果	愛の活性化、浄化、繁栄、不眠、流産予防、免疫刺激、急性感染症、リンパ、代謝プロセス、血液浄化、肝臓、腸、腎臓、脾臓や膀胱、血液を多く含む臓器、血液循環、過度の酸性化、白血病、腫瘍

ブラッドストーンの
タンブル

　この石は今現在を生きる手助けをしますが、3000年前の古代バビロンでは、敵を倒すために用いられていました。石の壁の崩壊を引き起こすと信じられていたのです。天候をコントロールする他に、邪悪なものやネガティブなものを追い払い、霊的エネルギーを向ける力をもたらす神秘的かつ魔術的な特性を持つと言われていました。古代には、「警報を与える石」とみなされていました。ブラッドストーンには、優れた血液浄化作用と免疫刺激作用の他に、強力な癒し作用と再活性化作用もあります。また、グラウンディング作用と保護作用もあることから、好ましくないものの影響を阻止します。戦略的な撤退や柔軟性によって危険な状況を回避する方法を教え、変容の前にはしばしば混沌が生じるという認識を助けます。心臓のエネルギーのグラウンディングや、過敏性、攻撃性、焦燥の軽減を助けます。また、アンセストラルラインの癒しも行います。

ブラッドストーンの原石

緑色のクリスタル

アトランタサイト（Atlantasite）

結晶系	複雑に複合
化学組成	複雑に複合
硬度	複合
原産地	タスマニア（オーストラリア）
チャクラ	全チャクラ（特に宝冠と心臓）の障害を除去
効果	ストレス、血管疾患、低血糖、糖尿病、長寿、解毒、カルシウムとマグネシウムの吸収、鎮痛（特に歯痛）、PMS（月経前症候群）、筋肉痛、ADHD（注意欠陥多動性障害）、クンダリーニの上昇、皮膚の弾力性や線条、ヘルニア、歯と歯肉

アトランタサイトは、サーペンティン（p205）、インフィニットストーン（p124）およびスティッヒタイト（p178）の包括的な特性を有する他に、アトランティスの情報や技術にアクセスし、当時始動したプロジェクトを完了させると言われています。他世にアクセスして霊的成長を刺激し、ストレスレベルを低下させ、話す前に考えることができるようにします。アトランタサイトは環境に大きな安らぎをもたらし、地球のクリアリングや死および破滅の場でのエネルギーの再構築を担います。行動を修正しようとする子供の助けとしても有用です。

アトランタサイトのタンブル

セラフィナイト（セラフィナ）
(Seraphinite (Seraphina))

結晶系	単斜晶系
化学組成	$(Mg, Al, Fe, Li, Mn, Ni)_{4-6} (Si, Al, B, Fe)_4 O_{10} (OH, O)_8$
硬度	1〜4
原産地	ロシア、ドイツ、米国
チャクラ	第三の目、宝冠、高次の宝冠、心臓
数字	5
十二星座	射手座
効果	首の筋肉の緊張を解く、体重減少の促進、悪寒、リンパ、感染症、解毒、ビタミンA、E、鉄、マグネシウム、カルシウムの吸収、疼痛、皮膚増殖、肝斑、有用細菌の増殖

セラフィナイトのタンブル

霊的悟りの石であるセラフィナイトの羽状の部分は、あなたをすばやく高い霊的バイブレーションへと導きます。また、幽体離脱の旅においては、旅に出ている間の肉体の保護に素晴らしい働きをします。クロライト（p107）の包括的な特性を有する他に、セルフヒーリングに利用可能で、天使との接触をもたらします。心のこもった生活を促進し、人生におけるあなたの進歩の振り返りや必要な変化を見定めることを助けます。ヒーリングに用いると、セラフィナイトはオーラレベルで最良の効果を発揮して、オーラとライトボディ（light body）の調整を行い、脊椎を活性化し、心臓の裏側にあるエーテル体との結びつきも活性化します。その効果はさらに肉体へもたらされます。

注：セラフィナイトは高バイブレーションの石です。

研磨したセラフィナイトのスライス

クロライト (Chlorite)

結晶系	単斜晶系
化学組成	$(Mg, Al, Fe, Li, Mn, Ni)_{4-6} (Si, Al, B, Fe)_4 O_{10} (OH, O)_8$
硬度	1～4
原産地	ロシア、ドイツ、米国
数字	9
十二星座	射手座
効果	解毒、ビタミンA、E、鉄、マグネシウム、カルシウムの吸収、疼痛、皮膚増殖、肝斑、有用細菌の増殖

　クロライトは、いくつかのクリスタルの内部に認められる強力なヒーリング作用を有する石で、環境や個人のエネルギーの場に有益です。アメジストと複合したものは、エネルギーインプラントの除去やサイキックアタックの撃退に特に有用です。カーネリアンやルビーと共に用いると、サイキックアタックの撃退だけでなく、地球に向かっている霊の移行も助けます。また、この組み合わせは、ネガティブなエネルギーや霊的存在に対してグリッディングを行うのにも適しています。トイレのタンクの上に置き、家全体のエネルギー浄化を図ってください。

クロライトの原石

グリーン・ファントムクォーツ (Green Phantom Quartz)

結晶系	単斜晶系
化学組成	SiO_2（内包物を伴う）
硬度	7
原産地	世界各地
チャクラ	大地、基底、太陽神経叢、心臓、第三の目、脾臓
十二星座	射手座
効果	エネルギーの浄化と強化、解毒、ビタミンA、E、鉄、マグネシウム、カルシウムの吸収、疼痛、皮膚増殖、肝斑、有用細菌の増殖

　クロライトを内包したグリーン・ファントムクォーツは、ネガティブなエネルギーや毒素を吸収して、身体か環境かを問わずあらゆるネガティブなエネルギーの蓄積を除去します。トイレのタンクの上に大型のクロライトファントムのポイント部分を下にして置くと、家全体のエネルギーが浄化されます。ファントム（p239）とクロライト（上記）の包括的な特性を有する他に、エネルギーインプラントで注入された霊の現世あるいは他世での発生源にアクセスしてこれを除去することを助けますが、利用は経験を積んだセラピストの指導の下で行わなければなりません。グリーン・ファントムクォーツは、パニック発作を軽減し、双極性障害を安定化させ、自己実現を助けます。

　ファントムがクロライトによるものではないグリーン・ファントムクォーツには、賢明で強力なヒーリング作用があり、回復プロセスを加速化させます。天使との接触や、透聴によるコミュニケーションの明確化に利用することができます。他のあらゆる緑色のクリスタルと同様に、絶望を和らげ、支援されている実感を促す働きもあります。

グリーン・ファントムクォーツ

緑色のクリスタル

グリーン クォーツ（天然）
(Green Quartz (Natural))

結晶系	六方晶系
化学組成	SiO_2（不純物を含む）
硬度	7
原産地	セリフォス島（ギリシャ）
チャクラ	心臓
効果	負のエネルギー、免疫系、創造性、内分泌系、新たなライフパス (life path)、頭脳明晰、あらゆる症状に対するマスターヒーラー、細胞記憶に働きかける多次元的ヒーリング、プログラミングに対する効果的な受容体、筋力テストの成績向上、臓器の浄化と強化、身体のバランスをとる

グリーンクォーツのタンブル

　天然色クォーツの一形態で、穏やかなアップルグリーンをしたグリーンクォーツは、アテネに近いセリフォス島で産出します。この石は、繊維状のヘデンベルグ輝石とクォーツが地中のくぼみにマーブル状となって形成されています。クォーツ (p230) の包括的な特性を有する他に、この石は繁栄を願う儀式において伝統的に用いられてきました。愛に満ちた直観力を活性化させ、心臓のチャクラを開いて安定化させます。ヘデンベルグ輝石はあらゆる種類の移行を促進し、極端なもの同士の調和を図ります。グリーンクォーツはアクチノライトを内包している場合もあります。

シベリアン・グリーン・クォーツ
(Siberian Green Quartz)

結晶系	（処理石）
化学組成	複合（処理石）
硬度	未確定
原産地	（処理石）
チャクラ	心臓
効果	心臓、情緒、肺症状、高山病

　濃いエメラルドグリーンのシベリアン・グリーン・クォーツはロシアで再結晶により作られたもので、天然クォーツに濃い色を出すための化学物質が混合されています。クォーツ (p230) の包括的な特性を有する他に、極めて強力な作用を発揮して心と感情を癒す強い愛のバイブレーションをもたらします。見解が異なる人々の間の論争や会議の調和を図るのに特に有用です。繁栄と豊かさをもたらすと言われており、健康や愛情、金銭に関わることに幸運をもたらす石です。

注：シベリアン・グリーン・クォーツは高バイブレーションの石です。

研磨したシベリアン・グリーン・クォーツ

グリーンクォーツ(中国産)
(Green Quartz (Chinese))

結晶系............六方晶系
化学組成..........(処理石)
硬度..............未確定
原産地............中国
効果..............未確定

　最近登場した人造クォーツの1つで、表面がややドルージークォーツに似ています。クォーツに鉱物のクロムを加え、クロムが表面で溶融して緑色になるように超高温で処理して作られたものです。クォーツ(p230)の包括的な特性を有していますが、これまでのところこのクォーツに特有の特性は確認されていません。クロムについては、重金属の体外排泄の促進、血糖値のアンバランスの是正、慢性疲労、体重調節、ホルモン欠乏に有用であり、このクォーツがこれらの症状に有益である可能性があります。

中国で人工的に作られたグリーンクォーツ

アップルオーラ・クォーツ(Apple Aura Quartz)

結晶系............六方晶系
化学組成..........複合(処理石)
硬度..............脆性
原産地............(処理石)
チャクラ..........脾臓
効果..............多次元的ヒーリング、細胞記憶に働きかける多次元的ヒーリング、
　　　　　　　　　プログラミングに対する効果的な受容体、臓器の浄化と強化、免疫系、
　　　　　　　　　身体のバランスをとる、エネルギー強化

　アップルオーラ・クォーツはクォーツにニッケルを高温で蒸着させたもので、脾臓に対して優れた保護作用があります。オーラクォーツ(p143)の包括的な特性を有する他に、胸骨下部にあたるように身に付けるか、脾臓のチャクラの上にテープで貼りつけると、エネルギーの漏出を遮断し、サイキックバンパイアの攻撃を克服する働きをします。

注：アップルオーラ・クォーツは高バイブレーションの石です。

アップルオーラ・クォーツ

緑色のクリスタル

オウロベルデ・クォーツ（Ouro Verde Quartz）

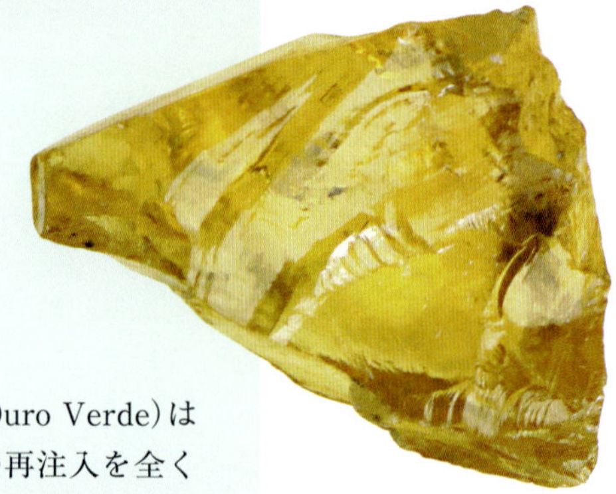

結晶系	六方晶系
化学組成	複合（処理石）
硬度	未確定
原産地	（処理石）
チャクラ	全チャクラを調和させ、オーラを調整
効果	腫瘍、ヘルペス、アレルギー、アナフィラキシー性ショック、末梢の血液循環

　この石はクォーツにγ線を照射して作られています。オウロベルデ（Ouro Verde）は「緑色の金」を意味しています。このクリスタルは、浄化やエネルギーの再注入を全く必要としないほど極めて強いエネルギーを持ち、所有する人に強力な保護作用をもたらしますと言われていますが、触れると気分が悪くなる人もおり、敏感な人は強い副作用が生じる可能性があります。

　副作用の心配がない人に対しては、このクリスタルはクォーツ（p230）の包括的な特性の他に、豊かさを現実化し、人生が持つ深い意味を経験し、人生を輝かせるために豊かな人格をもたらすと言われています。また、直観を活性化させ、過去から得た知恵を踏まえて将来を見ることを可能にし、より生産的な選択へと導くと言われています。オウロベルデは、ラドンガスや病気の引き金の検出、さらに放射能に対する防御に用いられてきました。

注：オウロベルデ・クォーツは高バイブレーションの石です。

オウロベルデ・クォーツ

ガイアストーン（Gaia Stone）

結晶系	（人工物）
化学組成	複合（処理石）
硬度	未確定
原産地	セントヘレン山（米国）
チャクラ	大地、心臓のチャクラに関連、全チャクラを調和
数字	9
十二星座	水瓶座
効果	セルフヒーリング、心の傷、過去のトラウマ

　米国のセントヘレン山の火山灰から作られたガイアストーンは、ギリシャ神話の大地の母なる女神Gaiaにちなんで名付けられ、女神の石としても知られています。デーヴァや大地の魂と結びついていると言われるこの石は、繁栄を象徴する石でもあり、地球や環境とのより良い調和をもたらします。特にアースヒーリングにおいてヒーリング能力を刺激し、同情や共感を促進します。

注：ガイアストーンは高バイブレーションの石です。

ガイアストーン

クリソプレーズ（Chrysoprase）

結晶系	三方晶系
化学組成	SiO_2（ニッケルを含む）
硬度	7
原産地	米国、ロシア、ブラジル、オーストラリア、ポーランド、タンザニア
チャクラ	心臓、仙骨
数字	3
十二星座	牡牛座
惑星	金星
効果	能弁、批判主義、寛容、同情、抜け目なさ、共依存、解毒、止血、疼痛、関節炎、リウマチ、インフルエンザ、目、重金属の体外排泄、肝機能、リラクセーション、妊孕性、感染症による不妊、性感染症、痛風、眼障害、精神疾患、皮膚疾患、心臓の問題、甲状腺腫、ホルモンのバランスを整える、消化器系、虚弱、ビタミンCの吸収、真菌感染症、閉所恐怖症、悪夢

　古代の人々から真実の愛を促すと言われていたクリソプレーズは、楽観主義や個人的洞察を促進します。深い瞑想状態を導き、全なる神の一部であるとの感覚をもたらします。過去の自己中心的な動機や、それがあなたの成長に与えた影響を考える手助けをし、理想と行動とを調整します。クリソプレーズは、あなたのインナーチャイルドを癒し、子供時代から封印されてきた感情を解放し、強迫的思考を克服して、注意をポジティブな出来事に向けさせます。自己および他者の受容を刺激します。

研磨したクリソプレーズ

アンダルサイト（グリーンキャストライト）
(Andalusite (Green Chiastolite))

結晶系	斜方晶系
化学組成	Al_2SiO_4
硬度	6.5〜7.5
原産地	米国、ブラジル、中国、スペイン、イタリア、オーストラリア、チリ、ロシア
チャクラ	全チャクラ
数字	7
十二星座	乙女座
効果	酸素不足、染色体異常、手、目、罪悪感、記憶力、分析力、発熱、止血、過度の酸性化、リウマチ、痛風、母乳分泌、免疫系、麻痺、神経強化

　アンダルサイトという名前はスペインのアンダルシア（Andalusia）州に由来しています。キャストライト（p194）の包括的な特性を有する他に、アンダルサイトは心臓の浄化とバランス調整の作用を有する石で、抑え込まれた怒りや古い傷によって生じた閉塞を取り除きます。サイコセラピーやクリスタルセラピー、過去世の記憶へのアクセスに有用で、過敏な人々が地球上で安心できるようになるのを助け、自己犠牲が不必要であることを教えます。

緑色のクリスタル

コニカルサイト(Conichalcite)

結晶系	斜方晶系
化学組成	$CaCuAsO_4(OH)$
硬度	4.5
原産地	米国、メキシコ、チリ、ポーランド、ザイール
数字	3
十二星座	魚座
惑星	金星
効果	解毒、粘液、腎臓、膀胱、乾癬、ヘルペス

　銅の一種で強力なエネルギー伝達作用を持つコニカルサイトは、日々の心配事に対する防御盾の役割を果たし、直観を開かせます。銅は6000年以上にわたって女神ビーナスに関連づけられてきました。この石は心と頭を結び付けるのを助け、個人に力を与え、変化に対応できるだけの柔軟性を持った内面の力をもたらします。コミュニケーションを象徴する石でもあるコニカルサイトは、瞑想の準備のために心を鎮めるのを助け、世界に対する心配を乗り越え、無限の可能性を実現するための道を開きます。

母岩上のコニカルサイト

エメラルド(Emerald)

結晶系	六方晶系
化学組成	$Be_3Al_2Si_6O_{18}$
硬度	7.5〜8
原産地	インド、ジンバブエ、タンザニア、ブラジル、エジプト、オーストリア、コロンビア、マダガスカル
チャクラ	心臓
数字	4
十二星座	牡羊座、牡牛座、双子座
惑星	金星
効果	閉所恐怖症、頭脳明晰、相互理解、集団的協力、記憶力、識別、豊かな表現、忍耐、骨粗しょう症、感染症からの回復、解毒、副鼻腔、肺、心臓、脊椎、筋肉、目、視力、リウマチ、糖尿病、てんかん、悪性疾患

エメラルドの原石

　エメラルドは緑色の石を意味するギリシャ語*smargos*にちなんで名付けられた名前ですが、知られている最古のエメラルド鉱山の存在は紀元前3000年のエジプトに遡ります。エメラルドは伝統的に旅人を守るために左腕に縛りつけられたり、悪霊を追い払うために人々に与えられました。魔法や魔術師の策略から守る力があると言われた他に、未来を予言する力もありました。「恋愛成就の石」として知られるエメラルドは、家庭内の幸福や貞節をもたらし、結びつきや無条件の愛、パートナーシップを強化し、友情を深めます。エメラルドの色が変わった時は、不貞を示すサインであると言われています。強力な完全性を象徴した人生を肯定する石であるエメラルドは、精神の安定や非物質的能力を強化します。

注：過剰刺激となる場合があるので恒常的に身につけないでください。

ファセットカットしたエメラルド

緑色のクリスタル

クリソタイル（クリソタイト）
(Chrysotile (Chrysotite))

結晶系	単斜晶系
化学組成	$Mg_3Si_2O_5(OH)_2Ca$（アスベストの1種）
硬度	2.5〜4
原産地	米国、カナダ、インド、ロシア、オーストラリア
チャクラ	第三の目
数字	8、55
十二星座	牡牛座
効果	慢性疲労、刺激性の咳、副甲状腺、咽喉、脳幹、正中線を通る経絡、肺気腫、炎症、多発性硬化症

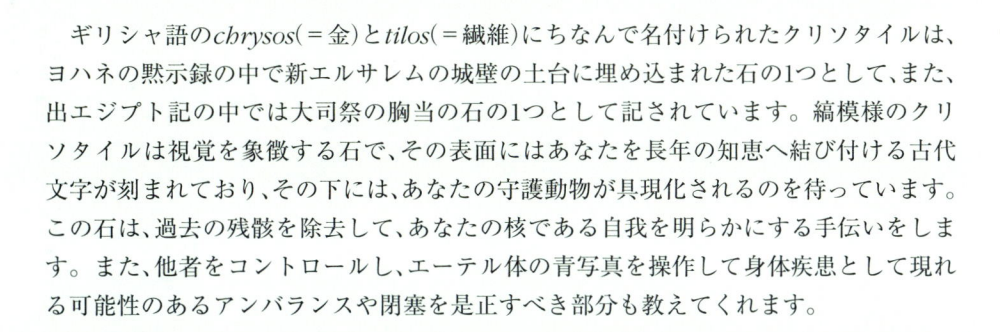

研磨したクリソタイル

　ギリシャ語の*chrysos*（＝金）と*tilos*（＝繊維）にちなんで名付けられたクリソタイルは、ヨハネの黙示録の中で新エルサレムの城壁の土台に埋め込まれた石の1つとして、また、出エジプト記の中では大司祭の胸当の石の1つとして記されています。縞模様のクリソタイルは視覚を象徴する石で、その表面にはあなたを長年の知恵へ結び付ける古代文字が刻まれており、その下には、あなたの守護動物が具現化されるのを待っています。この石は、過去の残骸を除去して、あなたの核である自我を明らかにする手伝いをします。また、他者をコントロールし、エーテル体の青写真を操作して身体疾患として現れる可能性のあるアンバランスや閉塞を是正すべき部分も教えてくれます。

注：毒性があるため研磨した石を用いてください。

ダトーライト (Datolite)

結晶系	単斜晶系
化学組成	$CaBSiO_4(OH)$
硬度	5〜5.5
原産地	メキシコ、米国、南アフリカ、タンザニア、スコットランド（英国）、ロシア、ドイツ、ノルウェー、カナダ
チャクラ	第三の目、額
数字	5
十二星座	牡羊座
効果	集中力、問題解決、糖尿病、低血糖

　分割を意味するギリシャ語*dateisthai*にちなんで名付けられたダトーライトは、瞑想の際に用いると、オーラのDNAに刻まれた情報の検索や、祖先が辿ってきたパターンや出来事、魂の記憶への接続を促進します。この石は、「これもまた過ぎ去る」ことを知り、あらゆるものの無常を受容するのを助けます。激しい混乱や無秩序な変化の中で有用となる石です。その特性には思考の明晰化や集中力の強化があり、重要事項の詳細を記憶する能力をもたらします。あなたが愛するものたちをあなたのそばに引き寄せる力があると言われています。

母岩上のダトーライト

緑色のクリスタル

エピドート（Epidote）

結晶系	単斜晶系
化学組成	$Ca_2Fe^{3+}Al_2(Si_2O_7)(SiO_4)O(OH)$
硬度	6〜7
原産地	ブルガリア、オーストリア、フランス、ロシア、ノルウェー、米国、南アフリカ
チャクラ	心臓
数字	2
十二星座	双子座
効果	回復、情緒体、自己憐憫、不安、現実的な目標、情緒的トラウマ、悲嘆、スタミナ、神経系や免疫系、脱水症、脳、甲状腺、肝臓、胆嚢、副腎 エリキシルとして用いると皮膚を軟化

エピドートは、しばしば一面が他面よりも大きいことから、増加を意味するギリシャ語の組み合わせ*epi*と*donal*から名付けられました。この石に同調すると、知覚や個人の力を強化し、批判的な態度を消し去り、自分の長所と短所を客観的に見られるようにしてくれます。霊的覚醒に対する心に植えつけられた抵抗を取り除き、ネガティブなエネルギーに対する強力なカタルシスすなわち解除反応を経験できるかもしれませんが、これは専門のセラピストの下で行うのが最善です。エピドートは、どんな状況にあってもセンタリング状態の維持を助けることから、何らかの被害や苦難に陥った人に適しています。身体の治癒プロセスを助け、自己ケアが出来るようにします。

エピドートのタンブル

クォーツに内包されたエピドート（Epidote in Quartz）

結晶系	複雑な複合
化学組成	複合
硬度	未確定
原産地	ブルガリア、オーストリア、フランス、ロシア、ノルウェー、米国、南アフリカ
効果	打ち身、捻挫、疼痛、回復、感情体、自己憐憫、不安、現実的な目標、情緒的トラウマ、悲嘆、スタミナ、神経系や免疫系、脱水症、脳、甲状腺、肝臓、胆嚢、副腎

クォーツ（p230）とエピドートの再生作用が一緒になることにより、この有望な石は、若返りの他に大きな挫折の後で魂の成長への新たな起動力と共に立ち直る勇気をもたらしてくれます。

母岩上のクォーツに内包されたエピドートの結晶

グリーンジルコン（Green Zircon）

結晶系	正方晶系
化学組成	$ZrSiO_4$
硬度	6.5〜7.5
原産地	オーストラリア、米国、スリランカ、ウクライナ、カナダ（熱処理されている可能性有り）
チャクラ	心臓
十二星座	乙女座
効果	相乗効果、恒常性、嫉妬、所有欲、虐待

グリーンジルコン（p261も参照）は豊かさを呼び寄せる石です。

グリーンオパライト (Green Opalite)

結晶系	非結晶質
化学組成	$SiO_2 \cdot nH_2O$
硬度	5.5〜6.5
原産地	オーストラリア、ブラジル、米国、タンザニア、アイスランド、メキシコ、ペルー、英国、カナダ、ホンジュラス、スロバキア
チャクラ	高次の心臓
数字	3
十二星座	牡羊座、射手座
効果	免疫系、風邪とインフルエンザ、自尊心、生きる意欲の強化、直観、恐怖、忠誠、自発性、女性ホルモン、更年期、パーキンソン病、感染症、発熱、記憶力、血液と腎臓の浄化、インスリンの調節、出産、PMS（月経前症候群）、目、耳

　グリーンオパライトは、オパール（p254）の包括的な特性の他に浄化作用と若返り作用を有しており、情緒の回復を促進し、人間関係を支援します。情報をふるい分け、精神を再設定する能力があることから、日常生活に意義を与え、霊的な視点をもたらします。

グリーンオパライトのタンブル

ハウライト (Howlite)

結晶系	単斜晶系
化学組成	$Ca_2B_5SiO_9(OH)_5$
硬度	3.5
原産地	米国
チャクラ	第三の目
数字	2
十二星座	双子座
効果	起伏の激しい感情、憤怒、忍耐、利己的、前向きな性格、記憶力、不眠、カルシウムレベル、歯、骨、軟組織

　ハウライトは、世間に立ち向かうために身につけているパーソナリティという名の仮面を捨てるように促し、あなた自身とあなたの内面の知識に対し忠実にさせます。この石は同調を導き、頭に知恵を受け入れる準備をさせます。幽体離脱のジャーニーを助け、過去世にアクセスします。ハウライトに視線を集中すると、この石はあなたを多次元へ移動させます。第三の目の上に置くと、転生の間の状態を含めた他世の記憶が開かれます。ポケットに1個入れておくことで、あなた自身の怒りや他者があなたに向けた怒りを吸収してくれます。ハウライトは、霊的熱望と物質的熱望の両方を抱かせ、それらの成就を助け、穏やかで分別のあるコミュニケーションの成立を促進します。

ハウライトのタンブル

緑色のクリスタル

アイドクレース（ベスビアナイト）
(Idocrase (Vesuvianite))

結晶系	正方晶系
化学組成	$(Ca, Na)_{19} (Al, Mg, Fe)_{13} (SiO_4)_{10} (Si_2O_7)_4 (OH, F, O)_{10}$
硬度	6.5
原産地	米国
チャクラ	第三の目、心臓
数字	2、3
十二星座	射手座、山羊座
効果	恐怖、怒り、歯のエナメル質、嗅覚の回復、栄養の吸収、抑うつ

　アイドクレースは拡張を象徴する石で、過去の経験に由来する恵みを受けやすく、エネルギーの場の感知や透聴力の開発を助けます。特にエネルギーの分離が必要な場合などに問題を前面に押し出し、誰かが「頭の中に」いる場合には取り除きます。過去世における投獄や極度の危機、精神的あるいは情緒的な拘束の経験を癒すのに有用で、内面の安心感をもたらします。心を開いて否定的思考パターンを取り除き、創作力や発見欲を刺激して、これを創造性に結びつけます。

アイドクレース

研磨したアイドクレース

ビビアナイト (Vivianite)

結晶系	単斜晶系
化学組成	$(Fe^{2+})_3 (PO_4)_2 \cdot 8H_2O$
硬度	1.5～2
原産地	ドイツ、米国、ブラジル
チャクラ	大地、第三の目のチャクラと関連、宝冠のチャクラの回転を反転
数字	3
十二星座	山羊座
効果	記憶力、活力増進、活性酸素の除去、鉄の吸収、脊椎調整、目、虹彩炎、心臓、肝臓

　英国人の鉱物学者J. G.ビビアン(J. G. Vivian)にちなんで命名されたビビアナイトは、地球のエネルギーに結びついてミステリーサークルが示す意味の解読を助けます。慢性的な眼症状に優れた癒し効果を発揮し、第三の目と連携して直観を鋭敏化させ、異なる次元を旅する際のガイドとして働きます。ビビアナイトは活力のある石で、オーラの浄化にも有用です。チャクラが本来望ましい方向とは逆に回転している場合にはこれを是正します。ジャーニーの石で、遠隔でのヒーリングの視覚化や儀式的ワークの補助としての利用に最適です。ビビアナイトの輝く面は夢に関するワークを助け、深い理解を得るためや創造的に夢のワークをやり直すためにあなたを夢の中に引き戻します。あなたの深層にある感情や自分自身で否定しているものを明らかにするのに有用で、現実的な目標の達成を助け、持続するための力をもたらし、人生を退屈なものではなく刺激的で挑戦的なものにするのを助けます。人間関係の刷新を必要としている場合、ビビアナイトは再活性化をもたらします。

天然のビビアナイト

グリーンカルサイト (Green Calcite)

結晶系	六方晶系
化学組成	$CaCO_3$
硬度	3
原産地	米国、英国、ベルギー、チェコ、スロバキア、ペルー、アイスランド、ルーマニア、ブラジル
チャクラ	第三の目、過去世、高次の心臓
数字	8
十二星座	蟹座
惑星	金星
効果	グリッド（格子）、免疫系、細菌感染症、関節炎、関節痛、胸焼け、靱帯、筋肉、骨の調整、発熱、熱傷、炎症、副腎、怒りを原因とする疾患、胸腺、胸部、肩部、神経性チック、どもり、神経症、腎臓、膀胱、腫瘍、悪性疾患、学習、動機、再活性化、情緒的ストレス、排泄器官、骨のカルシウム取り込み、沈着した石灰の溶解、骨格、関節、腸症状、皮膚、組織治癒、小児の成長

グリーンカルサイトの原石

園芸家の友と呼ばれるグリーンカルサイトは、生産性を高め、豊かさをもたらし、家庭においては繁栄を引き寄せます。カルサイト（p245）の包括的な特性を有する他に、精神を癒す作用も有するこの石は、固い信念や古いプログラムを解消して心のバランスを回復します。なじみがあって心地よいけれどもはや役に立っていないものを手放し、停滞状態から前向きな状態へと移行を促進します。言語によるコミュニケーションと非物質的なコミュニケーションの両方を促進し、子供が議論で論破するのを助けます。身体の上に定期的に置くと不調（dis-ease）を吸収しますから、徹底的な浄化を行わなければなりません。

ライオライト (Rhyolite)

結晶系	三方晶系
化学組成	SiO_2
硬度	7
原産地	世界各地
チャクラ	過去世、第三の目、高次の心臓
効果	自尊心、受容、情緒の解放、困難な生活環境、自然な抵抗力、筋肉の正常な緊張、静脈、発疹、皮膚疾患、感染症、ビタミンBの吸収、結石、硬化した組織、電磁波汚染や環境汚染、放射線、ストレス、長期疾患や長期入院、血液循環、消化器や生殖器、体内のミネラル量のバランスをとる

ライオライトのタンブル

研磨したライオライトのスライス

ジャスパー（p45）の包括的な特性を有する他に、ライオライトは変化を促進し、内面および外部へのジャーニーにおいて深い瞑想状態をもたらします。カルマの知恵にアクセスし、過去を操作して現在と統合させます。この石は、あなたを過去に連れ戻すよりも、今現在にしっかり結びつけておくことに優れた作用を発揮します。

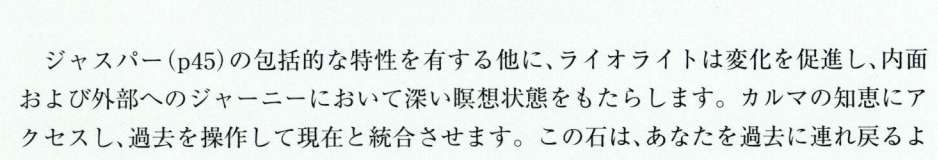

オーシャン・オービキュラー・ジャスパー (Ocean Orbicular Jasper)
〔アトランティスストーン (The Atlantis Stone)〕

結晶系	複雑な複合
化学組成	複合
硬度	複雑な複合
原産地	マダガスカル
チャクラ	心臓、太陽神経叢
十二星座	獅子座
効果	更新、解毒、ストレス、循環呼吸、貢献、責任、忍耐、免疫系、血液循環、衰弱した内臓、PMS（月経前症候群）、不眠、腫瘍、歯肉感染症、湿疹、囊胞、風邪、体臭、電磁波汚染や環境汚染、放射線、ストレス、長期疾患や長期入院、消化器や生殖器、体内のミネラル量のバランスをとる、情緒的トラウマ、自信、集中力、知覚、分析力、オーラの安定化、負のエネルギーの変容、情緒の不調（dis-ease）、胃炎、目、胃、子宮、リンパ系、膵臓、血管、皮膚疾患、免疫系、身体のバランスをとる

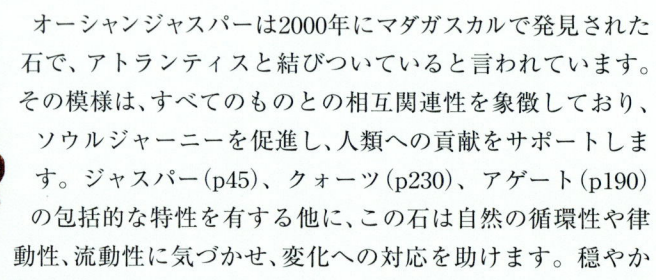

オーシャンジャスパーは2000年にマダガスカルで発見された石で、アトランティスと結びついていると言われています。その模様は、すべてのものとの相互関連性を象徴しており、ソウルジャーニーを促進し、人類への貢献をサポートします。ジャスパー（p45）、クォーツ（p230）、アゲート（p190）の包括的な特性を有する他に、この石は自然の循環性や律動性、流動性に気づかせ、変化への対応を助けます。穏やかな養育的性質を持つオーシャンジャスパーは、長く隠されていた未解決の情緒的問題を表面化させ、自分自身で責任を負うのを助けます。

オーシャン・オービキュラー・ジャスパーのタンブル

研磨したオーシャン・オービキュラー・ジャスパー

グリーンジャスパー (Green Jasper)

結晶系	三方晶系
化学組成	SiO_2（鉄を含む）
硬度	7
原産地	世界各地
チャクラ	心臓
惑星	金星
効果	幻覚、不眠、毒性、炎症、皮膚疾患、鼓腸、胴体の上部、消化管、臓器の浄化、電磁波汚染や環境汚染、放射線、ストレス、長期疾患や長期入院、血液循環、体内のミネラル量のバランスをとる

ジャスパー（p45）の包括的な特性を有する他に、グリーンジャスパーは不調（dis-ease）と強迫観念を癒し、あなたの人生において過度に重要性を増した構成要素のバランスをとります。また、他者の情緒や精神の状態への共感を深めるのを助けます。

グリーンジャスパーの原石

レオパードスキン・ジャスパー（ジャガーストーン）
(Leopardskin Jasper (Jaguar Stone))

結晶系	三方晶系
化学組成	SiO_2
硬度	7〜8
原産地	南米
チャクラ	基底、宝冠、額
数字	8
十二星座	乙女座
効果	不安感、罪悪感、恐怖、情緒体のヒーリング、受動-能動、バランス、環境調和、不眠、情緒的ストレス、組織再生、防御、12本のDNAストランドのヒーリング、排泄、腹痛、皮膚疾患、腎結石や胆石、電磁波汚染や環境汚染、放射線、ストレス、疾患や入院後の回復、血液循環、消化器や生殖器、体内のミネラル量のバランスをとる

　アメリカ先住民の伝説によれば、レオパードスキン・ジャスパーは深遠な神秘への架け橋として創り出されたと言われており、暗黒を崇拝し、あなたがカルマの契約を履行するのを助けます。ジャスパー(p45)の包括的な特性を有する他に、外的な視力を遮断して知覚に集中させる働きがあります。外の世界を写し返し、染み込んだ思い込みを取り除き、人生の道程から外れないようにします。レオパードスキン・ジャスパーは、自然な抵抗を強化して、健康を維持し、先住民とその生来の知恵への尊敬をもたらします。

研磨したレオパードスキン・ジャスパー

レインフォレスト・ジャスパー
(Rainforest Jasper)

結晶系	三方晶系
化学組成	複合
硬度	7
原産地	南米
チャクラ	基底、大地
十二星座	牡牛座、乙女座
効果	想像力、創造性、情緒バランス、自尊心、明晰性、インフルエンザ、風邪、湿気に対する感受性、感染症、電磁波汚染や環境汚染、放射線、ストレス、長期疾患や長期入院、血液循環、消化器や生殖器、体内のミネラル量のバランスをとる

レインフォレスト・ジャスパーの原石

　ジャスパー(p45)の包括的な特性を有する他に、レインフォレスト・ジャスパーは、植物やハーブの作用に注目させ、ハーブ療法の知恵を活性化させ、その知恵が特に女系で伝承されるようにします。魂レベルで迷いがある場合、この石はあなたのルーツへと導いて自己の再確立を図ります。また、あなたが置かれた状況を客観的に再評価することも助けます。レインフォレスト・ジャスパーは「存在を象徴する石」であり、内面の静寂と文字通り無思考の状態を促進することにより、バランスの取れた状態へ戻ることを容易にする他、変化を必要とすることなく現状のままの自分を受容することを可能にします。

緑色のクリスタル

ジェイド (Jade)

結晶系	単斜晶系
化学組成	$NaAlSi_2O_6$（不純物を含む）
硬度	6
原産地	米国、中国、イタリア、ミャンマー、ロシア、中東
チャクラ	第三の目、額（色により異なる）
数字	1（ジェイダイト：9、ネフライト：5）
十二星座	牡羊座、牡牛座、双子座、天秤座（ジェイダイト：牡羊座、ネフライト：天秤座）
惑星	金星
効果	長寿、自己充足、解毒、ろ過、排泄、腎臓、副腎、細胞系や骨格系、脇腹痛、妊孕性、出産、腰部、脾臓、水-塩-酸-アルカリ比

研磨した
グリーンジェイド

　ジェイドは東洋では長く神聖な石として扱われ、死者に生命力を与えるものとして中国の墳墓の埋葬品の中に加えられていました。天候魔術に用いられ、雪や霧、雨を呼ぶために水中に強く投げ入れられていました。子供の危険に対する保護作用があり、身体的危害を解除することができます。この石は純粋さや平静さ、養育を象徴する他に「夢の石」でもあります。額のチャクラの上に置くと洞察的な夢を見ることができます。ジェイドは人格を安定させ、心と身体の統合を図ります。本来の自分になることを促し、自分が人間としての旅における霊的存在であることを認識させます。

研磨したグリーンジェイド

ペリドット（オリビン）(Peridot (Olivine))

結晶系	斜方晶系
化学組成	$(Mg, Fe)SiO_4$
硬度	6.5～7
原産地	カナダ、ロシア、米国、イタリア、パキスタン、ブラジル、エジプト、アイルランド、スリランカ、カナリア諸島（スペイン）
チャクラ	心臓、太陽神経叢
数字	5、6
十二星座	乙女座、獅子座、蠍座、射手座
惑星	金星
効果	嫉妬、憤り、悪意、怒り、ストレス、無気力、自信、自己主張、組織再生、代謝、皮膚、心臓、胸腺、肺、胆嚢、脾臓、消化管、潰瘍、目、陣痛、双極性障害、心気症、うつ病、消化器疾患

　古代において悪霊を追い払うと考えられていたペリドットは、現在でもオーラを保護する石であり、強力な浄化作用も有しています。毒素の排出と中和を行い、精妙体、肉体および心の浄化を行います。外部の影響から逃れる方法や、自己の高次エネルギーに導きを求める方法を示し、人々や過去にしがみつくのは非生産的であることを教えます。洞察力を有する石でもあり、あなたの運命や霊的な目的の理解を助けます。特にヒーラーに有用な石です。

ファセットカットした
ペリドット

研磨したペリドット

モルダバイト (Moldavite)

結晶系	非結晶質の隕石
化学組成	地球外物質
硬度	5
原産地	チェコ、スロバキア、ババリア（ドイツ）、モルドバ
チャクラ	全チャクラ
数字	2、6
十二星座	全星座（特に蠍座）
効果	同情、安心、共感、病に意義を見出す、診断、情緒的トラウマ

天然のモルダバイト

　巨大な隕石が地球に衝突し、衝撃による熱が周辺の岩石を変成させてできたモルダバイトは、地球外のエネルギーを母なる地球に融合させ、限界や境界を超えさせる働きをします。石器時代から幸運や妊孕性を願うお守りや護符として用いられてきたこの石は「ニューエイジの石」でもあります。あなた自身の高次の自己や地球外とのコミュニケーションをもたらすモルダバイトには、独自の宇宙とのつながりがあり、これによってあなたをアセンディドマスターや宇宙の使者と接触させ、アセンションのプロセスを促進します。神の青写真を統合し、処理を行い意識すべき情報をアカシックレコードとライトボディ (light body) からダウンロードすることによって霊的成長を加速させます。モルダバイトの影響の下では、未来の人生を現在の行動の結果として捉えることや、将来の破滅を予防するために現在必要なことを学ぶことが可能となります。モルダバイトは、地球上で人間として生きることに困難を覚えている過敏な人々にとっても有用です。また、金銭や将来への心配など、安心に関する問題との決別も助けます。転生の理由や霊的目的の全体像を示し、これを地球上の人生に統合させ、固定概念やもはや無効となった信念体系を解除します。また、過去に注入された催眠コマンドを中和させることもできます。

注：モルダバイトは高バイブレーションの石です。

グリーンサファイア (Green Sapphire)

結晶系	六方晶系
化学組成	Al_2O_3（不純物を含む）
硬度	9
原産地	ミャンマー、チェコ、ブラジル、ケニア、インド、オーストラリア、スリランカ、カナダ、タイ、マダガスカル
チャクラ	心臓
十二星座	双子座、獅子座
惑星	月、土星
効果	視力、平静、心の平和、集中力、多次元的細胞ヒーリング、身体系の活動亢進、腺、目、ストレス

ファセットカットしたグリーンサファイア

　サファイア (p160) の包括的な特性を有する他に、「忠誠の石」として知られるグリーンサファイアは、同情を強化し、脆弱性や他者の独自の性質への理解を深め、他者の信念体系の信頼や尊重を助けます。この石は、内的および外的な視力を向上させて夢の思い出しを助けます。

緑色のクリスタル

プレナイト (Prehnite)

結晶系	斜方晶系
化学組成	$CaAl(Si_3Al)O_{10}(OH)_2$
硬度	6〜6.5
原産地	米国、ニュージーランド、インド、スコットランド (英国)、スイス、南アフリカ
チャクラ	第三の目
数字	5
十二星座	天秤座
効果	多動児、予知、悪夢、恐怖症、恐怖、診断、根本原因、腎臓、膀胱、胸腺、肩部、胸部、肺、痛風、血管疾患、結合組織、悪性疾患

　オランダの鉱物学者ヘンドリク・フォン・プレーン (Hendrik von Prehn) にちなんで名付けられたプレナイトは、無条件の愛を象徴する石で、ヒーラーを癒す働きがあります。このクリスタルと共に瞑想を行うと、宇宙のエネルギーグリッドに接することができます。大天使ラファエルをはじめとする霊的存在や地球外の存在とつながりがあると言われ、対象が何であれ常に準備が整った状態でいることを可能にします。オーラの場を保護シールドの中に封じ込めます。また、環境にグリッディングを行うのに有用です。自然や基本元素の力と調和する方法を教え、あなたのまわりの環境の再活性化と刷新を図ります。風水での利用に適した石でもあり、乱雑さの除去に有用です。内面的な欠乏が原因で持ち物や愛情を溜め込む人を助け、神の顕現への信仰を回復させます。

天然のプレナイト

バリサイト (Variscite)

結晶系	斜方晶系
化学組成	$AlPO_4 \cdot 2H_2O$
硬度	3.5〜4.5
原産地	米国、ドイツ、オーストリア、チェコ、ボリビア
チャクラ	過去世、第三の目、心臓
数字	7
十二星座	牡牛座、双子座、蠍座
効果	慢性疲労、神経質、明晰な思考、知覚、安らかな睡眠、手術後、麻酔からの覚醒、予備エネルギーの枯渇、腹部膨満、血流阻害、血管や皮膚の弾力性、過度の酸性化、痛風、胃炎、潰瘍、リウマチ、男性のインポテンス、痙攣

　バリサイトは、病める人を励まし、疾患がもたらし得る不調 (dis-ease) への介護者の対処を助け、無条件の愛をもたらします。過去世の追究に有用で、アクセスした転生における感情に深く入り込み、不調の原因に関する洞察を刺激し、状況のリフレーミングを行う一方で、視覚的なイメージを促進します。深い絶望から抜け出して宇宙における信頼できる位置への移動を促します。偽りを排除し、今あなたが存在する世界においてありのままの自分を示すことを可能にします。バリサイトは節度を保ちながらも、深刻になり過ぎるのを防ぐような活発なエネルギーを保つことにも役立ちます。

バリサイトのタンブル

緑色のクリスタル

ワーベライト（Wavellite）

結晶系	斜方晶系
化学組成	$Al_3(PO_4)_2(OH)_3 \cdot 5H_2O$
硬度	3.5～4
原産地	米国、ボリビア、英国
チャクラ	過去世、額
数字	1
十二星座	水瓶座
惑星	月
効果	オーラ体から身体へのエネルギーの流れ、血流、白血球数、皮膚炎

天然のワーベライトの
ロゼット

　新月に最大の効力を発揮すると言われるワーベライトは、魂の深い癒しを促進し、不調（dis-ease）の原因となった態度や姿勢の本質を概観させます。感情の癒しに有用で、トラウマや虐待の影響を情緒体から取り除き、幸福や健康の維持を助けます。前進する前に状況の全体像を把握する必要がある時は、ワーベライトを握ると困難な状況も楽に対処できるように助けてくれます。

フックサイト（グリーンマスコバイト）
(Fuchsite (Green Muscovite))

結晶系	単斜晶系
化学組成	$K(Al, Cr)_2AlSi_3O_{10}(OH, F)_2$
硬度	2～3.5
原産地	スイス、ロシア、オーストリア、チェコ、ブラジル、ニューメキシコ、カナダ、インド、イタリア、スコットランド（英国）、ドイツ、オーストリア、フィンランド、マダガスカル、アフガニスタン、ドミニカ
チャクラ	過去世
数字	9
十二星座	水瓶座
惑星	水星
効果	共依存、感情的脅迫、回復力、トラウマ、自尊心、精神的ショック、赤血球-白血球比、手根管症候群、反復性ストレス障害、脊椎の再調整、腱炎、筋骨格系の柔軟性、行動不全や左右弁別の混乱、問題解決、機転が利く、不眠、アレルギー、怒り、不安感、自信喪失、神経ストレス、毛髪、目、体重、血糖、膵臓分泌、脱水症、絶食、腎臓

フックサイトの原石

　マスコバイト（p31）の包括的な特性を有する他に、フックサイトはクリスタルのエネルギーを増幅させ、エネルギーの移動を促進させて治癒プロセスを加速化し、ハーブ療法やホリスティック療法に関する実用的な情報の伝達を促します。権力闘争や偽りの謙遜を伴うことなく貢献する方法を示し、過去世や現世の隷属状態に関する問題への対処を助け、犠牲となったり、救済役に回ろうとする傾向を逆転させます。無条件の愛と頑健な愛を組み合わせることによって、誰かが自身の教訓を学んでいる間は落ち着いて見守る方法を教えます。家族やグループ内において「原因と特定された患者」、すなわち、不調（dis-ease）や緊張状態が投影されている人に有用です。フックサイトは特定された患者に対し、健康を取り戻す力を与え、対立の後で情緒のバランスを回復するのを助けます。

緑色のクリスタル

インフィニットストーン
(ライトグリーン・サーペンティン)
(Infinite Stone (Light Green Serpentine))

結晶系	単斜晶系
化学組成	$(Mg, Fe)_3Si_2O_5(OH)_4$
硬度	3〜4.5
原産地	英国、ノルウェー、ロシア、ジンバブエ、イタリア、米国、スイス、カナダ
チャクラ	過去世、額
数字	8
十二星座	双子座
惑星	土星
効果	鎮痛(特に歯痛)、PMS(月経前症候群)、筋肉痛、長寿、解毒、寄生虫の排出、カルシウムとマグネシウムの吸収、低血糖、糖尿病

　サーペンティン(p205)の包括的な特性を有する他に、インフィニットストーンは、天使の導きとの接触や、過去、現在、未来へのアクセスと統合をもたらします。この石を手に持つと、転生と転生の間の状態へと導かれ、前世で着手できなかった癒しが達成されるようになります。この石は自分自身や自分が経験してきたことに対する許しを促すことから、あらゆる過去世の探究に優れた作用を発揮します。過去世のアンバランスを癒し、かつての人間関係による精神的重荷を取り除きます。会合や出会いに穏やかな雰囲気をもたらすことから、過去に関係する誰かに直面する必要がある場合にはこの石を利用してください。

インフィニットストーンのタンブル

レオパードスキン・サーペンティン
(Leopardskin Serpentine)

結晶系	単斜晶系
化学組成	$(Mg, Fe)_3Si_2O_5(OH)_4$
硬度	3〜4.5
原産地	英国、ノルウェー、ロシア、ジンバブエ、イタリア、米国、スイス、カナダ
チャクラ	宝冠のチャクラに関連、全チャクラの障害を除去
数字	8
十二星座	双子座
惑星	土星
効果	長寿、解毒、寄生虫の排出、カルシウムとマグネシウムの吸収、低血糖、糖尿病

レオパードスキン・サーペンティンのタンブル

　サーペンティン(p205)の包括的な特性を有する他に、レオパードスキン・サーペンティンはシャーマンの石でもあり、レオパードのエネルギーへのアクセスや、癒しをもたらす動物としてのレオパードの力と共に旅することを助けます。そのため、特に前世や他の次元において場が間違っていたり、利用法が間違っていたような場合には、力の回復に大きな支援をもたらします。レオパードスキン・サーペンティンは、トランスや瞑想を促進し、霊的導きへの直接的なチャンネルを開きます。また、多次元への旅における優れたツールとにもなります。

ベルデライト（グリーントルマリン）
（Verdelite (Green Tourmaline)）

結晶系	三方晶系
化学組成	ケイ酸塩複合体
硬度	7〜7.5
原産地	スリランカ、ブラジル、アフリカ、米国、オーストラリア、アフガニスタン、イタリア、ドイツ、マダガスカル
チャクラ	心臓
十二星座	乙女座、山羊座
効果	同情、優しさ、忍耐、帰属意識、恐怖、開放性、若返り、安らかな睡眠、閉所恐怖症、パニック発作、多動、解毒、便秘、下痢、神経系、目、心臓、胸腺、脳、免疫系、体重減少、慢性疲労や極度の疲労の緩和、脊椎の再調整、肉離れ、胆嚢、肝臓、防御、脊椎の調整、男性性と女性性のエネルギーのバランスをとる、偏執症、読字障害、視覚と手の協調関係、コード化された情報の取り込みと解釈、気管支炎、糖尿病、肺気腫、胸膜炎、肺炎、エネルギーの流れ、閉塞の除去

ベルデライトの原石

　視覚化と創造性に有用なグリーントルマリンは、あらゆるレベルでの解毒において強力な治癒作用と保護作用を発揮します。トルマリン（p210）の包括的な特性を有する他に、ハーブ療法の研究を促進し、レメディの適応を拡大します。また、植物を癒す力があり、バイブレーションの変化に対する備えもします。情緒体における過去世のトラウマの癒しや、否定的な情緒パターンの再プログラミングに利用可能です。グリーントルマリンを持っていると、可能性のあるすべての解決策を見て、その中から最も建設的なものを選択することができます。身につけている人を繁栄や豊かさに引き寄せる働きもします。養育的な特性があり、バランスや生きる喜びをもたらし、負のエネルギーを正のエネルギーに変換します。グリーントルマリンは権威や父性像に関する問題を克服させます。

ウバロバイトガーネット（Uvarovite Garnet）

結晶系	立方晶系
化学組成	ケイ酸塩複合体
硬度	6〜7.5
原産地	ヨーロッパ、アリゾナ（米国）、ニューメキシコ（米国）、南アフリカ、オーストラリア
チャクラ	心臓
数字	7
十二星座	水瓶座
惑星	火星
効果	解毒、抗炎症、発熱、アシドーシス、白血病、不感症、心臓、肺、腎臓や膀胱の感染症、愛を引き寄せる、夢を見る、血液疾患、身体の再生、代謝、脊椎障害、細胞傷害、血液、DNAの再生、ミネラルとビタミンの吸収

ウバロバイトガーネット

　エメラルドグリーンのウバロバイトガーネットは、ロシアの鉱物収集家ウバロフ（S. S. Uvarov）にちなんで名づけられました。この石はガーネット（p47）の包括的な特性を有する他に、自己中心に陥ることなく個性を強調し、同時に魂をその普遍的な性質へと結び付けます。霊的関係も促進します。平和を好み、寂しさを伴わずに孤独を経験することを助けます。

緑色のクリスタル

グリーンアンバー (Green Amber)

結晶系	非結晶質
化学組成	C, H, O（不純物を含む）（熱処理されている）
硬度	2～2.5
原産地	（処理石）
数字	3
十二星座	水瓶座
効果	特別な効果無し（下記参照）

　グリーンアンバーはアンバーを熱処理したもので、特別な特性を持ちません。作用は天然状態のアンバーよりは弱くなっています（包括的な特性についてはp79を参照）。

グリーンアンバー

グリーンスピネル (Green Spinel)

結晶系	立方晶系
化学組成	$MgAl_2O_4$
硬度	7.5～8
原産地	スリランカ、ミャンマー、カナダ、米国、ブラジル、パキスタン、スウェーデン（合成石の可能性有り）
チャクラ	心臓
数字	7
十二星座	天秤座
惑星	冥王星
効果	筋肉や神経の症状、血管

　スピネル（p260）の包括的な特性を有する他に、グリーンスピネルは、愛や同情、思いやりを刺激します。

グリーンセレナイト (Green Selenite)

結晶系	単斜晶系
化学組成	$CaSO_4 \cdot 2H_2O$
硬度	2
原産地	イングランド、米国、メキシコ、ロシア、オーストリア、ギリシャ、ポーランド、ドイツ、フランス、シチリア（イタリア）（染色されている可能性有り）
チャクラ	高次の宝冠
十二星座	牡牛座
惑星	月
効果	皮膚や骨格に対する加齢の影響、判断、洞察、脊柱の調整、柔軟性、てんかん、歯科用アマルガムによる水銀中毒、活性酸素、母乳授乳　素晴らしいヒーリング効果がエネルギーレベルで生じる

　セレナイト（p257）の包括的な特性を有する他に、グリーンセレナイトは至高の善のために働くことが方向付けられている石でもあります。自分自身に満足するように仕向けます。

注：グリーンセレナイトは高バイブレーションの石です。

グリーンセレナイトのクラスター

ヒッデナイト（グリーンクンツァイト）
(Hiddenite (Green Kunzite))

結晶系	単斜晶系
化学組成	$LiAlSi_2O_6$（リチウムをはじめとする不純物を含む）
硬度	6.5〜7
原産地	米国、マダガスカル、ブラジル、ミャンマー、アフガニスタン
チャクラ	第三の目、心臓
数字	7
十二星座	牡牛座、獅子座、蠍座
惑星	金星、冥王星
効果	胸腺、胸部、知性と直観と霊感を組み合わせる、謙虚、貢献、忍耐、自己表現 創造性、ストレス関連性の不安、双極性障害、精神疾患と抑うつ、ジオパシックストレス、内省、免疫系、ラジオニクスによる遠隔ヒーリング実施時の患者の身代わり、関節痛、麻酔、循環器系、心筋、神経痛、てんかん

天然のヒッデナイト

　クンツァイト（p30）の包括的な特性を有する他に、ヒッデナイトは新たな始まりを支援し、霊的愛情をグランディングします。高次の世界の知恵の移転を助け、知的経験や情緒体験に有益な働きをします。失敗の感情を穏やかに解き放ち、物事に対し平静を装っている人々が安楽や他者および宇宙からの支援を受容することを助けます。知性や愛と結び付く力を有し、未知のものを生み出します。ヒッデナイトを身体の上でそっと「梳る」ように動かすと、弱点部分を示して診断を助けます。

注：ヒッデナイトは高バイブレーションの石です。

チベッタンターコイズ(Tibetan Turquoise)

結晶系	三斜晶系
化学組成	$CuAl_6(PO_4)_4(OH)_8・4H_2O$
硬度	5〜6
原産地	チベット
チャクラ	喉
十二星座	蠍座、射手座、魚座
惑星	木星、金星、海王星
効果	友情、忠誠、浄化、微妙なエネルギー（オーラ）の場、身体の免疫系および非物質的な世界における免疫系、組織再生

天然のチベッタンターコイズ

　大半のターコイズ（包括的特性についてはp134を参照）に比べて深い緑色をしているチベッタンターコイズは、鮮やかな青色のターコイズとはやや異なるバイブレーションを持っています。喉のチャクラの閉塞や抑制された自己表現の癒しや、問題の根源が解消するまでアンセストラルラインを遡ることに特に有用です。

その他の緑色の石

アマゾナイト（p130）、アパタイト（p133）、アポフィライト（p242）、アクアマリン（p133）、アラゴナイト（p190）、ベリル（p81）、クリソコーラ（p137）、ダイオプサイド（p104）、ダイオプテース（p136）、グロッシュラーガーネット（p41）、ヘミモルファイト（p197）、カイアナイト（p152）、ムーンストーン（p251）、ユナカイト（p36）、ゾイサイト（p56）

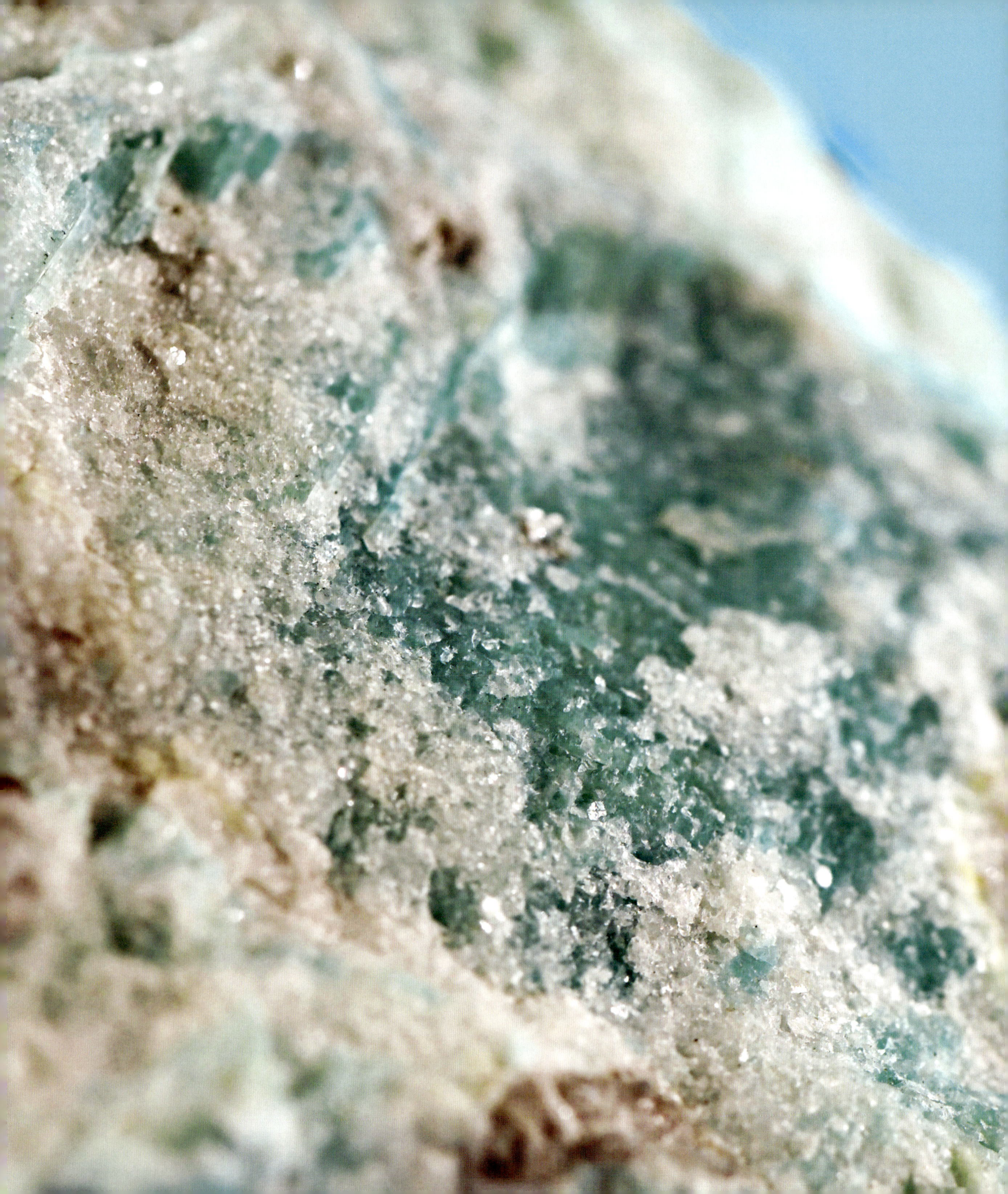

緑青色と青緑色のクリスタル

緑青色と青緑色の石は、高次の存在と共鳴します。これらは霊的意識や非物質的能力を刺激します。多くの青緑色の石は、宇宙意識と結びついてそれを地球へ引き寄せます。これらの石はすべて深層的な平穏とリラクセーションをもたらします。また、第三の目で作用し、心と直観を結びつけます。

アマゾナイト（Amazonite）

結晶系	三斜晶系
化学組成	$KAlSi_3O_8$（銅を含む）
硬度	6〜6.5
原産地	米国、ロシア、カナダ、ブラジル、インド、モザンビーク、ナミビア、オーストリア
チャクラ	脾臓、太陽神経叢、心臓のチャクラに関連、高次の心臓のチャクラを喉のチャクラに連結
数字	5
十二星座	乙女座
惑星	天王星
効果	電磁スモッグ、情緒的トラウマ、心配、恐怖、負のエネルギー、悪化、普遍の愛、アルコール依存症、甲状腺と副甲状腺、肝臓、神経系、骨粗しょう症、虫歯、カルシウムバランス、カルシウム沈着、代謝機能不全、カルシウム欠乏、筋痙攣

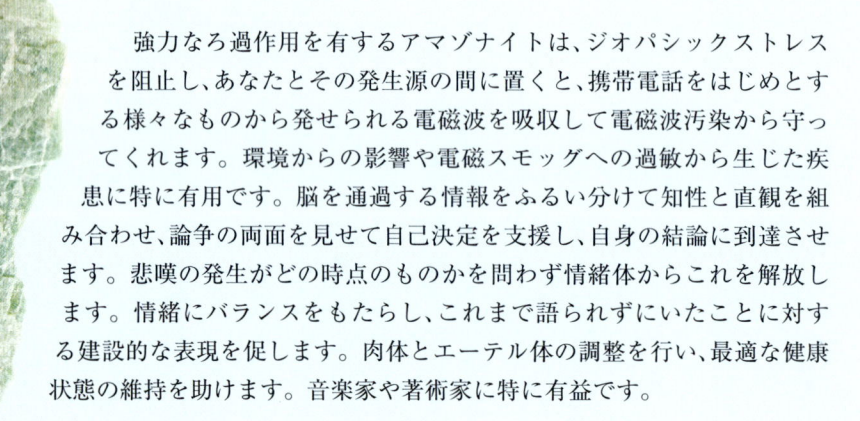

アマゾナイトの原石

　強力なろ過作用を有するアマゾナイトは、ジオパシックストレスを阻止し、あなたとその発生源の間に置くと、携帯電話をはじめとする様々なものから発せられる電磁波を吸収して電磁波汚染から守ってくれます。環境からの影響や電磁スモッグへの過敏から生じた疾患に特に有用です。脳を通過する情報をふるい分けて知性と直観を組み合わせ、論争の両面を見せて自己決定を支援し、自身の結論に到達させます。悲嘆の発生がどの時点のものかを問わず情緒体からこれを解放します。情緒にバランスをもたらし、これまで語られずにいたことに対する建設的な表現を促します。肉体とエーテル体の調整を行い、最適な健康状態の維持を助けます。音楽家や著術家に特に有益です。

アマゾナイトの原石

ブリリアント・ターコイズ・アマゾナイト（Brilliant Turquoise Amazonite）

結晶系	三斜晶系
化学組成	$KAlSi_3O_8$（銅を含む）
硬度	6〜6.5
原産地	米国、ロシア、カナダ、ブラジル、インド、モザンビーク、ナミビア、オーストリア
チャクラ	脾臓、太陽神経叢、心臓のチャクラに関連、高次の心臓のチャクラを喉のチャクラに連結
数字	5
十二星座	水瓶座
惑星	天王星
効果	電磁スモッグ、情緒的トラウマ、負のエネルギー、悪化、普遍の愛、アルコール依存症、甲状腺と副甲状腺、肝臓、神経系、欠乏

　ブリリアント・ターコイズ・アマゾナイトは、アマゾナイトの洗練された形態の1つで珍しい石です。アマゾナイト（上記）の包括的な特性を有する他に、極めて高次のレベルにおいて霊的保護をもたらします。高次意識の世界や多次元の世界を横断する際にあなたを安全に包み込み、宇宙意識との完全な同調をもたらします。絡みついたカルマを取り去り、再び結びつくことを防ぐのに優れた効果があります。

ブリリアント・ターコイズ・アマゾナイト

アホアイト（Ajoite）

結晶系	三斜晶系
化学組成	$Na_3(Cu^{2+})_{20}Al_3Si_{29}O_{76}(OH)_{16} \cdot 8H_2O$
硬度	7
原産地	南アフリカ、米国
チャクラ	第三の目、宝冠のチャクラに関連、心臓のチャクラと喉のチャクラを連結
数字	6
十二星座	乙女座
効果	有害な感情を解放する、平静、ストレス、細胞構造

クォーツに内包されたアホアイトの原石

　アホアイトは、特にアフリカの鉱山が冠水したことから希少なクリスタルとなっています。水瓶座の時代を先導するクリスタルとして、この半透明のアホアイトは極めて高いバイブレーションを有しており、このバイブレーションで魂を普遍の愛で包み込み、深遠な霊的新事実をもたらします。無限の平和を象徴する石でもあり、情緒と環境に深い落ち着きをもたらします。アホアイトは負のエネルギーやカルマの傷、インプラントを、そのレベルや発生時点に関わらず身体から取り除くことができます。肉体と情緒体からストレスを消散させるのに優れており、エーテル体の青写真と肉体の調和を図ります。アホアイトは対立の解消や自己寛容と同情の必要性の強調を助け、これらによって他者を包み込めるようにします。

注：アホアイトは高バイブレーションの石です。

シャッタカイトを伴ったアホアイト（Ajoite with Shattuckite）

結晶系	複合
化学組成	複合
硬度	未確定
原産地	米国
チャクラ	高次の心臓
効果	ストレス性疾患、腸閉塞、便秘、有害な感情を解放する、平静、ストレス、細胞構造、梅毒によるミアズマ（瘴気）、健康上の訴え（軽症のもの）、バランス、強壮、扁桃炎、血液凝固、細胞間構造

　アホアイト（上記）とシャッタカイト（p132）の包括的な特性を有する他に、特に胸腺の上に身につけると電磁スモッグとサイキックアタックに対する極めて強力な保護作用があります。霊的には開かれた状態でありながら、オーラのまわりに保護作用のある泡を作り出し、あなたがどこにいようとこの泡があなたの安全を確保してくれます。この石を身につけると深い静けさに浸ることができます。アホアイトとシャッタカイトの組み合わせは、償い（atonement）と一体となること（at-onement）の違いを教えます。

注：シャッタカイトを伴ったアホアイトは高バイブレーションの石です。

シャッタカイトを伴ったアホアイトの原石

緑青色と青緑色のクリスタル

シャッタカイト（Shattuckite）

結晶系	斜方晶系
化学組成	$Cu_5(SiO_3)_4(OH)_2$
硬度	3.5
原産地	米国
チャクラ	第三の目と喉のチャクラの調整、宝冠、高次の宝冠、高次の心臓のチャクラに関連
数字	11
十二星座	牡牛座、天秤座
惑星	金星
効果	梅毒によるミアズマ（瘴気）、健康上の訴え（軽症のもの）、バランス、強壮、扁桃炎、血液凝固、細胞間構造

シャッタカイトは最初に発見されたShattuck鉱山にちなんで名付けられました。複数のチャネリングソース（霊的情報源）によれば、この石は、細胞分裂の刺激や遺伝情報の修復、放射線障害によるものをはじめとする遺伝病の治癒に優れた効果があると言われています。極めて霊性が高く、バイブレーションを高めて思考を増幅させ、非物質的視力を明晰にし、出会ったものとのコミュニケーションを助けます。シャッタカイトは過去世の呪いや秘密性に関するコマンドを解くことができます。過去世の経験が非物質的能力を閉ざしてしまったような例では、シャッタカイトが催眠コマンドや命令を解除することから特に有用です。チャネリング中は、シャッタカイトの強力なエネルギーによって霊が肉体を乗っ取ることがないようにします。エネルギーの伝達作用に優れ、高いバイブレーションに達して最も純粋なソースとの接触を要求します。自動筆記やテレパシー能力を開発し、地球外の存在との明瞭なコミュニケーションを促進すると言われています。

シャッタカイトのタンブル

クリソファール（ブルーグリーン・オパール）
(Chrysophal (Blue-green Opal))

結晶系	非結晶質
化学組成	$SiO_2 \cdot nH_2O$（不純物を含む）
硬度	5.5〜6.5
原産地	オーストラリア、ブラジル、米国、タンザニア、アイスランド、メキシコ、ペルー、英国、カナダ、ホンジュラス、スロバキア
チャクラ	第三の目
十二星座	蟹座、魚座
効果	精神的負担、解毒、肝臓、心臓や胸部の収縮や狭窄、自尊心、生きる意欲の強化、直観、恐怖、忠誠、自発性、女性ホルモン、更年期、パーキンソン病、感染症、発熱、記憶力、血液と腎臓の浄化、インスリンの調節、出産、PMS（月経前症候群）、目、耳

オパール（p254）の包括的な特性を有する他に、クリソファールは世界を新たな目で見つめることを助け、新たな印象へ目を開き、他者への率直性を促進します。

クリソファールの原石

アパタイト（Apatite）

結晶系	六方晶系
化学組成	$Ca_5(PO_4)_3(F, CL, OH)$
硬度	5
原産地	カナダ、米国、メキシコ、ノルウェー、ロシア、ブラジル
チャクラ	第三の目、基底
数字	9
十二星座	双子座
効果	動機、神経衰弱、過敏性、人道主義的姿勢、無関心、貢献、コミュニケーション、エネルギー枯渇、疼痛、細胞、カルシウムの吸収、軟骨、骨、歯、運動能力、関節炎、関節障害、くる病、食欲抑制、代謝率、腺、経絡、臓器、高血圧

アパタイトの原石

　アパタイトはペリドットやベリルなどの宝石と混同されることから、偽りを意味するギリシャ語*apate*にちなんだ名前がつけられました。意識と物質の間のインターフェイスの役割を果たすアパタイトは、未来と同調しつつも過去世とも結びついている顕現の石です。非物質的能力を開発し、霊的同調を達成することによって、瞑想を深め、クンダリーニを上昇させます。基底のチャクラのエネルギーを解放することで欲求不満を取り除き、罪悪感を伴わない情熱を支援します。肉体、情緒体、精神体、霊体のバランスをとります。人道主義的姿勢を促進し、コミュニケーションを助け、開放性や社会的安心をもたらし、よそよそしさや阻害感を解消します。自分自身や他者に対する否定的な考えを取り除き、多動性障害や自閉症の子供に有用です。

アクアマリン（Aquamarine）

結晶系	六方晶系
化学組成	$Be_3Al_2Si_6O_{18}$（鉄を含む）
硬度	7.5〜8
原産地	米国、メキシコ、ロシア、ブラジル、インド、アイルランド、ジンバブエ、アフガニスタン、パキスタン
チャクラ	全チャクラを調整、喉のチャクラの障害を除去、第三の目のチャクラを開く
数字	1
十二星座	牡羊座、双子座、魚座
惑星	月
効果	汚染物質、ストレス、直観、恐怖、咽頭痛、腺の腫脹、甲状腺、下垂体、ホルモン、成長、排泄、目、顎と歯、近視や遠視、胃、免疫系、自己免疫疾患

ファセットカットしたアクアマリン

アクアマリンの原石

　アクアマリンの色は微量に含まれた鉄に由来しています。船乗りを保護し、水死を防ぐと言われているこの石は、海の女神の石で、暗黒の力に対抗し、光の霊からの支持を得ていました。瞑想にすぐれた効果があり、オーラを保護して高レベルの意識状態を誘発し、人類への貢献を促進します。過敏な人々との親和性が高く、寛容をもたらし、責任に圧倒された人を支援します。自滅的なプログラムを打破してダイナミックな変化を引き起こします。あらゆるレベルでの終了に有用で、根底にある情緒状態の理解や自分の気持ちの解釈に役立ちます。外部から吹き込まれた思考を取り除き、脳に到達する情報をふるい分けて知覚を明瞭化します。

緑青色と青緑色のクリスタル

アタカマイト (Atacamite)

結晶系	斜方晶系
化学組成	$Cu_2Cl(OH)_3$
硬度	3〜3.5
原産地	米国、オーストラリア、メキシコ、チリ、イタリア、イングランド(英国)、ロシア、ナミビア、ペルー
チャクラ	第三の目、高次の心臓
数字	6
効果	胸腺、免疫系、腎臓、恐怖、排泄、生殖器、ヘルペス、性病、甲状腺機能低下、神経系、ストレス

　この石が発見されたチリ北部のアタカマ (Atacama) 砂漠にちなんで名づけられたアタカマイトは、万人に適した包括的な特性よりも、あなたにとってどのように効果があるかを重視しています。強力なエネルギー伝達作用を有するため、第三の目を強制的に開き、絵による視覚的イメージと霊との強力な結び付きをもたらします。そのような作用にもかかわらず、アタカマイトは極めて安全に利用可能で、失われた霊的信頼や洞察を回復し、高次の導きとの強力な結び付きを促進します。エーテル体と第三の目に対し強力な浄化作用を有し、利用を妨げるあらゆる禁止事項を解除します。また、幽体離脱の旅においても有用です。アタカマイトはあなたの人生に無条件の愛をもたらします。

母岩上のアタカマイトの結晶

ターコイズ (Turquoise)

結晶系	三斜晶系
化学組成	$CuAl_6(PO_4)_4(OH)_8 \cdot 4H_2O$
硬度	5〜6
原産地	米国、エジプト、メキシコ、中国、イラン、ペルー、ポーランド、ロシア、フランス、チベット、アフガニスタン、アラビア
チャクラ	喉、第三の目
数字	1
十二星座	蠍座、射手座、魚座
惑星	木星、金星、海王星
効果	友情、忠誠、自己実現、気分変動、恋愛、浄化、電磁スモッグ、極度の疲労、抑うつ、パニック発作、恥、罪悪感、抗炎症、解毒、経絡、微妙なエネルギー(オーラ)の場、身体の免疫系および非物質的な世界における免疫系、組織再生、栄養の吸収、汚染、ウイルス感染症、目、過度の酸性化を中和、痛風、リウマチ、胃、痙攣、疼痛、咽頭痛

ターコイズのタンブル

　ターコイズはトルコを意味するフランス語 turquoise にちなんで名付けられました。古代トルコにはペルシャ(現イラン)も含まれていました。この石は地球と天国の橋渡しをすると考えられており、先住アメリカ人にとっては神聖なものとされています。人から贈られたターコイズは幸運と安らぎをもたらします。保護作用があることから古代より魔よけとして用いられたターコイズは、怪我や外部からの影響、環境汚染から守ります。霊的同調を促進し、物理的世界と霊的世界のコミュニケーションを強化するターコイズには優れたヒーリング作用もあり、霊や身体の健康に癒しを提供します。強力なエネルギー伝達作用を有するため、古い誓約や抑制、禁止を解除し、殉教者のような態度や自己破壊的な態度を解消し、魂が再び自己表現できるようにします。私たちの運命は、私たちがその時々に行うことによって作られる、ということを教えます。

ターコイズの原石

エイラットストーン（Eilat Stone）

結晶系	複雑な複合
化学組成	複雑な複合
硬度	様々
原産地	イスラエル、ヨルダン
チャクラ	高次の心臓、心臓、胸腺、喉
数字	3
十二星座	射手座
効果	創造性、ストレス、近親相姦、レイプ、身体的暴力、女性嫌悪、性的抑圧、抑うつ、骨や組織の再生、副鼻腔、細胞の増殖速度を変える、発熱、腫瘍、変容（トランスフォーメーション）、精神-性的問題、抑制、再生（再び生まれる）、肝臓や胆嚢の解毒、不眠、アレルギー、目、循環器疾患、出産、陣痛、女性生殖器、血圧、喘息、関節炎、てんかん、骨折、関節腫脹、成長、乗り物酔い、めまい、視神経、膵臓、脾臓、副甲状腺、DNA、細胞構造、組織の酸性化、糖尿病、友情、忠誠、自己実現、気分変動、浄化、電磁スモッグ、極度の疲労、パニック発作、恥、罪悪感、抗炎症、経絡、微妙なエネルギー（オーラ）の場、身体の免疫系および非物質的な世界における免疫系、組織再生、栄養の吸収、汚染、ウイルス感染症、目、過度の酸性化を中和、痛風、リウマチ、胃、痙攣、咽頭痛、個人の力、創造性、自己認識、自信、動機、手放す、恐怖症、罪悪感、精神的緊張、ミアズマ（瘴気）、悲嘆、肺、肺活量、疼痛、インスリンの調節、血液の再酸素化、細胞構造、アルツハイマー病、骨疾患、筋痙攣、消化管、潰瘍、血管疾患、肝臓、腎臓、腸、筋肉、感染症、咽頭と扁桃腺、熱傷、甲状腺、代謝

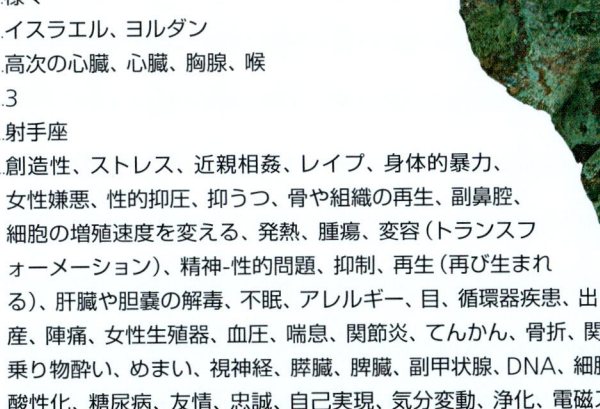

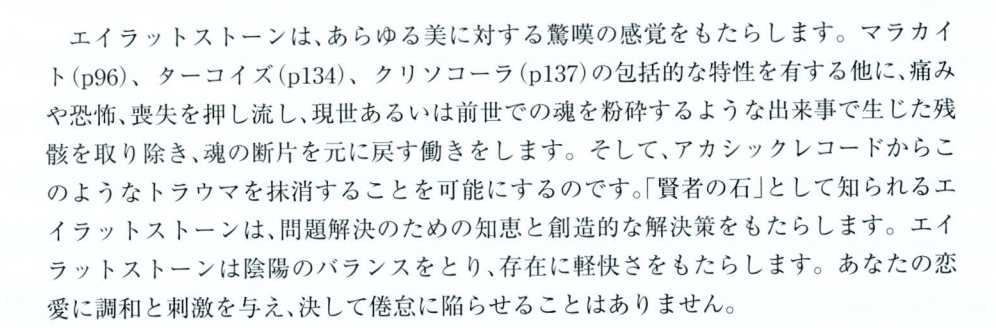

研磨した
エイラットストーン

エイラットストーンの原石

　エイラットストーンは、あらゆる美に対する驚嘆の感覚をもたらします。マラカイト（p96）、ターコイズ（p134）、クリソコーラ（p137）の包括的な特性を有する他に、痛みや恐怖、喪失を押し流し、現世あるいは前世での魂を粉砕するような出来事で生じた残骸を取り除き、魂の断片を元に戻す働きをします。そして、アカシックレコードからこのようなトラウマを抹消することを可能にするのです。「賢者の石」として知られるエイラットストーンは、問題解決のための知恵と創造的な解決策をもたらします。エイラットストーンは陰陽のバランスをとり、存在に軽快さをもたらします。あなたの恋愛に調和と刺激を与え、決して倦怠に陥らせることはありません。

ブルーグリーン・オブシディアン（Blue-green Obsidian）

結晶系	非結晶質
化学組成	SiO_2（不純物を含む）
硬度	5〜5.5
原産地	メキシコ、火山地域（人工物の可能性有り）
チャクラ	心臓、宝冠、第三の目、喉
効果	レイキヒーリング

　天然のブルーグリーン・オブシディアンは珍しい石で、オブシディアン（p214）の包括的な特性を有する他に、心から理解することと自己の真実を語ることを促進します。但し、ガラスから人工的に作られて治療効果がないブルーグリーン・オブシディアンもあります。

緑青色と青緑色のクリスタル

カバンサイト（Cavansite）

結晶系	斜方晶系
化学組成	$Ca(V^{4+}O)Si_4O_{10} \cdot 4H_2O$
硬度	3～4
原産地	プーナ（インド）、オレゴン（米国）、ブラジル、ニュージーランド
チャクラ	第三の目、喉、過去世
数字	5
十二星座	水瓶座
効果	エンドルフィンの放出、自尊心、浄化、再生、再発性疾患、脈拍安定化、細胞ヒーリング、耳鳴、咽頭痛、腎臓、膀胱、断片化されたDNA、目、血液、カルシウム欠乏、歯、関節可動性

　素晴らしい青緑色をしたカバンサイトは、あなたの人生に楽観主義とひらめきをもたらします。含有鉱物のカルシウムとバナジナイトにちなんで名付けられたカバンサイトは1970年代に発見されました。直観を刺激し、アストラルジャーニーを後押しし、実用的学問と論理的思考を促進します。カバンサイトは内省的な石であり、破壊的な行動パターンや思考パターンが前世に由来するものか現世に由来するものであるかを問わず是正し、あなたが自らの肉体においてより快適に過ごせるようにします。人生を肯定してくれるカバンサイトは、過去世の探究を促進し、トラウマをその根源に遡って再構築することを助けます。カバンサイトは、ヒーリングの実施中にヒーラーや過去世のセラピストを守ります。また、この石はあなたの家や車も守ります。環境を大切にする必要を気付かせ、考えてから行動することを助け、美への評価を教えます。

注：毒性があるため慎重に使用してください。

ダイオプテース（Dioptase）

結晶系	六方晶系
化学組成	$CuSiO_3 \cdot H_2O$
硬度	5
原産地	イラン、ロシア、ナミビア、コンゴ、北アフリカ、チリ、ペルー、ザイール
チャクラ	第三の目、高次の心臓
数字	8
十二星座	蠍座、射手座
効果	悲嘆、裏切り、放棄、霊的同調、非物質的なものを見る目、積極的な姿勢、ショック、依存症、ストレス、解毒、細胞障害、T-細胞、胸腺、メニエル病、高血圧、疼痛、片頭痛、心臓発作、疲労、吐き気、肝臓

　ダイオプテースという名前は「見通す」を意味するギリシャ語*diopteia*に由来しています。エネルギーの伝達作用に優れ、心を強力に癒します。特にインナーチャイルドに効果があります。また、人間のエネルギーの場に劇的な効果をもたらします。ダイオプテースは、あなたが今現在を生きるよう促し、逆説的に過去世の記憶を活性化する働きをしています。精神の浄化作用と解毒作用も強力で、他者をコントロールする必要を解き放ちます。緑色の輝きは心の奥深くに到達し、悪化した傷や忘れていた痛みを吸収します。人間関係の痛みや困難は自己との決別を反映したものであることを教えます。愛を切望する心のブラックホールを癒し、愛はこうあるべきという認識を取り除き、新たな愛のバイブレーションを導きます。

クリソコーラ（Chrysocolla）

結晶系	斜方晶系
化学組成	$(Cu, Al)_2H_2Si_2O_5(OH)_4 \cdot nH_2O$（アルミニウム、鉄、リンを含む）
硬度	2〜4
原産地	米国、英国、メキシコ、チリ、ペルー、ザイール、ロシア
チャクラ	全チャクラの浄化、調整、神との同調
数字	5
十二星座	双子座、乙女座、牡牛座
惑星	金星
効果	個人の力、創造性、自己認識、自信、動機、手放す、恐怖症、罪悪感、精神的緊張、ミアズマ（瘴気）、悲嘆、肺、肺活量、疼痛、インスリンの調節、血液の再酸素化、血圧、細胞構造、アルツハイマー病、関節炎、骨疾患、筋痙攣、消化管、潰瘍、血管疾患、肝臓、腎臓、腸、膵臓、血液、筋肉、感染症、咽頭と扁桃腺、熱傷、甲状腺、代謝、PMS（月経前症候群）、月経痛

クリソコーラの原石

　クリソコーラは、金ハンダに用いられる物質に似ていることから、ギリシャ語で金を意味する*chrynos*と糊を意味する*kola*をもとに名付けられました。オーラの優れた浄化作用とエネルギーの強力な伝達作用を有しており、瞑想やコミュニケーションに有用な石です。常に変化を続ける状況を静かに受け入れ、公平な態度を維持し、自己の真実を語ることを助けます。人間関係に有益で、負のエネルギーを追い払い、家庭に安定をもたらします。否定的な感情を引き出し、破壊的なプログラミングを逆転させ、心痛を癒し、愛の容量を増やします。必要に応じて沈黙を保つことも助けつつ、コミュニケーションを支援し、地球上の歌の道（song lines）にあなたを同調させます。

ドルージークリソコーラ（Drusy Chrysocolla）

結晶系	斜方晶系
化学組成	複合
硬度	2
原産地	米国、英国、メキシコ、チリ、ペルー、ザイール、ロシア
チャクラ	額、高次の宝冠
効果	個人の力、創造性、自己認識、自信、動機、手放す、恐怖症、罪悪感、精神的緊張、ミアズマ（瘴気）、悲嘆、肺、肺活量、疼痛、インスリンの調節、血液の再酸素化、血圧、細胞構造、アルツハイマー病、関節炎、骨疾患、筋痙攣、消化管、潰瘍、血管疾患、肝臓、腎臓、腸、膵臓、血液、筋肉、感染症、咽頭と扁桃腺、熱傷、甲状腺、代謝、PMS（月経前症候群）、月経痛、自分で設定した限界、歯周病、無気力

ドルージークリソコーラの原石

　ドルージークォーツ（包括的な特性についてはp63を参照）とクリソコーラ（上記）の特性を併せ持ったドルージークリソコーラは急速に作用する石で、物事を加速化させ、用途の裏側にある目的を強化させることからトラウマの癒しに有用となっています。

緑青色と青緑色のクリスタル

クリスタラインクリソコーラ（ジェムシリカ）
(Crystalline Chrysocolla (Gem Silica))

結晶系	斜方晶系
化学組成	$(Cu, Al)_2H_2Si_2O_5(OH)_4 \cdot nH_2O$（アルミニウム、鉄、リンを含む）
硬度	2～4
原産地	米国、英国、メキシコ、チリ、ペルー、ザイール、ロシア
チャクラ	宝冠、高次の宝冠
十二星座	双子座、乙女座、牡牛座
惑星	金星
効果	個人の力、創造性、自己認識、自信、動機、手放す、恐怖症、罪悪感、精神的緊張、ミアズマ（瘴気）

　クリソコーラの最も進化した形態であるクリスタラインクリソコーラは、クリソコーラ（p137）の包括的な特性を有する他に、エネルギーが安定化する速度を上げ、肉体とエーテル体のバランスをとる働きをします。女性にとって強力な癒し効果があり、現世または過去世に端を発する性的トラウマや情緒的トラウマに優れた効果を発揮します。特にそれが魔術的儀式と絡んでいる場合に効果的です。トラウマがエーテル体の青写真に影響して将来において受けるべきカルマのパターンとして刷り込まれることを防ぎます。女神と結びつき、女性であることの深い喜びを高めます。

注：クリスタラインクリソコーラは高バイブレーションの石です。

クリスタラインクリソコーラ

スミソナイト (Smithsonite)

結晶系	三方晶系
化学組成	$ZnCO_3$
硬度	4～5
原産地	米国、オーストラリア、ギリシャ、イタリア、メキシコ、ナミビア、ドイツ、南アフリカ
チャクラ	高次の心臓、宝冠、第三の目
数字	7
十二星座	乙女座、魚座
効果	再生、誕生、リーダーシップ、如才なさ、調和、駆け引き、アルコール依存症、ストレス、神経衰弱、免疫系、副鼻腔、消化器障害、骨粗しょう症、血管の弾力性、筋肉

　スミソナイトは米国の鉱物学者でスミソニアン研究所の設立者であるジェームズ・スミソン（James Smithson）にちなんで名付けられました。極めて穏やかな外観をしたこの石は、人生の問題に対するバッファーの役割を果たします。インナーチャイルドを癒し、情緒的な虐待や悪用を軽減します。非物質的能力を強化し、非物質的コミュニケーションの真実に対する証人として機能することが可能です。また、天使の世界と結びつくことも可能です。困難な人間関係を助け、不快な状況を是正します。免疫刺激作用にも優れており、癒しや保護をもたらすためにベッドのまわりにグリッディングすることもできます。

母岩上のスミソナイト

キャシテライト（Cassiterite）

結晶系	正方晶系
化学組成	SnO_2
硬度	6〜7
原産地	ブラジル
チャクラ	心臓、太陽神経叢
数字	2
十二星座	射手座
効果	摂食障害、強迫的行動、肥満、栄養不良、神経系やホルモン系、分泌

母岩上のキャシテライト

　キャシテライトはあなたの夢を明らかにするのを助けます。占星術や天文学と伝統的に関連しており、問題の核心を知るのに必要な数学的精度をもたらします。どのようにして問題がそのようになったのか、なぜそうなったのかを客観的に認識し、あなた自身および他者に対する同情や寛容へと道を開きます。拒絶や放棄、偏見、疎外感に苦しむ人や、否定された人に対して優れた効果があり、キャシテライトはこれらによって生じた痛みを解消します。頑健な愛を促進し、あなた自身および他者にとって必要とされることのみを行い、それ以上のことを行わないように仕向けます。

ブルーグリーン・ジェイド（Blue-green Jade）

結晶系	単斜晶系
化学組成	$NaAlSi_2O_6$
硬度	6
原産地	米国、中国、イタリア、ミャンマー、ロシア、中東
チャクラ	第三の目
十二星座	牡牛座、天秤座
惑星	金星
効果	長寿、自己充足、解毒、ろ過、排泄、腎臓、副腎、細胞系や骨格系、脇腹痛、妊孕性、出産、腰部、脾臓、水-塩-酸-アルカリ比

研磨した
ブルーグリーン・
ジェイド

　ブルーグリーン・ジェイドは平和と反射を象徴しています。ジェイド（p120）の包括的な特性を有する他に、内面の平静や忍耐をもたらし、ゆっくりではあるものの確実な進歩を確保し、あなたの手に負えないような状況下で打ちのめされた気分にある時に力を貸してくれます。

緑青色と青緑色のクリスタル

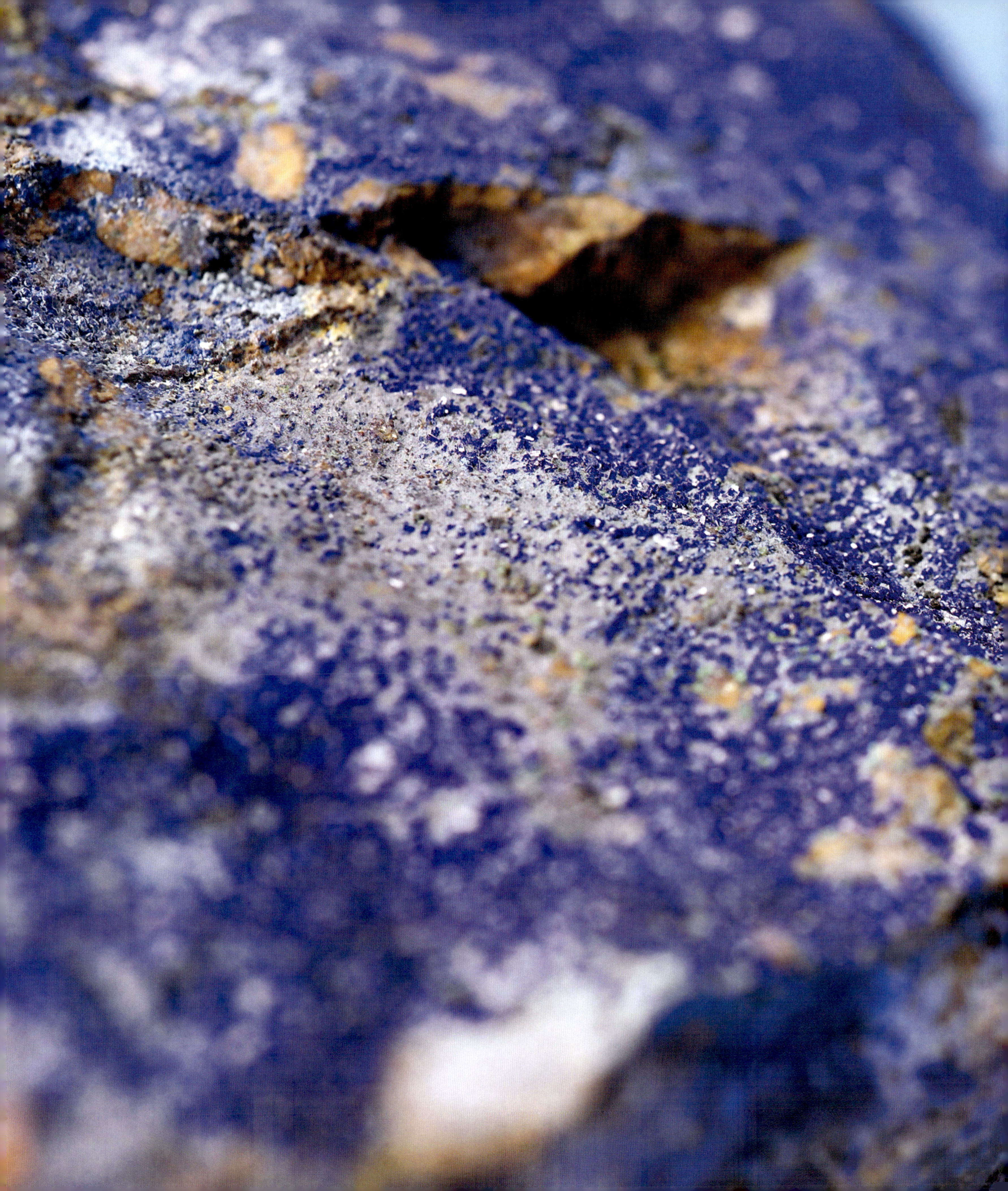

青色と藍色のクリスタル

青色の石は喉のチャクラと共鳴し、自己表現に優れた効果を発揮します。これらの石は伝統的に強壮剤として用いられていました。また、純潔を象徴する石でもありました。天国の青を映し出したこれらの石は、暗黒に抵抗するために光の霊の力を手に入れたのです。藍色の石は最高次の意識と宇宙の深部に結びついています。直観と非物質的能力を刺激し、第三の目の上に置くと世界に対する神秘的な知覚をもたらし、額のチャクラの上に置くと霊的アイデンティティと結びつきます。

アズライト(Azurite)

結晶系	単斜晶系
化学組成	$Cu_3(CO_3)_2(OH)_2$
硬度	3.5〜4
原産地	米国、オーストラリア、チリ、ペルー、フランス、ナミビア、ロシア、エジプト、イタリア、ドイツ
チャクラ	第三の目、宝冠、高次の宝冠、額
数字	1
十二星座	射手座
惑星	金星
効果	ヒーリングクライシス、頭脳や精神のプロセス、精神的癒し、ストレス軽減、恐怖、恐怖症、記憶力、自己表現、悲嘆、解毒、咽喉症状、関節炎、関節障害、脊椎調整、脳の構造、腎臓、胆嚢、脾臓、肝臓、甲状腺、骨、歯、皮膚、胚の発育 動悸が発現した場合は直ちに取り除くこと

アズライトのタンプル

アズライトの原石

青色を意味する*azure*から名付けられたアズライトは、霊的成長を導き、非物質的能力を高めるために、特に第三の目の上に置いて長く利用されてきました。古代エジプトで好まれた石の1つで、意識を最高次まで高揚させ、瞑想によるチャネリング状態を促進し、魂の悟りを求め、霊的展開をコントロールします。多次元的な細胞再プログラミングによる深層的な癒しをもたらすことができます。強力な癒しの作用とエネルギー伝達作用を有するアズライトは、心が身体に及ぼす影響への理解を促します。また、銅の含有量が多いことから、神経系へのエネルギーの流れを増幅させる働きがあります。幽体離脱のジャーニーを安全に行うことを可能にします。

頭脳や精神のプロセスに優れた作用を発揮するアズライトは、現実に対するあなたの見方に疑問を投げかけ、プログラムされた信念体系を解除して、恐れることなく未知のものへ前進できるようにします。緊張から多くを語り過ぎる人を助け、様々なレベルで精神的な癒しをもたらします。心の澱や大昔の恐れを取り除き、情緒体を浄化して内面の安らぎをもたらします。ヒーリングクライシス(訳注：ヒーリングの過程における1種の好転反応)が起こった場合、アズライトは穏やかにバランスを回復させます。

アズライトの原石は夜空のように見える

オーラクォーツ（Aura Quartz）

結晶系	六方晶系
化学組成	複合（処理石）
硬度	脆性
原産地	（処理石）
チャクラ	種類により異なる
効果	多次元的ヒーリング、あらゆる症状に対するマスターヒーラー、細胞記憶に働きかける多次元的ヒーリング、プログラミングに対する効果的な受容体、身体のバランスをとる、エネルギー強化

　クォーツ（p230）の包括的な特性を有するオーラクォーツは、人工的な処理がされた石ですが、金などの金属を純粋なクォーツに結合させる過程で強力なエネルギーが生じることから強力な作用を発揮します。それぞれのオーラクォーツには、その色および、金、プラチナをはじめとしてどのような金属が用いられたかによって固有の特性があります。

注：オーラクォーツは高バイブレーションの石です。

オーラクォーツ

アクアオーラ・クォーツ（Aqua Aura Quartz）

結晶系	六方晶系
化学組成	複合（処理石）
硬度	脆性
原産地	（処理石）
チャクラ	喉、第三の目、額、高次の宝冠
効果	対立するもののバランスをとる、潜在能力を発揮する、胸腺、免疫系、手根管症候群、脳卒中、多次元的ヒーリング、あらゆる症状に対するマスターヒーラー、細胞記憶に働きかける多次元的ヒーリング、プログラミングに対する効果的な受容体、身体のバランスをとる

　金をクォーツ（包括的な特性についてはp230を参照）に蒸着させて作られたアクアオーラ・クォーツは、霊的豊かさとコミュニケーションを象徴する石です。この石は、魂のエネルギーを活性化させ、制限から解放させ、新しいもののための余地を作り出します。チャネリングや自己表現を刺激し、霊的同調とコミュニケーションを深めます。アクアオーラには、非物質的すなわち霊的な攻撃から保護する働きもあり、瞑想の際に深い静穏をもたらします。精妙エネルギー体から否定的なものを取り除き、オーラの「穴」を修復するアクアオーラは、チャクラを活性化し、特に喉のチャクラにおいては心からのコミュニケーションが促進されます。他のクリスタルと共に用いると、アクアオーラはそれらのヒーリング特性を強化します。

注：アクアオーラ・クォーツは高バイブレーションの石です。

アクアオーラ・クォーツ

青色と藍色のクリスタル

レインボーオーラ・クォーツ
（Rainbow Aura Quartz）

結晶系	六方晶系
化学組成	複合（処理石）
硬度	脆性
原産地	（処理石）
チャクラ	高次の宝冠、心臓、額
効果	多次元的ヒーリング、あらゆる症状に対するマスターヒーラー、細胞記憶に働きかける多次元的ヒーリング、プログラミングに対する効果的な受容体、身体のバランスをとる

　金とチタニウムをクォーツ（包括的な特性についてはp230を参照）に蒸着させて作られたレインボーオーラ・クォーツは、身体のすべてのエネルギーセンターを活性化させ、生命力が多次元的に現れるための道から障害を取り除き、力強いエネルギーや生きるための活力をもたらします。レインボーオーラは、投影を強調して怒りや悲しみなどの負の感情を解き放つことから、機能不全の人間関係に有益で、あらゆるレベルの人間関係に深い洞察をもたらし、現世の人間関係の妨げとなっているカルマのしがらみを解除します。こうして変質が行われた人間関係は活気があり調和の取れたものとなります。

注：レインボークォーツは高バイブレーションの石です。

レインボーオーラ・クォーツ

フレイムオーラ・クォーツ（Flame Aura Quartz）

結晶系	六方晶系
化学組成	複合（処理石）
硬度	脆性
原産地	（処理石）
チャクラ	高次の宝冠、第三の目、額
効果	糖尿病、多次元的ヒーリング、あらゆる症状に対するマスターヒーラー、細胞記憶に働きかける多次元的ヒーリング、プログラミングに対する効果的な受容体、身体のバランスをとる

　非常に濃い青色をしたフレイムオーラ・クォーツは、チタニウムとニオブから作られています。レインボーオーラ・クォーツ（包括的な特性については上記およびp230を参照）の特性の多くを共有しており、霊的イニシエーションや儀式、深い瞑想や霊的同調に優れた作用を発揮します。

注：フレイムオーラ・クォーツは高バイブレーションの石です。

フレイムオーラ・クォーツ
ダブルターミネイティドと
ツインフレーム

シベリアン・ブルー・クォーツ
(Siberian Blue Quartz)

結晶系	六方晶系
化学組成	複合
硬度	未確定
原産地	（処理石）
チャクラ	喉、第三の目、宝冠
効果	咽喉感染症（エリキシルとして利用）、胃潰瘍、ストレス
	外用：抑うつ、炎症、日焼け、首や筋肉の凝り

シベリアン・ブルー・クォーツは、クォーツ（包括的な特性についてはp230を参照）とコバルトを実験室で再結晶させて作られた色鮮やかな青色のクリスタルで、強力な幻視体験をもたらし、宇宙意識にアクセスし、非物質的視力とテレパシーを刺激します。霊を上昇させ、深い静けさをもたらし、自己の真実を語り、話を聞いてもらうことを促します。

注：シベリアン・ブルー・クォーツは高バイブレーションの石です。

研磨したシベリアン・ブルー・クォーツ

ブルークォーツ（天然）(Siberian Blue Quartz)

結晶系	六方晶系
化学組成	SiO$_2$（不純物を含む）
硬度	7
原産地	アフリカ、イングランド（英国）、米国、ロシア
チャクラ	喉
数字	44
効果	上半身の臓器、解毒、抑うつ、血流、咽喉、免疫系、過剰刺激、脾臓、内分泌系 あらゆる症状に対するマスターヒーラー、細胞記憶に働きかける 多次元的ヒーリング、プログラミングに対する効果的な受容体 ルチル入りのブルークォーツは早漏を抑止すると言われている

ブルークォーツのタンブル

クォーツ（p230）の包括的な特性を有する他に、ブルークォーツは、他者に接触して希望を吹き込み、心を鎮め、恐怖を和らげ、変身の間にあなたの霊的性質を理解することを助けます。無秩序の克服に優れた作用を発揮し、明晰な頭脳と自己抑制をもたらし、創造性に火をつけます。天然のブルークォーツは、デュモルティエライトやエリナイト、ルチル、インディコライトを内包している場合があります。デュモルティエライト（p150）も参照。

注：ブルークォーツは高バイブレーションの石です。

母岩上のブルークォーツ

ブルー・ファントムクォーツ
(Blue Phantom Quartz)

結晶系	六方晶系
化学組成	SiO₂（内包物を伴う）
硬度	7
原産地	世界各地
チャクラ	喉
数字	77
十二星座	射手座、水瓶座
効果	怒りを静める、不安、咽喉、内分泌系や代謝系、脾臓、血管、細胞記憶に働きかける多次元的ヒーリング、プログラミングに対する効果的な受容体、免疫系、身体のバランスをとる、古いパターン、聴覚障害、透聴力

　ファントム（p239）とクォーツ（p230）の包括的な特性を有する他に、人間同士または地球と霊的世界との間のテレパシーによるコミュニケーションの強化に有用で、多次元への旅を助け、知恵の取得を促進します。あらゆる形態の占いを支援し、完全な存在の一部であると感じさせることによって同情や寛容と共に他者へ接触することを助けます。

ブルー・ファントムクォーツのポイント

インディコライトクォーツ (Indicolite Quartz)

結晶系	複合
化学組成	複合
硬度	未確定
原産地	スリランカ、ブラジル、アフリカ、米国、オーストラリア、アフガニスタン、イタリア、ドイツ、マダガスカル
チャクラ	第三の目、喉
効果	あらゆる症状に対するマスターヒーラー、細胞記憶に働きかける多次元的ヒーリング、プログラミングに対する効果的な受容体、エネルギー強化、免疫系、身体のバランスをとる、言語障害、悲しみ、閉塞感、肺系と免疫系、脳、体液バランスの異常、腎臓、慢性咽頭痛、不眠、寝汗、副鼻腔炎、細菌感染症不調（dis-ease）やうっ血のある部分にあてる

　インディコライトクォーツに内包されたブルー　トルマリンは、幽体離脱体験やさまざまな意識の世界へのジャーニーを刺激します。トルマリン（p210）とクォーツ（p230）の包括的な特性を有する他に、この石はあなたに極めて高いバイブレーションを伝え、あなたの人生を概観させ、あなたが再び人間として生まれることを選んだ理由を示唆します。インディコライトクォーツと共に瞑想すると、あなたの人生の目的や霊的導きにふれることができます。

注：インディコライトクォーツは高バイブレーションの石です。

インディコライトクォーツ

青色と藍色のクリスタル

インディコライト（ブルートルマリン）
(Indicolite (Blue Tourmaline))

結晶系	六方晶系
化学組成	ケイ酸塩複合体
硬度	7～7.5
原産地	スリランカ、ブラジル、アフリカ、米国、オーストラリア、アフガニスタン、イタリア、ドイツ、マダガスカル
チャクラ	喉、第三の目、高次の心臓
数字	6、55
十二星座	牡牛座、天秤座
効果	言語障害、悲しみ、閉塞感、肺系と免疫系、脳、体液バランスの異常、腎臓、膀胱、胸腺、甲状腺、慢性咽頭痛、不眠、寝汗、副鼻腔炎、細菌感染症、咽喉、喉頭、肺、食道、目、熱傷、防御、解毒、脊椎の調整、男性性と女性性のエネルギーのバランスをとる、偏執症、読字障害、視覚と手の協調関係、コード化された情報の取り込みと解釈、気管支炎、糖尿病、肺気腫、胸膜炎、肺炎、エネルギーの流れ、閉塞の除去 不調（dis-ease）やうっ血のある部分にあてる

研磨したインディコライト

　トルマリン（p210）の包括的な特性を有する他に、非物質的意識を促進し、ビジョンを強化し、他者への貢献の未知を開く一方で、常に他者へ与え続ける者に対しては受け取ることを促します。責任の内的自覚の形成や環境に調和して生きることを助け、貞節や倫理的行動、忍耐、真実の愛を支援します。霊的自由と明確な自己表現への欲求を刺激し、ネガティブなものの付着を予防することからヒーラーにとって非常に有益です。鮮やかなブルートルマリンは、特に悲嘆や情緒の閉塞感などの不調（dis-ease）の根本原因を特定することから有用な診断ツールとなります。また、感情の癒しや細胞記憶に働きかけるヒーリングを促進します。

ブルーハーライト (Blue Halite)

結晶系	立方晶系
化学組成	NaCl
硬度	2
原産地	米国、フランス、ドイツ
チャクラ	第三の目
十二星座	魚座
効果	ヨウ素の吸収、甲状腺、胸腺、視床下部、不安、解毒、代謝、水分貯溜、腸障害、双極性障害、呼吸器障害、皮膚

　ハーライト（p250）の包括的な特性を有する他に、ブルーハーライトは非物質的世界の扉を開き、直観を高めて霊的意識を促進します。現実に対する歪んだビジョンの再プログラミングに極めて有用で、精神に付着したものや第三の目の過度の影響を浄化します。

ブルーハーライト

注：ブルーハーライトは高バイブレーションの石です。

青色と藍色のクリスタル

ブルーカルサイト (Blue Calcite)

結晶系	六方晶系
化学組成	$CaCO_3$
硬度	3
原産地	米国、英国、ベルギー、チェコ、スロバキア、ペルー、アイスランド、ルーマニア、ブラジル
チャクラ	第三の目、喉
十二星座	蟹座
惑星	金星
効果	回復、血圧、あらゆるレベルの疼痛、学習、動機、怠惰、情緒的ストレス、排泄器官、骨のカルシウム取り込み、沈着した石灰の溶解、骨格、関節、腸症状、皮膚、組織治癒、免疫系、小児の成長

ブルーカルサイトのタンブル

　ブルーカルサイトは強力な癒し作用と浄化作用を有し、エネルギーを吸収してそれをろ過し、エネルギーの送り手に有益となるように送り返します。カルサイト（p245）の包括的な特性を有する他に、心のざわめきを静め、明晰性をもたらします。霊的成長の開始やリラクセーションに非常に適した石で、神経を鎮め、不安を取り除きます。否定的な感情を解放し、特に意見の相違がある場面で思考や感覚の明瞭なコミュニケーションを助け、必要な変化への順応を促進します。

エンジェライト (Angelite)

結晶系	斜方晶系
化学組成	$CaSO_4$
硬度	3.5
原産地	ペルー
チャクラ	喉、第三の目
数字	1
十二星座	水瓶座
効果	同情、再生、経絡とエネルギーの通路、咽喉、炎症、甲状腺と副甲状腺、組織と血管、体液バランス、利尿、体重コントロール、肺、腕、日焼け

エンジェライトのタンブル

　何百万年もかけて圧縮されニューエイジの気付き石として生まれたセレスタイトから形成されているエンジェライトは、平和と兄弟愛を象徴しています。天使の世界との意識的接触を促進し、テレパシーによるコミュニケーションを強化し、日常の現実に接した状態での幽体離脱の旅の実現を可能とします。エンジェライトは占星術の理解を強化し、数学への深い理解をもたらすために用いられてきました。同調を強化して知覚力を高め、環境や身体への保護をもたらすことから、ヒーラーにとって強力な助けとなる石です。真実を語り、心を開くよう促します。心理的苦痛を和らげ、残虐さの影響を弱めるエンジェライトは、混乱を完全性へと変化させます。

研磨したエンジェライトのスライス

青色と藍色のクリスタル

セレスタイト（Celestite）

結晶系	斜方晶系
化学組成	SrSO$_4$
硬度	3〜3.5
原産地	英国、エジプト、メキシコ、ペルー、ポーランド、リビア、マダガスカル
チャクラ	第三の目、宝冠、高次の宝冠、喉
数字	2、8
十二星座	双子座
惑星	金星、海王星
効果	芸術、心配、対立の解決、平和的共存、バランス、配置、頭脳明晰、疼痛、解毒、精神的苦痛、目、耳、細胞の正常化、筋肉の緊張、咽喉

　セレスタイトは高バイブレーションの石で、ニューエイジにおける教師の役割を果たします。神のエネルギーを環境へもたらし、霊的成長や非物質的能力を刺激します。神の無限の知恵への信頼を強調します。オーラを癒し、心の純粋性を促進し、ストレスのある状況下で調和の取れた雰囲気を維持します。セレスタイトは機能不全に陥った人間関係を支援し、交渉の余地を設け、新たな経験へ心を開くように促します。鎮静作用があることから激しい感情を静め、知性と本能を統合させ、精神のバランスを促進します。多くの聴衆を前に話をする際に強力なサポートが得られます。

注：セレスタイトは高バイブレーションの石です。

セレスタイトのジオード

アンデス・ブルー・オパール（Andean Blue Opal）

結晶系	非結晶質
化学組成	SiO$_2$・nH$_2$O（不純物を含む）
硬度	5.5〜6.5
原産地	ペルー
チャクラ	喉、心臓、高次の心臓、第三の目
数字	2
効果	正しい行動、水分貯溜、筋腫脹、心臓、肺、胸腺、自尊心、生きる意欲の強化、直観、自発性、女性ホルモン、更年期、血液と腎臓の浄化、インスリンの調節、目、耳

　ペルー山間部の奥深くから採鉱されたこの石は、ソウルジャーニーに優れた働きを発揮し、リラックスした受容的な状態をもたらし、占いの力を強化します。オパール（p254）の包括的な特性を有する他に、至高善のための行動の促進や、心からのコミュニケーションの刺激においても優れた働きを有しています。現世のものか他世のものかを問わず、古い心の傷の癒しに特に有用で、内面の平静をもたらして困難な状況やストレスを乗り越えさせます。オーラの場をなめらかにすると言われており、他者とのつながりやコミュニケーションを強化します。アースヒーリングの必要性への認識を高め、アースヒーリングの促進に有用なツールです。また、自己の身体を貫くバイブレーションの変化を明らかにして変質させる人にとっても有用なツールとなります。

研磨したアンデス・ブルー・オパールのスライス

青色と藍色のクリスタル

デュモルティエライト (Dumortierite)

結晶系	斜方晶系
化学組成	$(Al, Fe)_7(BO_3)(SiO_4)_3O_3$
硬度	7
原産地	米国、ブラジル
チャクラ	過去世、喉、第三の目
数字	4
十二星座	獅子座
効果	透聴力、自信、細胞記憶に働きかけるヒーリング、満たす、組織能力、あがり症、内気、ストレス、恐怖症、不眠、パニック、恐怖、抑うつ、過剰興奮、分離、生きる喜び、忍耐、自制、頭脳明晰、日焼け、頑固、過敏性、消耗性疾患、てんかん、頭痛、吐き気、嘔吐、痙攣、疝痛、下痢、動悸

　フランスの古生物学者ユージーン・デュモルティエ (Eugene Dumortier) にちなんで名付けられたデュモルティエライトは、天使やスピリットガイドとコミュニケーションを持ち、1人1人の人間に価値を見出す助けをします。この石は、あなたをソウルジャーニーの開始点へ引き戻し、もはや役に立たなくなったものとの関係を断ち切ります。不調 (dis-ease) の原因となっている過去世の出来事や困難な状況、依存症の解除に特に有用です。問題を抱えた人間関係を安定化させ、ソウルメイトを引き寄せると言われています。デュモルティエライトは、自立や目の前の現実への適合を助けます。また、若い心を保つのにも役立ちます。人生に対する積極的な姿勢の促進に優れた効果があり、危機やトラウマに対処する人に有用です。また、鎮静化や努力の集中にも有用です。あなたの言語能力を開発して異文化と交流できるようにします。

アイオライト (Iolite)

結晶系	斜方晶系
化学組成	$Mg_2Al_4Si_5O_{18}$
硬度	7
原産地	米国
チャクラ	第三の目、全チャクラを調整
数字	7
十二星座	牡牛座、天秤座、射手座
効果	強い体質、視覚化、人間関係の不和、脂肪の沈着、解毒、アルコール過剰摂取、肝臓の再生、マラリア、発熱、下垂体、副鼻腔、呼吸器系、片頭痛、細菌感染

　ビジョンの石であるアイオライトは、内なる知恵を刺激します。シャーマンの儀式において有用で、ジャーニーを助け、ソートフォーム（想念形態）を取り除きます。アイオライトは電荷を発生しており、これがオーラの場を再活性化し、オーラの調整を図ります。依存症や共依存の原因を解き放ち、周囲の期待に影響されない真の自己を表現します。

ブルーアベンチュリン（Blue Aventurine）

結晶系	三方晶系
化学組成	SiO_2（不純物を含む）
硬度	7
原産地	イタリア、ブラジル、中国、インド、ロシア、チベット、ネパール
チャクラ	第三の目、宝冠、過去世
十二星座	牡羊座
惑星	水星
効果	精神的癒し、男性性と女性性のエネルギーのバランスをとる、繁栄、リーダーシップ、決断力、同情、共感、創造性、どもり、重度神経症、胸腺、結合組織、神経系、血圧、代謝、コレステロール、動脈硬化、心臓発作、抗炎症、発疹、アレルギー、片頭痛、目、副腎、肺、副鼻腔、心臓、筋肉系や泌尿生殖器系

ブルーアベンチュリンの原石

　アベンチュリン（p97）の包括的な特性の他に、精神の強力な癒し作用があり、男性シャーマンのエネルギーを支援し、男女を問わず男性性を強化し、活力や積極性を高めます。

ブルーフローライト（Blue Fluorite）

結晶系	立方晶系
化学組成	CaF_2
硬度	4
原産地	米国、イングランド（英国）、メキシコ、カナダ、オーストラリア、ドイツ、ノルウェー、中国、ペルー、ブラジル
チャクラ	第三の目
十二星座	魚座
惑星	水星
効果	眼障害、鼻、耳、咽喉、バランス、協調、自信、内気、心配、センタリング、集中力、心身症、栄養の吸収、気管支炎、肺気腫、胸膜炎、肺炎、抗ウイルス、感染症、障害（疾患）、歯、細胞、骨、DNA損傷、皮膚と粘膜、呼吸器、風邪、インフルエンザ、副鼻腔炎、潰瘍、創傷、癒着、関節の可動化、関節炎、リウマチ、脊髄損傷、鎮痛、帯状疱疹、神経関連痛、斑点、皺、歯科処置、性欲、電磁波ストレス

ブルーフローライトのタンブル

　創造的で秩序だった思考や明確なコミュニケーションを強化するブルーフローライトは、脳の活動に厳密に集中することによってあなたのヒーリング能力の可能性を増幅し、霊的覚醒を誘発することが可能です。二重作用を有しており、肉体またはオーラに対し、必要に応じてエネルギーを鎮静化させたり活性化させたりします。カルマのパターンの再プログラミングに極めて有用であり、現世や過去世の魂の断片化を癒し、細胞記憶に働きかけるヒーリングを促進します。フローライト（p177）も参照。

母岩上のブルーフローライト

青色と藍色のクリスタル

カイアナイト（ディスシーン）
(Kyanite (Disthene))

結晶系	三斜晶系
化学組成	Al_2OSiO_4
硬度	5.5〜7
原産地	米国、ブラジル、スイス、オーストリア、イタリア、インド
チャクラ	喉のチャクラを開く、全チャクラのオーラを調整
数字	4
十二星座	牡羊座、牡牛座、天秤座
効果	非物質的能力、論理的思考や直線的思考、被害者意識、欲求不満、怒り、ストレス、断念、疼痛、器用さ、筋肉疾患、発熱、泌尿生殖器系、甲状腺と副甲状腺、副腎、咽喉、脳、血圧、感染症、過体重、小脳、運動反応、陰陽バランス、喉頭、かすれ声、運動神経

　同調と瞑想への優れた作用の他に、高周波エネルギーの強力な伝達作用と増幅作用を有します。カイアナイトは浄化を全く必要としません。因果関係に注目し、盲目的運命や無慈悲なカルマといった考えを取り除き、あなたが現在経験していることは過去の行動からあなたが自ら作り出したのだということを示します。アセンションのプロセスを促進し、ライトボディ（light body）を物理的世界へ導き、高次の心を多次元の周波数に接続します。カイアナイトはあなたの真のアイデンティティと満足できる天職を指し示します。スピリットガイドと結び付いて思いやりの心をもたらし、霊的成熟を促進します。夢の思い出しを助け、ドリームヒーリングを促進します。死からの移行を遂げようとしている人々に有用です。カイアナイトは経絡の障害を取り去り、肉体とその器官に気を回復させ、生体磁場を安定化させます。カイアナイトは自己の真実を語ることを促し、恐れや閉塞、無知を切り開き、霊的真実および心理的真実を受け入れます。混乱を切り抜け、閉塞や錯覚、怒りを消散させ、欲求不満やストレスを解放します。

天然のカイアナイトのワンド

クリスタラインカイアナイト
(Crystalline Kyanite)

結晶系	三斜晶系
化学組成	Al_2OSiO_4
硬度	5.5〜7
原産地	米国、ブラジル、スイス、オーストリア、イタリア、インド
チャクラ	上部チャクラ
数字	2
十二星座	牡羊座、牡牛座、天秤座
効果	卵巣痛や排卵痛、非物質的能力

　カイアナイト（上記）の包括的な特性を有する他に、クリスタラインカイアナイトはあらゆる種類の関係を結ぶのに適した石で、持続する関係のための障害除去を助ける有用な石でもあります。極めて軽快で高速のバイブレーションを有しており、これがあなたを人生の道程と真の使命へと結びつけます。

注：クリスタラインカイアナイトは高バイブレーションの石です。

クリスタラインカイアナイトのタンプル

ラリマー（ペクトライト）(Larimar (Pectolite))

結晶系	三斜晶系
化学組成	$NaCa_2Si_3O_8(OH)$
硬度	5
原産地	ドミニカ、バハマ
チャクラ	喉、心臓、第三の目、太陽神経叢、宝冠
数字	6、55
十二星座	獅子座
効果	胸部のエネルギー閉塞、頭頚部の疼痛、エネルギーの自由な流れ、冷え、平静、苦難、罪悪感、恐怖、セルフヒーリング、双極性障害、軟骨、咽喉症状、関節の収縮、動脈閉塞

　魅力的なラリマーは養育的性質が強く、特に長時間のスピリチュアルワークの後など、あなたが力を回復するのにあわせて愛を放射し、身体と魂を新たなバイブレーションに調和させます。深い瞑想状態を楽々ともたらし、真の道を進む魂を導きます。この石は自己破壊的な行動や自らに課した縁、不当な重荷を解除し、付着霊を取り除きます。ストレス状態や避けられない変化をくぐり抜けようとする時に内なる知恵と顕現の力を覚醒させ、困難に平静に対処できるようにします。ラリマーはあなたにソウルメイトを引き寄せ、人間関係のカルマすなわち心のカルマを癒します。極端な感情に対する解毒作用があり、楽しい子供のようなエネルギーと再接続します。創造性を刺激し、流れに任せて進むことを促し、落ち着きと均衡をもたらします。この石は大地の女神のエネルギーと接続し、女性が生来の女性性に再び同調し、自然との結び付きを回復することを助けます。ジオパシックストレスや閉塞を消散させるラリマーは地球の進化と癒しに優れた効果があります。リフレクソロジーのツールとして、ラリマーは不調（dis-ease）の部位を正確に示し、経絡の障害を取り除きます。

注：ラリマーは高バイブレーションの石です。

ラリマーのタンブル

ラズーライト (Lazulite)

結晶系	単斜晶系
化学組成	$MgAl_2(PO_4)_2(OH)_2$
硬度	5〜6
原産地	ブラジル、オーストリア、スイス、米国、カナダ
数字	7
十二星座	双子座、射手座
効果	日光過敏症、細胞記憶に働きかけるヒーリング、免疫系、骨折、甲状腺、下垂体、リンパ系、肝臓

　青色を意味するペルシャ語*lazhward*にちなんで名付けられたラズーライトは、他の多くの青色の石と同様にしばしば「天国の石」と呼ばれ、宇宙の純粋なエネルギーを引き寄せる働きをします。直観を開き、深い瞑想状態をもたらすことによって、神と強固に結び付いた落ち着いた内的存在を作り出し、バランスや宇宙の調整を促進します。自信と自尊心を強化し、根底にある問題に対し直観的解決策を示し、特に依存の裏にある理由が前世にある場合は発見を助け、より多くのものに対する欲望を切り離すのを助けます。

ラズーライトの原石

青色と藍色のクリスタル

スキャポライト（Scapolite）

結晶系	正方晶系
化学組成	(Na, Ca)$_4$(Si, Al)$_{12}$O$_{24}$(Cl, CO$_3$, SO$_4$)
硬度	5～5.5
原産地	マダガスカル、米国、ノルウェー、イタリア
チャクラ	第三の目
数字	1
十二星座	牡牛座
効果	読字障害、瞑想、術後の回復、カルシウムの吸収、静脈瘤、目、白内障、緑内障、骨疾患、肩部、読字障害、失禁

　落ち着きや冷静さを持ったブルースキャポライトは、独立能力を刺激して目標を設定し、いかなる状況においてにも何が必要とされているかを知る明確性をもたらします。意識的な変化や左脳の閉塞の除去を望む場合に適した石で、分析力を高め、変容を促進します。回復期や術後の治癒に特に有用です。古い情緒的トラウマの影響を取り除いて精妙体から廃除し、感情の青写真を再プログラミングします。エネルギーの閉塞や特に脚部や血管など肉体の沈着物の解放を促進します。スキャポライトは自己破壊や犠牲を克服します。

研磨したスキャポライトのスライス

ジラソル（ブルーオパール）（Girasol (Blue Opal)）

結晶系	非結晶質
化学組成	SiO$_2$・nH$_2$O（不純物を含む）
硬度	5.5～6.5
原産地	オーストラリア、ブラジル、米国、タンザニア、アイスランド、メキシコ、ペルー、英国、カナダ、ホンジュラス、スロバキア
チャクラ	第三の目
数字	3、9
十二星座	牡牛座
効果	パニック、恐怖症、自信、創造性、鉄の吸収、視力、脱毛、代謝、疲労、リンパ節、生きる意欲の強化、直観、女性ホルモン、更年期、パーキンソン病、感染症、自尊心、発熱、記憶力、血液と腎臓の浄化、インスリンの調節

　ジラソルの青い色合いはアルミニウムに由来しています。オパール（p254）の包括的な特性を有する他に、このビジョンの石は、特に現在の困難がこれまで表明されてこなかった原因によるものである場合に、それに対する解決策を明らかにします。隠された感情やうっかり受け取ってしまった霊的影響を明らかにし、不満の深層原因の認識を助け、霊的境界を強化します。この石は魂の間のつながりを識別し、これらが持つ潜在力を最大化する方法を示します。情緒を落ち着かせ、情緒的欲求の満足を促進し、あなたの霊的目的を再調整します。過去世の経験や負傷が現世に影響を及ぼしている場合に有用で、細胞記憶やエーテル体の青写真を再プログラミングして、肉体の症状を解除可能とします。創造性の刺激に適した石で、ワークや瞑想に適した静かな空間をもたらします。

ブルーアラゴナイト（Blue Aragonite）

結晶系	斜方晶系
化学組成	$CaCO_3$（不純物を含む）
硬度	3.5〜4
原産地	アリゾナ（米国）、ナミビア、英国、スペイン、ニューメキシコ（米国）、モロッコ
チャクラ	第三の目、喉、心臓
数字	9
十二星座	山羊座
効果	忍耐、情緒的ストレス、怒り、信頼性、受容、柔軟性、忍耐、疼痛（特に下背部）、グラウンディング、創傷治癒、レイノー病、悪寒、骨、カルシウムの吸収、椎間板の弾力性、夜間の痙攣、筋痙攣、免疫系、プロセスの調節

　エネルギーの伝達作用が強力で、霊的コミュニケーションを高めてグラウンディングさせます。美しい青色は、金星を象徴する金属である銅に由来しています。あなたの霊的ツインフレームを引き寄せるようにプログラミングすることが可能です。アラゴナイト（p190）の包括的な特性を有する他に、この石はあなたの感情を高揚させ、あなたが現在遭遇しているあらゆる問題の根源を探すのを助け、楽観主義をもたらし、それを成長のチャンスに同調させます。すべての精妙体を浄化して肉体と調整し、陰陽エネルギーのバランスをとって健康や幸福を最適レベルに導きます。

注：ブルーアラゴナイトは染色されている可能性があります。

ブルーアラゴナイトの原石

ブルーカルセドニー（Blue Chalcedony）

結晶系	三方晶系
化学組成	SiO_2
硬度	7
原産地	米国、オーストリア、チェコ、スロバキア、アイスランド、イングランド、メキシコ、ニュージーランド、トルコ、ロシア、ブラジル、モロッコ
十二星座	蟹座、山羊座
惑星	月
効果	乳汁分泌、抑うつ、悪夢、粘膜の再生、プレッシャーが原因で生じた疾患、緑内障、免疫系、リンパ、浮腫、抗炎症、高熱、血圧、肺、喫煙の影響、糖尿病、寛大、敵意、訴訟、悪夢、暗闇に対する恐怖、ヒステリー、否定的思考、起伏の激しい感情、母性本能、ミネラルの吸収、血管のミネラル沈着、認知症、老齢、ホリスティックな癒し、目、骨

研磨したブルーカルセドニー

ブルーカルセドニーの原石

　伝統的に天候魔術に用いられてきたブルーカルセドニーは、天候や気圧の変化に関連した疾患を解消する効果に優れています。呪文や化身をはじめとするサイキックアタックを撃退し、政治的不安下では保護作用を発揮します。カルセドニー（p247）の包括的な特性を有する他に、創造的なブルーカルセドニーは、新たな刺激の需要を促進し、自己認識を改善します。心を開き、新たな言語の学習能力を刺激し、記憶力や新たな発想の吸収を改善します。精神的な柔軟性と言語面の器用さをもたらし、聞くスキルを強化します。また、快活さや楽天的に前を見る力をもたらします。

青色と藍色のクリスタル

アバロナイト（ドルージー・ブルー・カルセドニー）
(Avalonite (Drusy Blue Chalcedony))

結晶系	三方晶系
化学組成	SiO_2
硬度	7
原産地	米国、オーストリア、チェコ、スロバキア、アイスランド、イングランド（英国）、メキシコ、ニュージーランド、トルコ、ロシア、ブラジル、モロッコ
チャクラ	仙骨のチャクラと心臓、額、過去世のチャクラを連結
数字	9
十二星座	蟹座、射手座、山羊座
惑星	月
効果	天候や気圧変化に対する過敏、愛、知恵、喜び、母乳分泌、抑うつ、悪夢、粘膜の再生、免疫系、リンパ、浮腫

ジオードの中心に見えるのがアバロナイト

　カルセドニー（p247）とブルーカルセドニー（p155）の包括的な特性を有する他に、アバロナイトは妖精の話や伝説が生きている神話の世界にアクセスして、神話の創造的な書き換えを促進する働きをします。妖精や小人、デーヴァと接触し、古代の魔術へと結び付けます。アバロナイトの輪郭は、非物質的意識を開き、視覚化を強化します。あなたの内面の賢女と接触したり、巫女の化身を探すには、この石を見つめてください。この石は、特に、新たな状況に直面した際に実用的な知恵や心の平静を強化します。愛することや失敗を恐れる人に最適な石で、心を開き、あなたの真の完全な自己を発見し、あなたは決して1人ではないことの再認識を助けます。あなたの中心にある情緒的、精神的、霊的な知恵を調和させるために用いてください。

注：アバロナイトは高バイブレーションの石です。

ブルーハウライト (Blue Howlite)

結晶系	単斜晶系
化学組成	（処理石）
硬度	3.5
原産地	米国
チャクラ	第三の目
数字	2
十二星座	双子座
効果	起伏の激しい感情、憤怒、忍耐、利己的、前向きな性格、記憶力、不眠、カルシウムレベル、歯、骨、軟組織

ブルーハウライトのタンブル

　人工的に着色された石であるブルーハウライトは、ハウライト（p115）の包括的な特性を有する他に、夢の思い出しを促進し、その夢が示している洞察へとアクセスします。

ブルーレース・アゲート (Blue Lace Agate)

結晶系	三方晶系
化学組成	SiO_2（内包物を伴う）
硬度	6
原産地	米国、インド、モロッコ、チェコ、ブラジル、アフリカ
チャクラ	喉、第三の目、心臓、宝冠
十二星座	双子座、魚座
惑星	水星
効果	養育、自己表現の疎外が原因で生じた肩部や頸部の症状、甲状腺機能障害、咽喉やリンパの感染症、怒りを原因とする感染症、炎症、発熱、神経系の閉塞、関節炎による変形、骨の変形、骨格系、骨折、毛細血管、膵臓、情緒的トラウマ、自信、集中力、知覚、分析力、オーラの安定化、負のエネルギーの変容、情緒の不調 (dis-ease)、消化作用、胃炎、目、胃、子宮、膵臓、血管、皮膚疾患 エリキシルとして脳液のバランス異常や水頭症

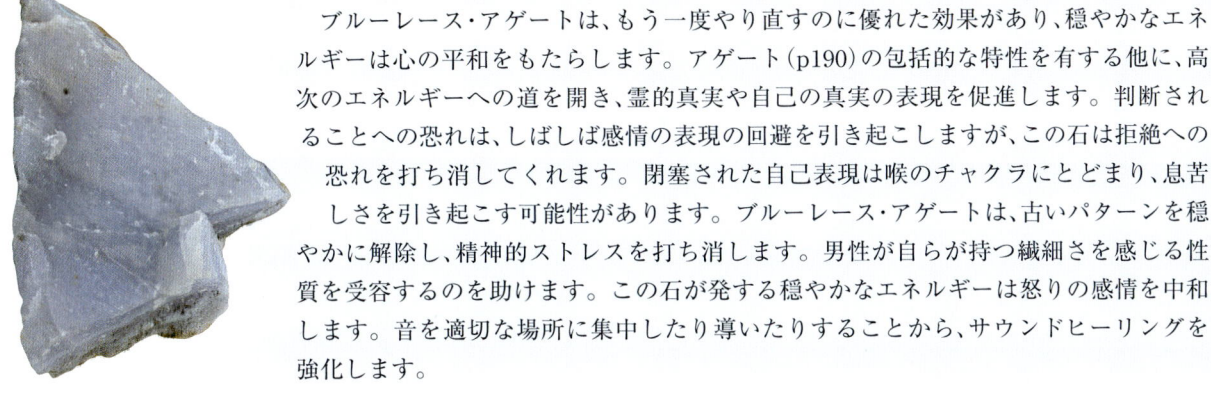

ブルーレース・アゲートは、もう一度やり直すのに優れた効果があり、穏やかなエネルギーは心の平和をもたらします。アゲート (p190) の包括的な特性を有する他に、高次のエネルギーへの道を開き、霊的真実や自己の真実の表現を促進します。判断されることへの恐れは、しばしば感情の表現の回避を引き起こしますが、この石は拒絶への恐れを打ち消してくれます。閉塞された自己表現は喉のチャクラにとどまり、息苦しさを引き起こす可能性があります。ブルーレース・アゲートは、古いパターンを穏やかに解除し、精神的ストレスを打ち消します。男性が自らが持つ繊細さを感じる性質を受容するのを助けます。この石が発する穏やかなエネルギーは怒りの感情を中和します。音を適切な場所に集中したり導いたりすることから、サウンドヒーリングを強化します。

ブルーレース・アゲートのタンブル

ブルーレース・アゲートの原石

ブルーアゲート (Blue Agate)

結晶系	三方晶系
化学組成	SiO_2（内包物を伴う）（染色されている可能性有り）
硬度	6
原産地	米国、インド、モロッコ、チェコ、ブラジル、アフリカ
チャクラ	第三の目
十二星座	双子座
惑星	水星
効果	情緒的トラウマ、自信、集中力、知覚、分析力、オーラの安定化、負のエネルギーの変容、情緒の不調 (dis-ease)、消化作用、胃炎、目、胃、子宮、リンパ系、膵臓、血管、皮膚疾患

ブルーアゲートは、アゲート (p190) の包括的な特性を有する他に、家族の中に調和と平和を誘発することから頻繁に争いが起こる家族に有用です。

ブルーアゲートのタンブル

青色と藍色のクリスタル

コーベライト (Covellite)

結晶系	六方晶系
化学組成	CuS
硬度	1〜1.5
原産地	イタリア、米国、ドイツ、サルジニア（イタリア）、ウェールズ（英国）
チャクラ	第三の目、仙骨、太陽神経叢
数字	4、7
十二星座	射手座
効果	コミュニケーション、創造性、再生、セクシュアリティ、解毒、放射線誘発疾患、落胆、不安、誕生、再生、消化、癌、耳、目、鼻、口、副鼻腔、咽喉

　発見者であるイタリアの鉱物学者コベッリ（N. Covelli）にちなんで名づけられたコーベライトは、細胞へのエネルギーの流れを促進し、解毒や停滞したエネルギーの除去を行います。高次の自己と結びつき、夢を現実に変え、非物質的な能力を刺激します。内省的な特性を持つこの石は、過去および当時あなたが手に入れた知恵への扉を開き、特に他世において植えつけられた信念など、あなたを抑制しているあらゆるものを解放します。コーベライトは、身体、精神、霊性を調和させ、虚栄や傲慢を排除しつつ、自己を無条件に愛することを促進します。無防備さを感じたり、他者から容易に刺激を受けすぎると感じる人に有用な石です。コーベライトは不満を克服し、人生に対する満足感をもたらします。精神面では、合理的な分析思考や意志決定プロセスを促進します。また、身体を放射線から守ります。

コーベライトのタンブル

ブルージェイド (Blue Jade)

結晶系	単斜晶系
化学組成	$NaAlSi_2O_6$
硬度	6
原産地	米国、中国、イタリア、ミャンマー、ロシア、中東
チャクラ	第三の目
十二星座	牡牛座
惑星	金星
効果	長寿、自己充足、解毒、ろ過、排泄、腎臓、副腎、細胞系や骨格系、縫合、妊孕性、出産、腰部、脾臓、水-塩-酸-アルカリ比

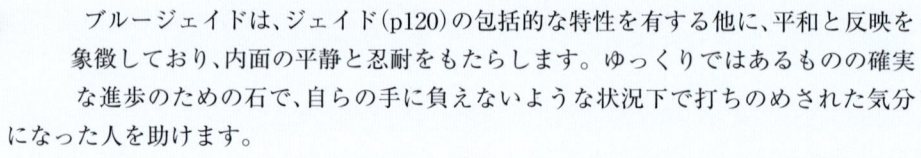

　ブルージェイドは、ジェイド（p120）の包括的な特性を有する他に、平和と反映を象徴しており、内面の平静と忍耐をもたらします。ゆっくりではあるものの確実な進歩のための石で、自らの手に負えないような状況下で打ちのめされた気分になった人を助けます。

ブルージェイドのタンブル

ラピスラズリ(Lapis Lazuli)

結晶系	立方晶系
化学組成	$(Na, Ca)_{7-8}(Al, Si)_{12}O_{24}[SO_4, Cl_2, (OH)_2, S]$
硬度	5〜6
原産地	ロシア、アフガニスタン、チリ、イタリア、米国、中東
チャクラ	喉、第三の目、宝冠
数字	3
十二星座	射手座
惑星	金星
効果	客観性、明瞭性、ストレス、自己認識、自己表現、不安、女性ホルモン、更年期、PMS（月経前症候群）、免疫系、不眠、疼痛、片頭痛、抑うつ、呼吸器系や神経系、咽喉、喉頭、甲状腺、臓器、骨髄、胸腺、聴力低下、血液、めまい、血圧

研磨したラピスラズリ

　ラピスラズリという名称はペルシャ語で青色を意味する*lazuward*に由来しています。何千年にもわたって珍重されてきたラピスラズリは、この石が魂を不死に導き、愛に対して心を開くと考えられていた古代エジプトで好まれた石の1つでした。王家の石であったラピスラズリは、内部に神の魂を有すると言われていました。特に優れた非物質的能力を有する石として、ラピスラズリは霊的達成への鍵となるものの1つです。ドリームワークや非物質的能力を強化し、スピリチュアルジャーニーを促進し、個人の力や霊的な力を刺激します。極めて深い安らぎを持った石で、保護作用があります。サイキックアタックを警戒し、その発生源へエネルギーを戻します。発せられた言葉の力を明らかにし、呪いやはっきり述べなかったことによって生じた不調（dis-ease）を逆転させることができます。身体、感情、精神、霊性を調和させ、内面的かつ深層的な自己認識および多次元的細胞ヒーリングをもたらします。思考の強力な増幅作用があり、高次の精神的能力を刺激し、創造性を促進します。この石は、積極的な傾聴の重要性を教え、真実との直面やその教えの受容を助けます。自己の意見を表現することを促し、対立を調和させ、人生に責任を持つことを助けます。抑圧された怒りが咽喉の不調を引き起こしている場合はこれを解除します。この石は、人格に誠実さや思いやり、高潔さをもたらします。愛情や友情の絆の石でもあり、苦難や残虐さ、苦痛、自発的な苦行、精神的隷属を解消します。

注：ラピスラズリは高バイブレーションの石です。

ラピスラズリの原石

サファイア（Sapphire）

結晶系	六方晶系
化学組成	Al_2O_3
硬度	9
原産地	ミャンマー、チェコ、ブラジル、ケニア、インド、オーストラリア、スリランカ、カナダ、タイ、マダガスカル
チャクラ	喉（「色」を参照）
数字	2（色により異なる）
十二星座	乙女座、天秤座、射手座（色により異なる）
惑星	月、土星
効果	平静、心の平和、集中力、多次元的細胞ヒーリング、身体系の活動亢進、腺、目、ストレス、血管疾患、過剰出血、静脈、弾力性

　土星への親愛を意味するサンスクリット語 *sanipriya* にちなんで名付けられたサファイアは、アーユルヴェーダのヒーリングで用いられる重要な宝石の1つです。西洋では、悪魔や災いを驚かせて追い払うために用いられました。伝統的に身体の右半身に身に付けられ、身に付ける人を投獄から守り、法的問題を支援すると言われていました。知恵の石として知られるサファイアは、精神に集中して心を落ち着かせ、好ましからざる思考や精神的緊張を解放します。抑うつや霊的混乱を軽減し、繁栄やあらゆる種類の恵みを引き寄せます。咽喉の上に置くと欲求不満を解放し、自己表現を助けます。

インディゴサファイア（Indigo Sapphire）

結晶系	六方晶系
化学組成	Al_2O_3
硬度	9
原産地	ミャンマー、チェコ、ブラジル、ケニア、インド、オーストラリア、スリランカ、カナダ、タイ、マダガスカル
チャクラ	第三の目のチャクラと関連、全チャクラを浄化
十二星座	射手座
惑星	月、土星
効果	読字障害、脳、平静、心の平和、集中力、多次元的細胞ヒーリング、身体系の活動亢進、腺、目、ストレス

　サファイア（上記）の包括的な特性を有する他に、真実にアクセスして直観を促進し、自分自身の考えや感情に責任を負うのを助けます。

ファセットカットしたサファイア

ファセットカットしたサファイア

ブルーサファイア（Blue Sapphire）

結晶系	六方晶系
化学組成	Al_2O_3
硬度	9
原産地	ミャンマー、チェコ、ブラジル、ケニア、インド、オーストラリア、スリランカ、カナダ、タイ、マダガスカル
チャクラ	全チャクラ（特に喉、大地）
十二星座	双子座
惑星	月、土星
効果	甲状腺、平静、心の平和、集中力、多次元的細胞ヒーリング、身体系の活動亢進、腺、目、ストレス、血管疾患、過剰出血、静脈、弾力性

成形したサファイア

ブルーサファイアの原石

　ブルーサファイアは、サファイア（p160）の包括的な特性を有する他に、霊的真実を求める石でもあり、伝統的に愛と純粋性に関連付けられてきました。この穏やかな石は、あなたが霊的な道にとどまるのを助け、ネガティブなエネルギーを変換させるシャーマンの儀式で用いられます。アースヒーリングやチャクラヒーリングに極めて有効で、甲状腺を刺激し、自己を表現し自己の真実を語ることを促進します。

ロイヤル・ブルー・サファイア（Royal Blue Sapphire）

結晶系	六方晶系
化学組成	Al_2O_3
硬度	9
原産地	ミャンマー、チェコ、ブラジル、ケニア、インド、オーストラリア、スリランカ、カナダ、タイ、マダガスカル
チャクラ	全チャクラ（特に第三の目と額）
十二星座	天秤座
惑星	月、土星
効果	脳障害、読字障害、平静、心の平和、集中力、多次元的細胞ヒーリング、身体系の活動亢進、腺、目、ストレス

　サファイア（p160）の包括的な特性を有する他に、ロイヤルサファイアはチャクラの負のエネルギーを取り除き、第三の目を刺激して成長のための情報にアクセスします。この石は自己の思考や感情に対する責任を教えます。

ロイヤル・ブルー・サファイアの原石

青色と藍色のクリスタル

ソーダライト (Sodalite)

結晶系	立方晶系
化学組成	$Na_4(Si_3Al_3)O_{12}Cl$
硬度	5.5～6
原産地	米国、カナダ、フランス、ブラジル、グリーンランド、ロシア、ミャンマー、ルーマニア、イタリア
チャクラ	喉
数字	4
十二星座	射手座
惑星	金星
効果	シックハウス症候群、電磁波ストレス、自尊心、パニック発作、恐怖症、罪悪感、自己受容、自信、精神錯乱、細胞記憶に働きかけるヒーリング、合理的思考、客観性、直感的認識、男性性と女性性のエネルギーのバランスをとる、液体の吸収、腺組織、神経終末、中枢神経系、代謝、カルシウム欠乏、かすれ声、消化器疾患、発熱、リンパ系、臓器、免疫系、放射線障害、不眠、咽喉、声帯、喉頭、血圧降下

　論理と直観を結び付けるソーダライトは、霊的知覚を開き、高次の心を物理レベルまで導きます。松果体と下垂体を刺激し、第三の目と調和させ、あなたが置かれた状況を理解するための瞑想を深めます。真実への欲求や理想主義への衝動をもたらし、あなたに対して誠実であることを促し、あなたの信念を擁護します。混乱や知的隷属を排除し、精神を条件づけている厳格な信念を解放して、新たな洞察を実践するための空間を作り出します。情緒のバランスをもたらし、受身や過敏な性格を変化させ、心の底にある恐れや支配メカニズムを取り除き、隠された長所を統合します。グループにとって有用な石で、調和や目的に向かう団結をもたらし、信頼や仲間関係を刺激して、相互依存関係を促進します。電磁波汚染を除去することから、コンピュータの上に置くことができます。

研磨したソーダライト

ソーダライトの原石

ブルースピネル (Blue Spinel)

結晶系	立方晶系
化学組成	$MgAl_2O_4$
硬度	7.5～8
原産地	スリランカ、ミャンマー、カナダ、米国、ブラジル、パキスタン、スウェーデン（合成石の可能性有り）
チャクラ	喉
十二星座	双子座
惑星	冥王星
効果	筋肉や神経の症状、血管

　スピネル（p260）の包括的な特性の他に、ブルースピネルにはコミュニケーションとチャネリングを刺激する作用もあります。性的欲求を落ち着かせます。

母岩上のブルースピネル

ダークブルー・スピネル（Dark-blue Spinel）

結晶系	立方晶系
化学組成	$MgAl_2O_4$
硬度	7.5〜8
原産地	スリランカ、ミャンマー、カナダ、米国、ブラジル、パキスタン、スウェーデン（合成石の可能性有り）
チャクラ	第三の目
数字	5
十二星座	射手座
惑星	冥王星
効果	筋肉や神経の症状、血管

天然の
ダークブルー・スピネル

　スピネル（p260）の包括的な特性を有する他に、ダークブルー・スピネルは、非物質的能力を強化してアストラルジャーニーを誘発します。

ブルー・トパーズ（Blue Topaz）

結晶系	斜方晶系
化学組成	$Al_2SiO_4F_2$（不純物を含む）
硬度	8
原産地	米国、ロシア、メキシコ、インド、オーストラリア、南アフリカ、スリランカ、パキスタン、ミャンマー、ドイツ
チャクラ	喉、第三の目
十二星座	射手座
惑星	太陽、木星
効果	咽喉、明敏、問題解決、誠実、寛容、自己実現、情緒的サポート、健康状態を示す、消化、食欲不振、味覚、神経、代謝、皮膚、視力（ビジョン）

　トパーズ（p87）の包括的な特性を有する他に、ブルートパーズは真実と知恵の天使と結び付き、第三の目と喉のチャクラを強化して思考や感情の言語化を助けます。瞑想や高次の自己との同調に優れた効果があり、あなたの望みにしたがった人生を歩むことを助け、あなたがこれまでしたがって生きてきた脚本を特定し、自己の真実から逸脱してしまった地点を認識することを助けます。この場合、許し、忘れることをブルートパーズが穏やかに手助けしてくれます。

研磨したブルートパーズ

青色と藍色のクリスタル　163

ブルーセレナイト（Blue Selenite）

結晶系	単斜晶系
化学組成	$CaSO_4 \cdot 2H_2O$
硬度	2
原産地	イングランド、米国、メキシコ、ロシア、オーストリア、ギリシャ、ポーランド、ドイツ、フランス、シチリア（イタリア）
チャクラ	第三の目、高次の宝冠
十二星座	牡牛座
惑星	月
効果	洞察、脊柱の調整、柔軟性、てんかん、歯科用アマルガムによる水銀中毒、活性酸素、母乳授乳 素晴らしいヒーリング効果がエネルギーレベルで生じる

　ブルーセレナイト（p257も参照）は、知性の働きを静め、瞑想の間の心の遮断を促進します。また、問題の核心をすばやく明らかにする働きがあります。

注：ブルーセレナイトは高バイブレーションの石です。

天然のブルーセレナイト

ブルージャスパー（Blue Jasper）

結晶系	三方晶系
化学組成	SiO_2（不純物を含む）
硬度	7
原産地	世界各地
チャクラ	喉、第三の目、仙骨
効果	変性疾患、ミネラル欠乏、電磁波汚染や環境汚染、放射線、ストレス、長期疾患や長期入院、血液循環、消化器や生殖器、体内のミネラル量のバランスをとる

　ブルージャスパー（p45も参照）はあなたを霊的世界へ結びつけます。仙骨や心臓のチャクラの上にこの石を置くと、アストラルジャーニーが促進されます。陰陽エネルギーのバランスをとり、オーラを安定化させ、断食中はエネルギーを維持します。

ブルージャスパーのタンブル

ブルー・タイガーアイ（Blue Tiger's Eye）

結晶系	三方晶系
化学組成	$NaFe(SiO_3)_2$（不純物を含む）
硬度	4〜7
原産地	米国、メキシコ、インド、オーストラリア、南アフリカ
チャクラ	第三の目
十二星座	獅子座、山羊座
惑星	太陽
効果	代謝改善、右脳と左脳の統合、知覚、内部対立、プライド、強情、情緒バランス、陰陽、疲労、血友病、肝炎、単核球症、抑うつ、目、暗視力、咽喉、生殖器、収縮、骨折

ブルー・タイガーアイのタンブル

　鎮静化作用とストレス解放作用を有するブルータイガーアイ（p206も参照）は、過度な心配症の人や短気な人、恐怖症に苦しむ人を助けます。代謝速度を遅くして、過度な性衝動を静め、性的欲求不満を解消します。

ブルーオブシディアン(Blue Obsidian)

結晶系	非結晶質
化学組成	SiO_2(不純物を含む)
硬度	5〜5.5
原産地	メキシコ、火山地域(人工物の可能性有り)
チャクラ	第三の目、喉
十二星座	水瓶座
惑星	土星
効果	疼痛、言語障害、眼疾患、アルツハイマー病、統合失調症、多重人格障害、同情、体力、解毒、閉塞、前立腺肥大

　オブシディアン(p214)の包括的な特性を有する他に、ブルーオブシディアンはアストラルジャーニーを助け、予言を促進し、テレパシーを強化して、ヒーリングエネルギーを受け取るためにオーラを開きます。この石はコミュニケーションスキルをサポートします。

エレクトリックブルー・オブシディアン(Electric-blue Obsidian)

結晶系	非結晶質
化学組成	SiO_2(不純物を含む)
硬度	5〜5.5
原産地	メキシコ、火山地域(人工物の可能性有り)
チャクラ	第三の目、宝冠
数字	1
十二星座	水瓶座
惑星	土星
効果	ラジオニクス治療、脊椎の誤った調整、脊椎損傷、循環器疾患、成長、痙攣性疾患、解毒、閉塞、目の治療(エリキシルとして)

　直観の石であるエレクトリックブルー・オブシディアンは、第三の目を開き、予言やトランス状態、シャーマンのジャーニー、非物質的コミュニケーション、過去世への回帰を助けます。オブシディアン(p214)の包括的な特性を有する他に、問題の根源にアクセスし、エネルギーの場のバランスをとります。患者の受容性を高めることから、ダウジングの振り子として利用すると効果的です。

その他の青色と藍色の石

アパタイト(p133)、バライト(p244)、ベリル(p81)、ブルースミソナイト(p138)、ボジストーン(p191)、クリソコーラ(p137)、ダイヤモンド(p248)、ファイアーアゲート(p63)、アイドクレース(p116)、モスアゲート(p101)、オニキス(p219)、パイロリューサイト(p224)、シャッタカイト(p132)、ビビアナイト(p116)、ワーベライト(p123)、ゼオライト(p261)、ゾイサイト(p56)

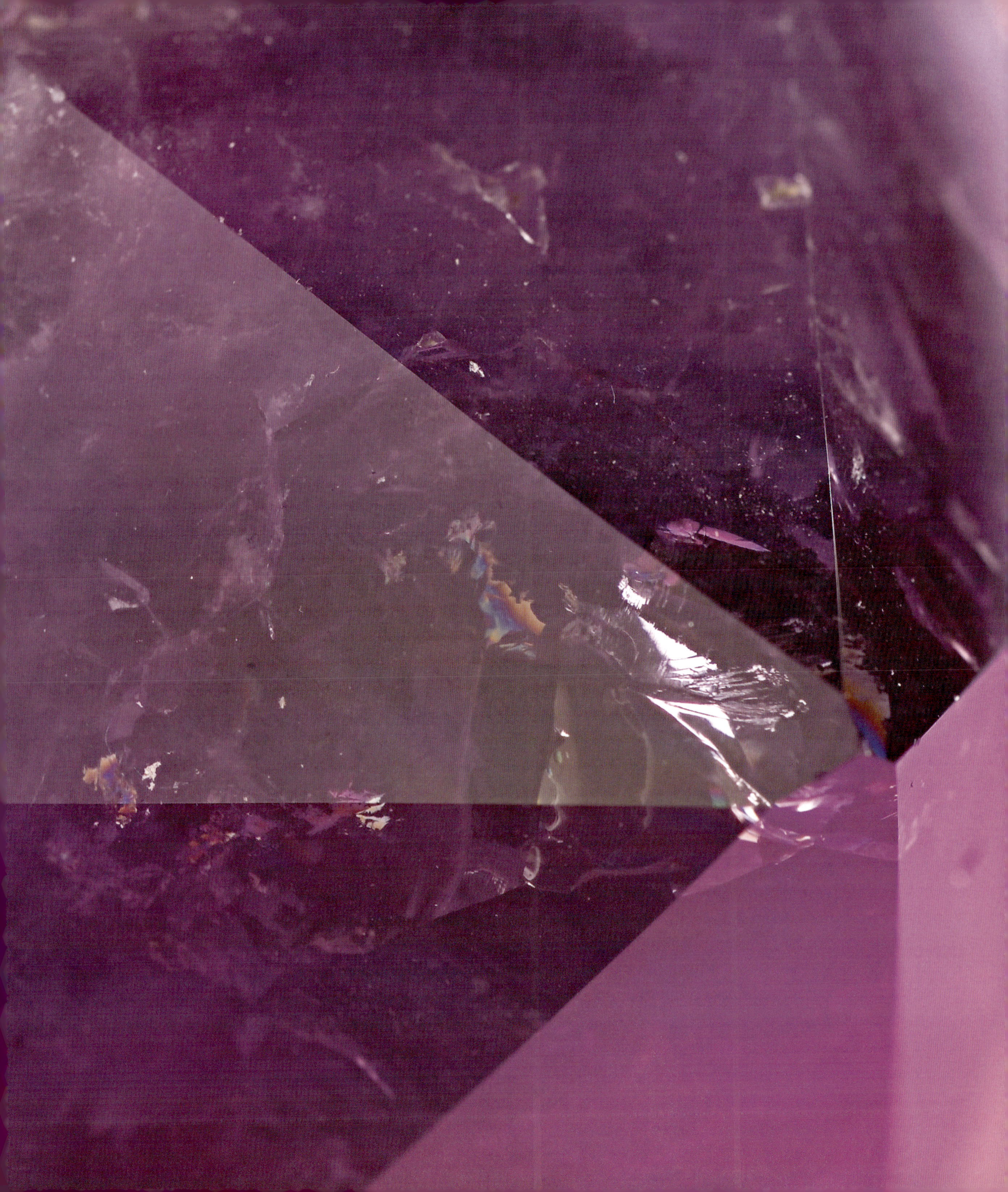

紫色、ラベンダー色、すみれ色のクリスタル

紫色の石は、宝冠のチャクラと高次の宝冠のチャクラ、木星、多次元の現実に共鳴し、霊的なエネルギーを肉体レベルに取り込み、他者への奉仕を促します。ラベンダー色とすみれ色の石は、より軽く、細やかなバイブレーションを持ち、このバイブレーションは最高次の意識状態に結び付きます。

アメジスト（Amethyst）

結晶系	三方晶系
化学組成	SiO_2（鉄を含む）
硬度	7
原産地	世界各地
チャクラ	第三の目、額、宝冠、高次の宝冠
数字	3
十二星座	水瓶座、魚座
惑星	木星、海王星
効果	肉体的・感情的・精神的な苦痛、意思決定、繰り返し見る悪夢、ジオパシックストレス、盗難防止、怒り、逆上、恐怖、不安、悲嘆、神経伝達、夢、アルコール依存症、ホルモン産生、内分泌系、代謝、浄化器官と排泄器官、免疫系、血液、頭痛、打ち身、外傷、腫張、火傷、聴覚障害、肺、気管、皮膚症状、細胞障害、消化管、腸内細菌叢の調整、寄生虫駆除、水分の再吸収、不眠、偏執症や統合失調症以外の精神医学的症状

アメジストのポイント

　アメジストは「酒に酔わない」という意味のギリシャ語に由来した名前を持ち、酩酊を防ぐ目的で身につけられていました。神聖なるものの愛を高め、無私の心と霊的な叡智をもたらします。多次元の気づきを開き、非物質的能力を強めるため、瞑想と水晶占いに最適です。眠る時に使えば、幽体離脱体験を促し、夢を覚えていられるようにします。また視覚化を助けます。サイキックアタックを寄せつけず、愛に変えます。自然を安定させる働きがあり、ジオパシックストレスやネガティブな環境エネルギーを遮ります。肉体、精神体、情緒体を調和させ、それらを霊性体と結びつけ、オーラを浄化します。死による移行を遂げようとする人の役に立ち、喪失感にうまく対処できるようにします。

　のめりこみすぎるのを抑える効果があり、様々な依存症の克服を助けます。心に働きかけ、必要に応じて鎮静または刺激を行います。集中力をもたらして、新しい考えを取り入れやすくし、原因と結果を結びつけます。記憶力とやる気を高めます。感情の起伏のバランスをとります。

アメジストのクラスター

ベラクルスアメジスト（Vera Cruz Amethyst）

結晶系	三方晶系
化学組成	SiO_2（不純物を含む）
硬度	7
原産地	メキシコ
チャクラ	第三の目、額、宝冠、高次の宝冠
数字	3
十二星座	魚座
惑星	木星、海王星
効果	非物質的能力、脳機能、多次元的ヒーリング 物質レベルを超えた高次のエネルギーレベルで働く

　アメジスト（p168）の包括的な特性を有する他に、極めて高次の波動をもつ石です。即座にベータ波状態にすると言われ、瞑想とジャーニーを促します。

注：ベラクルスアメジストは高バイブレーションの石です。

ベラクルスアメジストのポイント

アメジスト・ファントムクォーツ（Amethyst Phantom Quartz）

結晶系	三方晶系
化学組成	SiO_2（内包物を伴う）
硬度	7
原産地	世界各地
チャクラ	過去世、宝冠、第三の目
十二星座	乙女座、山羊座、水瓶座、魚座
惑星	木星、海王星
効果	古い行動様式、聴覚障害、透聴、肉体的・感情的・精神的な苦痛、意思決定、繰り返し見る悪夢、ジオパシックストレス、怒り、逆上、恐怖、不安、悲嘆、神経伝達、夢、アルコール依存症、ホルモン産生、内分泌系、代謝、浄化器官と排泄器官、免疫系、頭痛、打ち身、外傷、腫張、火傷、肺、気管、皮膚症状、細胞障害、腸内細菌叢の調整、寄生虫駆除、水分の再吸収、不眠、偏執症や統合失調症以外の精神医学的症状

　瞑想で使えば、誕生前状態と現世の計画にアクセスし、現世におけるあなたの霊的課題の進捗状況の評価を助けます。アメジスト（p168）とファントム（p239）の包括的な特性を有する他に、多次元的な細胞ヒーリングをもたらします。

注：アメジスト・ファントムクォーツは高バイブレーションの石です。

ブランドバーグ・クォーツ・ポイント内部のアメジスト・ファントム

紫色、ラベンダー色、すみれ色のクリスタル

アメジスト・スピリットクォーツ
（Amethyst Spirit Quartz）

結晶系	三方晶系
化学組成	SiO_2（不純物を含む）
硬度	7
原産地	南アフリカ
チャクラ	高次の宝冠、額
数字	3
十二星座	水瓶座、魚座
惑星	木星、海王星
効果	アセンション、再生、自己寛容、忍耐、オーラの浄化と刺激、洞察力に富んだ夢、過去のリフレーミング、男性性と女性性の調和、陰陽

　同情心に満ちたこの石は、アメジスト（p168）とスピリットクォーツ（p237）の包括的な特性を有するだけでなく、他の状態への移行を助け、高次意識へと近づけます。死に瀕している人を遠隔的に助けるようにプログラミングできます。疾患の末期状態に特に有効で、その過程で計り知れない支えと慰めを与えます。フラワーエッセンスのキャリア（媒体）としても使え、カルマ、すなわち来世に持ち越せば害となる考え方や感情を穏やかに解消していきます。

注：アメジスト・スピリットクォーツは高バイブレーションの石です。

アメジスト・スピリットクォーツ

ブランドバーグ・アメジスト
（Brandenberg Amethyst）

結晶系	三方晶系
化学組成	SiO_2（内包物を伴う）
硬度	7
原産地	ナミビア、南アフリカ
チャクラ	第三の目、宝冠、高次の宝冠
十二星座	水瓶座、魚座
惑星	木星、海王星
効果	回復、自己免疫疾患、CFS（慢性疲労症候群）、重度の欠乏、細胞記憶に働きかける多次元的ヒーリング、大脳辺縁系　物理レベルを超えた部分で最良の働きをする

　地質学的にはまだ新しい石ですが、非常に古い魂と極めて高次の波動を持ちます。多次元的なスピリチュアルワークに大いに役立つ石で、インナー・ウィンドウやファントムによって、霊的なレベルをのぞいたり、行き来したりするのを助けます。生きとし生けるものすべてに無限の同情を発し、深い魂の癒しと許しをもたらします。アメジスト（p168）の包括的な特性を有する他に、病気や事故からの回復を早め、家の浄化にも最適です。スモーキーブランドバーグは他からの注入、執着心、憑霊や、精神に及ぼす影響を取り除くのに最適な道具となります。また、変容や移行にも適しています。

注：ブランドバーグ・アメジストは高バイブレーションの石です。

ブランドバーグ・アメジスト

アメジストエレスチャル（Amethyst Elestial）

結晶系	三方晶系
化学組成	SiO_2（鉄を含む）
硬度	7
原産地	世界各地
チャクラ	高次の宝冠とその上のチャクラ
十二星座	水瓶座、魚座
惑星	木星、海王星
効果	肉体的・感情的・精神的な苦痛、意思決定、繰り返し見る悪夢、ジオパシックストレス、盗難防止、怒り、逆上、恐怖、不安、悲嘆、神経伝達、夢、アルコール依存症、ホルモン産生、内分泌系、代謝、浄化器官と排泄器官、免疫系、血液、頭痛、打ち身、外傷、腫張、火傷、聴覚障害、肺、気管、皮膚症状、細胞障害、消化管、腸内細菌叢の調整、寄生虫駆除、水分の再吸収、不眠、偏執症や統合失調症以外の精神医学的症状

　極めて強力なヒーリング・コンビネーションであるこの石は、松果体を刺激し、特に高次のチャクラを活性化します。また、惑星間の生命、ガイド、ヘルパーとのつながりを開きます。アメジスト（p168）とエレスチャル（p233）の包括的な特性を有する他に、ネガティブなエネルギーを追い払い、安心と平静をもたらします。エレスチャルの中でも多次元的な細胞ヒーリングや右脳と左脳の統合を助けるのに最適で、薬物やアルコールの影響を改善します。

注：アメジストエレスチャルは高バイブレーションの石です。

成形された
アメジストエレスチャルの
ポイント

スモーキーアメジスト（Smoky Amethyst）

結晶系	三方晶系
化学組成	SiO_2（鉄、アルミニウム、リチウムを含む）
硬度	7
原産地	世界各地
チャクラ	第三の目
十二星座	乙女座、蠍座、射手座、山羊座、水瓶座、魚座
惑星	木星、海王星、冥王星
効果	悪夢、ストレス、ジオパシックストレス、放射線被曝、精神的苦痛、保護、悲嘆、神経伝達、アルコール依存症、ホルモン産生、内分泌系、代謝、浄化器官、免疫系

　アメジスト（p168）、スモーキークォーツ（p186）、ブランドバーグ・アメジスト（p170）の包括的な特性を有する他に、霊的なエネルギーを体に取り込んでグラウンディングを行い、最高次の霊的エネルギーとつながる助けにもなる石です。除霊の働きがあり、特に第三の目に用いると有効です。サイキックアタックや異界からの侵入を防ぎ、ネガティブなエネルギーをはねつけ、ポジティブな波動を取り込みます。ガイドや天使のヘルパーとコンタクトをとり、かつて霊的婚姻関係にあった者同士が高次の霊的なチャクラで密接に結びついている場合、その関係を解くのを助けます。サウンドヒーリングの力を増幅して導き、双方向のエネルギーの流れを生じさせます。

注：スモーキーアメジストは高バイブレーションの石です。

スモーキーアメジスト

紫色、ラベンダー色、すみれ色のクリスタル

ラベンダーアメジスト(Lavender Amethyst)

結晶系	三方晶系
化学組成	SiO_2（不純物を含む）
硬度	7
原産地	南アフリカ
チャクラ	高次の宝冠、喉
十二星座	水瓶座、魚座
惑星	木星、海王星
効果	肉体的・感情的・精神的な苦痛、意思決定、繰り返し見る悪夢、ジオパシックストレス、怒り、逆上、恐怖、不安、悲嘆、代謝、浄化器官と排泄器官、細胞障害

　アメジスト（p168）の包括的な特性を有する他に、極めて高次の波動を持ちます。ダブルターミネーティドのラベンダー色のクリスタルは、即座に脳波をベータ波状態にします。花状のものは、環境に光と愛をもたらします。

注：ラベンダーアメジストは高バイブレーションの石です。

ラベンダーアメジストのフラワー

アメジストハーキマー(Amethyst Herkimer)

結晶系	三方晶系
化学組成	SiO_2（不純物を含む）
硬度	7
原産地	ヒマラヤ山脈
チャクラ	第三の目、高次の心臓、高次の宝冠
数字	3
十二星座	魚座
惑星	木星、海王星
効果	内なるビジョン、テレパシー、ストレス、解毒、細胞記憶に働きかける多次元的ヒーリング、放射線に対する防御および放射線障害、ジオパシックストレスまたは電磁波汚染が原因の不眠、DNAの修復、細胞障害、代謝バランスの乱れ、現在に影響を及ぼしている過去世での負傷や不調（dis-ease）を思い出す、肉体的・感情的・精神的な苦痛

　アメジスト（p168）とハーキマーダイヤモンド（p241）の包括的な特性を有する他に、ハーキマーが第三の目を微調整します。強力な非物質的ツールとなり、どの世からも魂を回復させ、魂の核における深い癒しを促し、自我の様々な部分を統合します。転生の魂から現世の重荷を取り除き、その魂を他の魂の次元に合わせて調整し、霊の乗り物とすることで、深遠な霊的進化をもたらします。すべてのハーキマーと同じく、ジャーニーや瞑想の際に魂の強力な盾となります。また、どんなスピリチュアルワークやヒーリングワークを行う時もエネルギーをたくわえ、浄化します。ツインフレームやソウルメイトを引き寄せるプログラミングに最適です。

注：アメジストハーキマーは高バイブレーションの石です。

母岩上のアメジストハーキマー

アメトリン（Ametrine）

結晶系	三方晶系
化学組成	SiO_2（不純物を含む）
硬度	7
原産地	世界各地
チャクラ	第三の目、太陽神経叢
数字	4
十二星座	天秤座
惑星	木星、海王星、冥王星、太陽
効果	活力、慢性疾患、病因への洞察、肉体・情緒・精神のオーラの閉塞（ネガティブな感情によるプログラミングを含む）、血液の浄化と活性化、肉体の活性化、代謝、免疫系、自律神経系、肉体的成熟、DNAやRNAの安定化、酸素化、CFS（慢性疲労症候群）、焼灼感、胃の障害、潰瘍、疲労、無気力、緊張性頭痛、ストレスに関連した不調（dis-ease）、環境の影響への過敏、楽観主義、過去の忘却、自尊心、自信、集中力、恐怖、恐怖症、個性、動機、創造力、自己表現、悪夢、アルツハイマー病、かゆみ、男性ホルモン、解毒、排泄、活性化、回復、変性疾患、脾臓、膵臓、腎臓と膀胱の感染症、眼障害、血液循環、胸腺、甲状腺、神経、便秘、セルライト、疲労緩和、肉体的・感情的・精神的な苦痛、意思決定、繰り返し見る悪夢、ジオパシックストレス、盗難防止、怒り、逆上、不安、悲嘆、神経伝達、夢、アルコール依存症、内分泌系、代謝、浄化器官と排泄器官、打ち身、外傷、腫張、熱傷、聴覚障害、肺、気管、皮膚症状、細胞障害、消化管、腸内細菌叢の調整、寄生虫駆除、水分の再吸収、不眠、偏執症や統合失調症以外の精神医学的症状 エリキシルとして：月経障害、更年期、顔面潮紅、ホルモンバランスの回復

アメトリンのタンブル

　アメジスト（168p）とシトリン（p72）の包括的な特性を有する他に、物理の領域を高次意識に結びつけ、癒しと予知を促します。強い防御力で、ジャーニーの間の助けとなり、サイキックアタックへの防御にも特に効果があります。瞑想への集中を高めます。日々の現実を超越した心を高めて、高次の気づきとつながり、変容を促します。感情的苦痛の隠れた原因を知らしめます。物事の真相を解明する石で、手に持っていると、深層的な問題を表面化します。強力な浄化作用で、オーラからネガティブな要素を、身体からは毒素を追い払います。

　極めて強力なエネルギーに満ちた石で、創造力を刺激し、自分の人生をコントロールするのを助けます。明晰な頭脳をもたらし、認識と行動を調和させ、明らかな矛盾を克服します。楽観的な姿勢や、ストレスの多い外的影響に乱されない健康を促進し、集中力を高めます。熟考を助け、あらゆる可能性の探求を促します。他者を受け入れ、偏見をなくします。男性性と女性性のエネルギーを統合します。

ラベンダークォーツ (Lavender Quartz)

結晶系	三方晶系
化学組成	SiO_2（不純物を含む）
硬度	7
原産地	南アフリカ
チャクラ	心臓、喉、第三の目、高次の宝冠
十二星座	牡牛座、天秤座
惑星	金星
効果	心痛、情緒体ヒーリング、脳波と脳波周波数の不調、愛を引き寄せる、緊張緩和、トラウマの克服、性的バランスの乱れ、悲嘆、依存症、レイプの克服

　ローズクォーツ（包括的な特性についてはp22を参照）の波動を高めたこの石は、より高次の霊的つながりへと導き、情緒体を深く癒し、自分自身を愛せるようにします。自己想起の石であり、高度な自己の気づきの石でもあるため、異なる意識次元において自分が何をしているかを思い出させます。非物質的能力の刺激作用に優れ、瞑想を多次元の現実に導きます。

注：ラベンダークォーツは高バイブレーションの石です。

天然の
ラベンダークォーツ

リチウムクォーツ (Lithium Quartz)

結晶系	六方晶系
化学組成	SiO_2（リチウムの内包物または被膜を伴う）
硬度	7
原産地	世界各地
チャクラ	全チャクラ
効果	過去の怒りと悲嘆、チャクラの浄化、水や動植物の浄化、マスターヒーラー、細胞記憶に働きかける多次元的ヒーリング、プログラミングに対する効果的な受容体、臓器の浄化と強化、身体のバランスをとる、エネルギー強化

　リチウムが点在しているこの石は、クォーツ（p230）の包括的な特性を有する他に、バランスを整える力に優れ、あなたを完全にバランスのとれた状態に戻し、天然の抗うつ薬の働きもします。過去世にさかのぼり、現世までつながっている情緒的不調（dis-ease）の根源を解消します。強力なヒーリングエネルギーで、抑うつの根底にある症状を徐々に表面化します。スムーズな移行を促すプログラミングに最適で、特に末期の病気からの移行に効果があり、フラワーエッセンスのキャリア（媒体）としても役立ちます。死に瀕している人と、その人を失うことになる人のどちらにも慰めを与え、死は循環の一部であることを気づかせてくれます。また、音階のすべての音符に共鳴し、らせん状の黄金色のエネルギーを発すると言われています。

クォーツポイント中の
リチウム

チタニウムクォーツ（Titanium Quartz）

結晶系	六方晶系
化学組成	SiO_2（チタンの内包物または被膜を伴う）
硬度	7
原産地	世界各地
チャクラ	全チャクラを調和し、オーラを調整
惑星	太陽、月
効果	水銀中毒による神経障害、筋肉、血管と腸管、免疫系、慢性症状、インポテンツ、不妊症、極度の疲労、エネルギー枯渇、気管、気管支炎、甲状腺、寄生虫、細胞再生、組織断裂、直立姿勢の促進

　天然の状態で、または人工的に、クォーツ（包括的な特性についてp230を参照）の上や中にチタンが点在しており、レインボーオーラ・クォーツと同じ力を持ちます。（チタンはルチルとも呼ばれており、ルチレーティドクォーツの一部でもあります。p202を参照）。

チタンが点在する
クォーツ

チャロアイト（Charoite）

結晶系	単斜晶系
化学組成	$K_5Ca_8(Si_6O_{15})_2(Si_6O_{16})(OH) \cdot nH_2O$
硬度	5
原産地	ロシア
チャクラ	心臓、宝冠、高次の宝冠のチャクラを統合
数字	7
十二星座	乙女座、蠍座、射手座
惑星	キロン
効果	自閉症、オーラの浄化、無条件の愛、本能的欲求、活力、自発性、ストレス、心配、双極性障害、情緒不安、ネガティブなエネルギーの変化、極度の疲労、二重性の統合、血圧、目、心臓、肝臓、膵臓、アルコール性肝障害、痙攣、様々な痛み、不眠、心臓に影響を及ぼす自律神経系機能障害

　今現在を完全なものとして受け入れることを教え、自分の運命を歩む助けとなります。あなたの魂が取り組んでいる人生設計を明らかにし、カルマへ導きます。霊的な自己を日常の現実に結びつけ、人類への貢献を促します。過去世に対する洞察に満ちた視点をもたらし、個人および集団レベルでのカルマを是正する方法を示します。波動の変化を促して、高次の現実に結びつけます。同時に、肉体、情緒、また細胞記憶に深い癒しをもたらします。変換作用を持ち、恐れを克服し、ネガティブな要素を統合し、その要素のために現れた症状を消し去り、根本的な変化への対処を助けます。強迫観念を克服し、疎外感や欲求不満を改善します。特に、自分が犠牲になっていたり、見下されていたりすると感じる場合に有用です。自分の考えではなく他者の考えに動かされる人を助け、精神にとりついたものを除きます。素早い決断、鋭い観察と分析を促します。

研磨した
チャロアイトのスライス

紫色、ラベンダー色、すみれ色のクリスタル

ラベンダーピンク・スミソナイト
(Lavender-pink Smithsonite)

結晶系	三方晶系
化学組成	$ZnCO_3$
硬度	4〜5
原産地	米国、オーストラリア、ギリシャ、イタリア、メキシコ、ナミビア、ドイツ、南アフリカ
チャクラ	心臓、高次の心臓
数字	7
十二星座	乙女座、魚座
効果	心臓、耽溺、再生、誕生、機転、調和、駆け引き、アルコール依存症、ストレス、神経衰弱、免疫系、副鼻腔、消化器疾患、骨粗鬆症、血管と筋肉の弾力性

　スミソナイト (p138) の包括的な特性を有する他に、無条件の愛の波動を持ちます。その波動が、宇宙によって愛され、支えられているという感覚をもたらします。心を癒し、放棄や虐待の経験を克服し、信頼感と安心感を取り戻します。回復と鎮痛に効果があります。薬物やアルコールの問題と、それらの根底にある感情を改善します。病室のグリッディングに適した石です。

ラベンダーピンク・スミソナイト

母岩上のラベンダーピンク・スミソナイト

ラベンダーバイオレット・スミソナイト
(Lavender-violet Smithsonite)

結晶系	三方晶系
化学組成	$ZnCO_3$
硬度	4〜5
原産地	米国、オーストラリア、ギリシャ、イタリア、メキシコ、ナミビア、ドイツ、南アフリカ
チャクラ	過去世、心臓、宝冠
数字	7
十二星座	乙女座、魚座
効果	神経痛、炎症、再生、誕生、指導者としての資質、機転、調和、駆け引き、アルコール依存症、ストレス、神経衰弱、免疫系、副鼻腔、消化器疾患、骨粗鬆症、血管と筋肉の弾力性

　穏やかな波動で、ネガティブなエネルギーを浄化し、喜びに満ちた霊的貢献と高次の意識状態を促し、導きと保護をもたらします。スミソナイト (p138) の包括的な特性を有する他に、ソウルヒーリングを助け、また過去世の死から移行できなかった魂のエネルギーを取り戻すために、過去世にさかのぼらせます。多次元的な細胞ヒーリングに最適です。

ラベンダーバイオレット・スミソナイト

フローライト（Fluorite）

結晶系	立方晶系
化学組成	CaF_2
硬度	4
原産地	米国、イングランド（英国）、メキシコ、カナダ、オーストラリア、ドイツ、ノルウェー、中国、ペルー、ブラジル
チャクラ	心臓のチャクラに関連、全チャクラを浄化（色により異なる）
数字	9
十二星座	山羊座、魚座
惑星	水星
効果	バランス、協調、自信、内気、不安、センタリング、集中力、心身症、栄養分の吸収、気管支炎、肺気腫、胸膜炎、肺炎、抗ウイルス、感染症、疾患、歯、細胞、骨、DNA損傷、皮膚と粘膜、気管、風邪、インフルエンザ、副鼻腔炎、潰瘍、創傷、癒着、関節の可動性、関節炎、リウマチ、脊椎損傷、鎮痛、帯状疱疹、神経関連痛、しみ、しわ、歯科治療、性欲

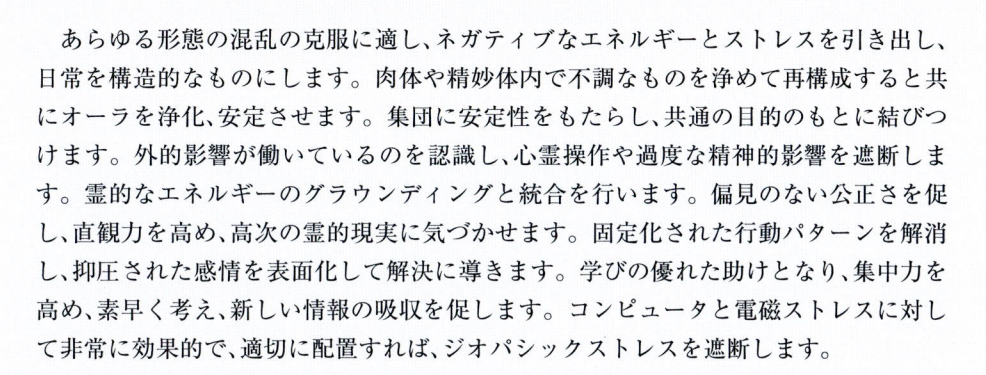

　あらゆる形態の混乱の克服に適し、ネガティブなエネルギーとストレスを引き出し、日常を構造的なものにします。肉体や精妙体内で不調なものを浄めて再構成すると共にオーラを浄化、安定させます。集団に安定性をもたらし、共通の目的のもとに結びつけます。外的影響が働いているのを認識し、心霊操作や過度な精神的影響を遮断します。霊的なエネルギーのグラウンディングと統合を行います。偏見のない公正さを促し、直観力を高め、高次の霊的現実に気づかせます。固定化された行動パターンを解消し、抑圧された感情を表面化して解決に導きます。学びの優れた助けとなり、集中力を高め、素早く考え、新しい情報の吸収を促します。コンピュータと電磁ストレスに対して非常に効果的で、適切に配置すれば、ジオパシックストレスを遮断します。

研磨したフローライト

フローライトのタンブル

フローライトワンド（Fluorite Wand）

結晶系	立方晶系
化学組成	CaF_2
硬度	4
原産地	米国、イングランド（英国）、メキシコ、カナダ、オーストラリア、ドイツ、ノルウェー、中国、ペルー、ブラジル（人工的に成形されたもの）
チャクラ	心臓のチャクラに関連、全チャクラを浄化（色により異なる）
数字	9
十二星座	山羊座、魚座
惑星	水星
効果	疼痛、炎症、バランス、協調、心身症、抗ウイルス、感染症、DNA損傷、帯状疱疹、神経関連痛

　人工的に成形された石で、鎮静するエネルギーを持ちます。色に応じて、エネルギーの特色も異なります。皮膚の上で撫でるように動かすと、関節や筋肉の痛みと炎症を和らげます。また、リフレクソロジーや指圧にも使えます。ワンドはネガティブな要素をたくさん吸収するため、頻繁に浄化しないと緊張のあまりひびが入ることがあります。ワンド（p279）を参照のこと。

成形された
フローライトワンド

紫色、ラベンダー色、すみれ色のクリスタル

スティッヒタイト（Stichtite）

結晶系	三方晶系
化学組成	$Mg_6Cr_2Co_3(OH)_{16} \cdot 4H_2$
硬度	1.5〜2
原産地	米国、タスマニア（オーストラリア）、カナダ、南アフリカ
チャクラ	大地、基底、心臓のチャクラに関連、クンダリーニが全チャクラを通って上昇
数字	5
十二星座	乙女座
効果	ADHD（注意欠陥多動性障害）、クンダリーニの上昇、肌の弾力性と皮膚線条、ヘルニア、歯と歯肉

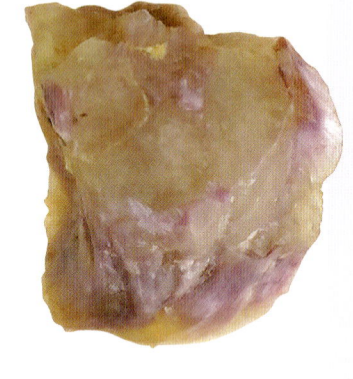

　ひとり暮らしの人には、ポケットに入れておくと、仲間が見つかったり、環境を和やかにしたりする効果があります。本当の自分を明らかにし、現世の魂の契約にそって生きるようにします。心と意見を開き、感情面での気づきを鋭く保ち、感情や染み付いた態度が幸福にいかに影響を及ぼすかを示します。子どもやあなた自身が、異なる道への導きを必要としているならば、この石が申し分のない道具となります。多動性障害やそれに類する精神的不調（dis-ease）に苦しんでいるインディゴチルドレンにも最適です。

スティッヒタイトの原石

パープライト（Purpurite）

結晶系	斜方晶系
化学組成	$(Mn^{3+}, Fe^{3+})PO_4$
硬度	4〜4.5
原産地	ナミビア、西オーストラリア、米国、フランス
チャクラ	宝冠
数字	9
十二星座	乙女座
効果	疲労、絶望、打ち身、出血、膿疱、心胸部と血流、血液浄化、脈拍の安定

　人前で明瞭に自信を持って話せるようにし、外部からの影響によって考えの発信を妨げられることはないと安心させてくれます。環境や近隣の有害な力が売却を妨げている家、特に過去世の諍いが繰り返されている住宅の売却を容易にします。あなたを縛る古い習慣や姿勢を打破します。霊的な進化と悟りへの道を開き、高次の霊的な波動を得て、妨げられることなく向上できるようにします。肉体と精神体にエネルギーを与える働きに優れ、あらゆるレベルの疲労と落胆を克服します。導きや新しい考えに対する感受性と受容性を高めます。

パープライトの原石

タンザナイト（ラベンダーブルー・ゾイサイト）
(Tanzanite (Lavender-blue Zoisite))

結晶系	斜方晶系
化学組成	$Ca_2Al_3(Si_2O_7)(SiO_4)(O,OH)_2$
硬度	6～6.5
原産地	タンザニア（人工的に作られている可能性有り）
チャクラ	全チャクラ（特に額のチャクラ）に関連、宝冠・高次の宝冠のチャクラと基底のチャクラを接続
数字	2
十二星座	双子座、天秤座、射手座、魚座
効果	聴覚、信頼、仕事中毒、抑うつ、不安、炎症緩和、免疫系、細胞再生、脾臓、膵臓 物理レベルを超えた部分で最良の働きをする

　多色性のタンザナイトは、1967年に発見された後、現在では枯渇したと考えられていることから、人工的に作られたものの可能性があります。古代の伝説では、タンザニアのシャーマン、イルカ、レムリアがこの石と結びついていると言われています。ゾイサイト（p56）の包括的な特性を有する他に、非常に高次の波動をもち、変性意識状態と非物質的能力、深い瞑想、多次元間の旅を促します。キリスト意識やアセンディッドマスターにアクセスし、より多くの気づきと共に生きるように促します。アカシックレコードから情報を取り込み、精妙体のチャクラを開き、霊的気づきの次のレベルへのアクセスを可能にします。天職を確かめる石でもあり、どのような可能性があるかではなく、今あるがままの生き方を受け入れる助けとなります。働き過ぎの人に特に有益で、エネルギーの変動を均一化し、自分のための時間を取れるようにします。アイオライトとダンブライトと組み合わせて過去世ヒーリングに用いると、カルマによる不調（dis-ease）の古いパターンを解消し、新しいパターンを統合するための空間を作り出します。体の右側につけるのが最上ですが、ダウジングで確認してください。

注：タンザナイトは高バイブレーションの石です。

パープルサファイア (Purple Sapphire)

結晶系	六方晶系
化学組成	Al_2O_3
硬度	9
原産地	ミャンマー、チェコ、ブラジル、ケニア、インド、オーストラリア、スリランカ、カナダ、タイ、マダガスカル
チャクラ	宝冠、高次の宝冠、額
数字	9
十二星座	乙女座
惑星	月、土星
効果	双極性障害、平静、心の平和、集中力、細胞記憶に働きかける多次元的ヒーリング、身体系の活動亢進、腺、ストレス

　サファイア（p160）の包括的な特性を有する他に、覚醒の石でもあり、瞑想を深め、クンダリーニを刺激して上昇させ、霊性を開きます。松果体を活性化して非物質的能力と結びつけ、洞察力を促進します。不安定な情緒を静めます。

紫色、ラベンダー色、すみれ色のクリスタル

タンジンオーラ・クォーツ（Tanzine Aura Quartz）

結晶系	六方晶系
化学組成	複合
硬度　脆性	もろい
原産地	製造されたもの
チャクラ	高次の宝冠、額のチャクラに関連、全チャクラを開いて調整
十二星座	乙女座、魚座
効果	ストレス、バランス、代謝、甲状腺ホルモン欠乏、ADHD（注意欠陥多動性障害）、免疫系、回復、糖尿病、視力、膵臓、細胞記憶に働きかける多次元的ヒーリング、プログラミングに対する効果的な受容体、臓器の浄化と強化、身体のバランスをとる

　霊的な力をもつこの新しいオーラクォーツはインジウム（元素周期表のほぼ中心に位置するレアメタル）から作られており、タンザナイトが多次的なバランスをもたらしています。オーラクォーツ（p143）の包括的な特性を有する他に、精妙体の最高次の宝冠のチャクラを開いて調整し、宇宙エネルギーを肉体と大地に取り込みます。下垂体、視床下部、松果体を調整する強い力をもち、深遠な霊的相互関係と肉体の平衡状態をもたらします。額のチャクラに置くと、エーテル体の青写真を描き直します。ホメオパシー治療で長らく使われてきたインジウムがミネラルの吸収を助け、代謝とホルモンバランスを最良の状態にし、心身共に健康にします。また、抗発がん作用があると考えられています。甲状腺、脾臓、膵臓の症状やミネラルの欠乏の影響の克服に優れた作用を発揮する可能性があります。

注： タンジンオーラ・クォーツは高バイブレーションの石です。

タンジンオーラ・クォーツ

ライラッククンツァイト（Lilac Kunzite）

結晶系	単斜晶系
化学組成	$LiAlSi_2O_6$
硬度	6.5～7
原産地	米国、マダガスカル、ブラジル、ミャンマー、アフガニスタン
チャクラ	宝冠、高次の宝冠、第三の目、額
数字	7
十二星座	牡牛座、獅子座、蠍座
惑星	金星、冥王星
効果	知性、直感と霊感、謙虚さ、貢献、忍耐、自己表現、創造性、ストレス関連性の不安、双極性障害、精神障害と抑うつ、ジオパシックストレス、内省、免疫系、ラジオニクスによる遠隔ヒーリング実施時の患者の身代わり、麻酔、循環器系、心筋、神経痛、てんかん、関節痛

　クンツァイト（p30）の包括的な特性を有する他に、時間のバリアを抜け出して無限の世界へと導きます。天への道を作り、死にゆく人の移行を助け、魂が必要としている知識を与え、悟りの境地に入るのを手伝います。あらゆる多次元的ワークに最適です。

注： ライラッククンツァイトは高バイブレーションの石です。

天然のライラッククンツァイト

レピドライト（Lepidolite）

結晶系	単斜晶系
化学組成	$K(Li,Al)_3(Si,Al)_4O_{10}(F,OH)_2$
硬度	5
原産地	米国、チェコ、ブラジル、マダガスカル、ドミニカ
チャクラ	全チャクラ
数字	8
十二星座	天秤座
惑星	木星、海王星
効果	依存症、拒食症、情緒的・精神的依存、双極性障害、悪夢、ストレス、強迫思考、意気消沈、情緒不安定、消化、筋肉弛緩、アレルギー、怒り、抑うつ、免疫系、DNAの再構築、マイナスイオンの生成、極度の疲労、てんかん、アルツハイマー病、神経痛、坐骨神経痛、関節障害、皮膚と結合組織の解毒、更年期、シックビル症候群による疾患、コンピュータストレス、反復性ストレス障害と腱炎

レピドライトの名前は、うろこを意味するギリシャ語*lepidos*に由来しています。否定性を追い払い、平静をもたらし、電磁波汚染の除去に優れていることから、コンピュータの上に置いたり、家のまわりでのグリッディングに用いるべきです。移行の石であり、至高の善のために使われることを強く求めている石で、和解をもたらします。全チャクラを活性化して開き、宇宙意識を取り込みます。シャーマニズムや霊的なジャーニーを助け、アカシックレコードにアクセスします。現世に閉塞をもたらしている他世の思考や感情を示し、未来へと導くことができます。リチウムを含有しており、双極性障害の安定化に有用です。古くなった行動パターンを徐々に取り除き、再構成し、独立を促し、外的な助けなしに目標を達成するように働きかけます。不調（dis-ease）のある部位に置くと、静かに振動します。客観性と集中力によって、分析と意思決定を助け、重要なものに集中し、外部からの邪魔を除外します。

レピドライトのタンブル

レピドライトの原石

ラベンダージェイド（Lavender Jade）

結晶系	単斜晶系
化学組成	$NaAlSi_2O_6$
硬度	6
原産地	米国、中国、イタリア、ミャンマー、ロシア、中東
チャクラ	第三の目、宝冠
十二星座	天秤座
惑星	金星
効果	感情の癒し、長寿、自己充足、解毒、ろ過、排泄、腎臓、副腎、細胞系、骨格系、脇腹痛、水・塩・酸・アルカリ比

ジェイド（p120）の包括的な特性を有する他に、情緒的苦痛とトラウマを和らげ、内なる平和をもたらします。感情的な問題の繊細さと抑制を教え、明確な境界を設けるのを助けます。

研磨した
ラベンダージェイド

紫色、ラベンダー色、すみれ色のクリスタル

パープルバイオレット・トルマリン
(Purple-violet Tourmaline)

結晶系	三方晶系
化学組成	ケイ酸塩複合体
硬度	7〜7.5
原産地	スリランカ、ブラジル、アフリカ、米国、オーストラリア、アフガニスタン、イタリア、ドイツ、マダガスカル
チャクラ	過去世、第三の目のチャクラに関連、基底のチャクラと心臓のチャクラを接続
十二星座	天秤座
効果	細胞記憶に働きかける多次元的ヒーリング、抑うつ、強迫思考、アルツハイマー病、てんかん、慢性疲労、防御、解毒、脊椎の調整、男性性と女性性のエネルギーのバランスをとる、偏執症、読字障害、視覚と手の協調関係、コード化された情報の取り込みと解釈、エネルギーの流れ、閉塞の除去

　心の癒しを促し、愛情深い意識をもたらして、献身と霊的な向上心を高めます。過去世ヒーリングにおいて、問題の核心へと導き、その核心を追い散らします。トルマリン(p210)の包括的な特性を有する他に、取り憑いた霊や異界からの注入の除去や防御に優れています。創造性と直観を刺激します。松果体を活性化し、幻想を取り払います。

天然のパープルバイオレット・トルマリン

パープルジャスパー (Purple Jasper)

結晶系	三方晶系
化学組成	SiO_2
硬度	7
原産地	世界各地
チャクラ	宝冠
十二星座	射手座
効果	電磁波汚染や環境汚染、放射線、ストレス、長期疾患や入院、循環器

　ジャスパー(p45)の包括的な特性を有する他に、あらゆる矛盾を取り除くのに役立ちます。

パープルジャスパー

ロイヤルプルーム・ジャスパー
(Royal Plume Jasper)

結晶系	三方晶系
化学組成	SiO_2
硬度	7
原産地	世界各地
チャクラ	宝冠
十二星座	射手座
効果	電磁波汚染や環境汚染、放射線、ストレス

　霊的なエネルギーを魂の目的に合わせて調整します。ジャスパー(p45)の包括的な特性を有する他に、矛盾を取り除き、人の尊厳を守ります。情緒面、精神面に安定をもたらし、地位と力を得る助けとなります。

スギライト（ラブライト）(Sugilite (Luvulite))

結晶系	六方晶系
化学組成	$KNa_2Li_3(Fe^{3+})_2S_{12}O_{30}$
硬度	6〜6.5
原産地	日本、南アフリカ
チャクラ	心臓、第三の目、宝冠のチャクラに関連、全チャクラを調整
数字	2、3、7
十二星座	乙女座、射手座
惑星	木星
効果	自己寛容、学習障害、アスペルガー症候群（高機能自閉症）、身体の自然治癒力を加速化、霊性、依存症、摂食障害、読字障害、精神的疲労、絶望、敵意、偏執症、統合失調症、鎮痛、頭痛、てんかん、運動障害、神経、脳の調整 淡い色のスギライトはリンパと血液を浄化する

スギライトのタンブル

研磨したスギライトのスライス

　自閉症や読字障害の人、また自分がうまく適応できていないと感じる人に有用です。無条件の愛をもたらす紫色の光の波動を持ちます。感受性の強い人やライトワーカーが失望することなく、地球の波動に順応するのを助けます。極めて暗い状況に光をもたらし、学習障害を助け、脳の機能不全を克服します。過去世ではなく現世を生きるように支え、時間の限界を超越します。心が影響する体の状態を癒し、精神体の青写真を通してカルマの癒しを促します。あなたがなぜ今世に来たのかを思い出させ、真実に従っていかに生きるべきかを教えます。霊的な探求に役立つ道連れとなり、魂が落胆したりショックを受けたりしないように守ります。集団の問題を解消し、寛容さと愛情のあるコミュニケーションを促します。不快な問題に向き合う力を与え、ポジティブな思考を促し、脳の機能パターンを再編成します。癌患者に有用で、情緒不安を徐々になくし、絶望感を和らげます。多次元的なヒーリングエネルギーをチャネリングします。

バイオレットスピネル (Violet Spinel)

結晶系	立方晶系
化学組成	$MgAl_2O_4$
硬度	7.5〜8
原産地	スリランカ、ミャンマー、カナダ、米国、ブラジル、パキスタン、スウェーデン（合成のものある）
チャクラ	宝冠、高次の宝冠、額
十二星座	乙女座、魚座
惑星	冥王星
効果	筋肉や神経の症状、血管

　スピネル（p260）の包括的な特性を有する他に、霊的進化を刺激し、アストラルジャーニーを促します。

その他のすみれ色の石

アパタイト（p133）、キャストライト（p194）、デュモルティエライト（p150）、アイオライト（p150）、ライラックダンブライト（p26）、オパール（p254）

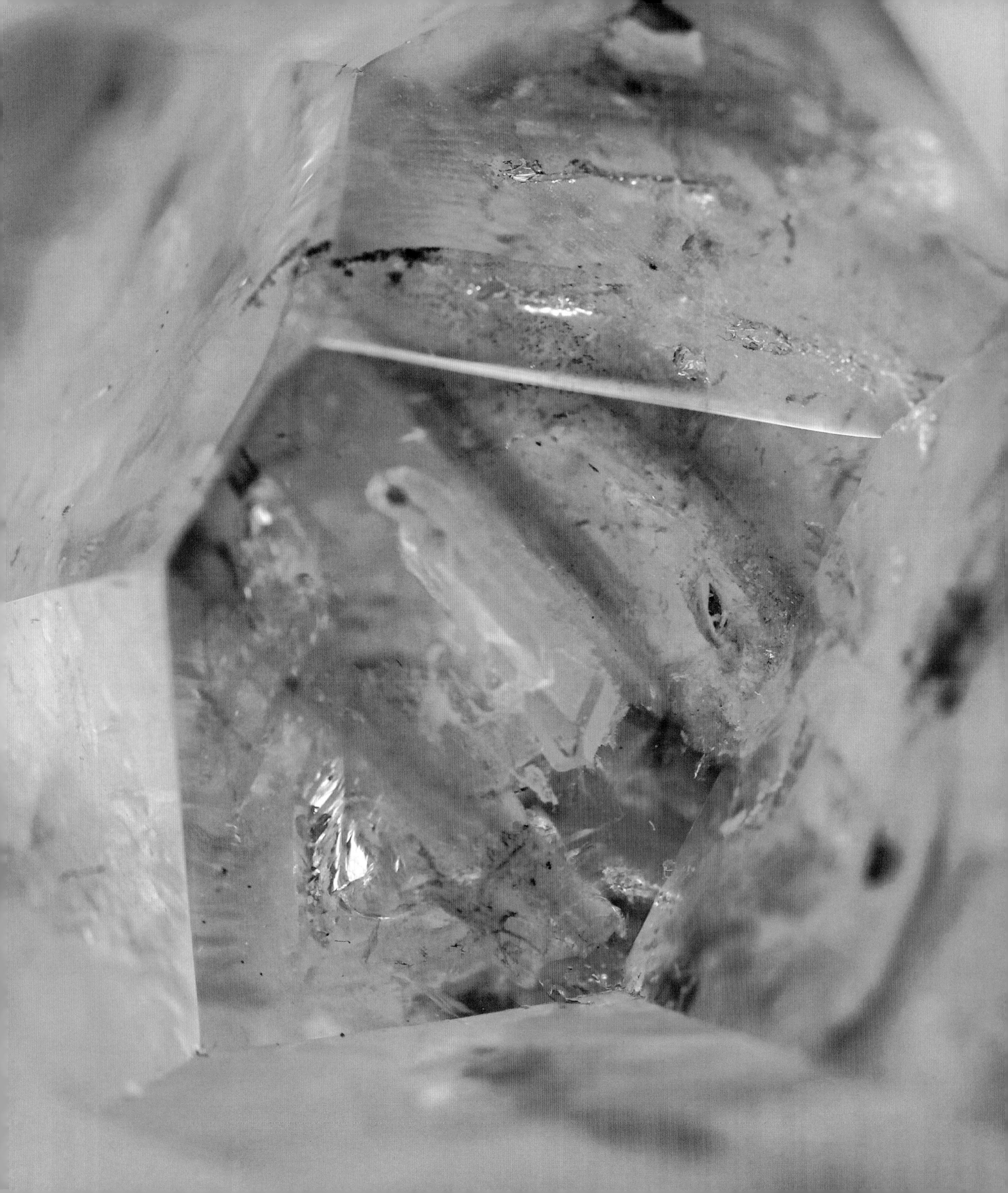

茶色のクリスタル

茶色の石は、大地のチャクラや浄化および純化のエネルギーと関連しています。グラウンディングと保護作用に優れ、有害なものを吸収し、安定とセンタリングをもたらします。これからの石は、実利的な特性を有する土星と伝統的に関連付けられています。また、変容の力を持つ冥王星とも共鳴します。

スモーキークォーツ(Smoky Quartz)

結晶系	三方晶系
化学組成	SiO_2（リチウムとアルミニウムを含む）
硬度	7
原産地	世界各地
チャクラ	大地、基底
数字	2、8
十二星座	蠍座、射手座、山羊座
惑星	冥王星
効果	集中力、悪夢、ジオパシックストレス、X線被曝、腰部、化学療法、性欲、鎮痛、恐怖、抑うつ、腹部、脚、頭痛、ストレス、生殖器系、筋肉、神経組織、心臓、痙攣、背部、神経、ミネラルの吸収、体液調節

　スモーキークォーツは魂を冥界に導くサイコポンプで、グラウンディングと浄化の作用に優れています。防御作用のある石で、地球との強いつながりを持ち、環境に対する関心を高め、エコロジカルな解決法を示唆します。ジオパシックストレスを防ぎ、電磁スモッグを吸収し、すべての次元での除去や解毒を助け、空間をポジティブな波動で満たします。足の下にある大地のチャクラの保護や、地球のエネルギーが乱れた場所のグリッディングにも使われます。もう役に立たないものを捨て去る方法を教えてくれます。ストレスを減少させる力に優れ、自殺傾向や転生に対する動揺を軽減し、困難な時期を落ち着いて耐えられるように助け、決心を強めます。肉体と性的衝動を受容させ、精力を高め、基底のチャクラを浄化するので、情熱が自然にわき出るようになります。実際的思考を促し、脳のアルファ波状態とベータ波状態の間の移動を楽にします。自然界で放射線を浴びている場合が多いので、放射能関連の疾患の治療や、化学療法や放射線療法のサポートに優れています。徐々に作用するスモーキークォーツのポイントを体から外に向けるように配置すれば、ヒーリングクライシスが起こるのを防ぎます。

天然スモーキークォーツのポイント

スモーキークォーツのタンブル

スモーキークォーツ・ワンド(Smoky Quartz Wand)

結晶系	三方晶系
化学組成	SiO_2
硬度	7
原産地	世界各地（人工的に成形されたもの）
チャクラ	大地、基底
数字	2、8
星座	蠍座、射手座、山羊座
惑星	冥王星
効果	ストレス、ジオパシックストレス、X線被曝、化学療法、放射線療法、鎮痛、恐怖、抑うつ

　スモーキークォーツのワンド（p279「ワンド」、上記「スモーキークォーツ」を参照）はネガティブなエネルギーのグラウンディングや除霊に効果のあるツールとなり、基底のチャクラのエネルギーを足の下にある大地のチャクラと結びつけます。このチャクラを浄化し、ジオパシックストレスや地球のエネルギーの乱れがもたらす影響を中和します。身体の中でネガティブなエネルギーを除去する必要があるすべての部位に利用できます。

スモーキークォーツのワンド

スモーキーエレスチャル（Smoky Elestial）

結晶系	三方晶系
化学組成	SiO_2
硬度	7
原産地	世界各地
チャクラ	大地、基底、宝冠のチャクラに関連、全チャクラ間のエネルギーの流れをつなぐ
数字	2、8
十二星座	蠍座、射手座、山羊座
惑星	冥王星
効果	集中力、悪夢、ストレス、ジオパシックストレス、X線、エネルギーの浄化、被曝、化学療法、放射線療法、鎮痛、恐怖、抑うつ

　スモーキークォーツ (p186) とエレスチャルクォーツ (p233) の包括的な特性を有する他に、もう役に立っていないカルマのわなや魔術的儀式を解き放ちます。過去世ヒーリングの間に特に効果があり、現世の調整にも同様に働きます。ネガティブなエネルギーをぬぐい去り、どこに現れた影響をも癒すのに優れています。過去世のトラウマを現世の肉体から引き出し、エーテル体の青写真とオーラを癒し、問題の元となっている部分に戻って、リフレーミングを行います。同様の働きで、トラウマのアンセストラルラインと情緒的苦痛を浄化して癒すので、細胞記憶に働きかける多次元的ヒーリングにも最適です。この強力な石は過去世へ導き、力を再生し、否定性を浄めます。また、そういった力であなたを隷属させていた者から、その力が行使された時期を問わず解放してくれます。霊的世界での有益なガイドやヘルパーとのつながりをもたらします。

成形されたスモーキーエレスチャルのポイント

スモーキーハーキマー（Smoky Herkimer）

結晶系	三方晶系
化学組成	SiO_2（不純物を含む）
硬度	7
原産地	世界各地
チャクラ	大地、基底
数字	2、3、8
十二星座	蠍座
惑星	冥王星
効果	ストレス、ジオパシックストレス、X線被曝、化学療法、放射線療法、性欲、鎮痛、内なるビジョン、解毒、細胞記憶に働きかける多次元的ヒーリング、放射能に対する防御および放射線障害、ジオパシックストレスや電磁波汚染による不眠、DNA修復、細胞障害、代謝バランスの乱れ、現在に影響を及ぼしている過去世での負傷や不調 (dis-ease) を思い出す

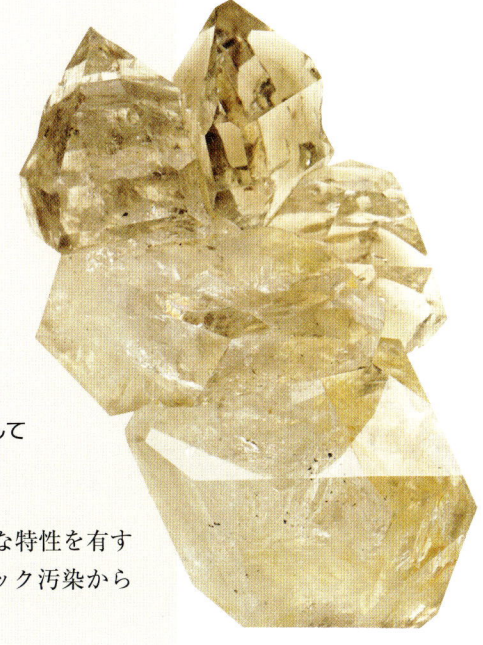

　スモーキークォーツ (p186) とハーキマーダイヤモンド (p241) の包括的な特性を有する他に、除霊やアースヒーリングにすぐれています。電磁波やジオパシック汚染から守り、精妙体からその影響を取り除きます。

スモーキーハーキマー

茶色のクリスタル

スモーキー・ファントム（ブラック）クォーツ
(Smoky Phantom (Black) Quartz)

結晶系	三方晶系
化学組成	SiO$_2$（内包物を伴う）
硬度	7
原産地	世界各地
チャクラ	過去世、大地
十二星座	蠍座、射手座、山羊座
惑星	冥王星
効果	古いパターン、聴覚障害、透聴、ストレス、ジオパシックストレス、X線被曝、化学療法、放射線療法、性欲、鎮痛、抑うつ、生殖器系

　ファントム（p239）とスモーキークォーツ（p186）の包括的な特性を有する他、除霊にも役立ちます。あなたを元のソウルグループに導き、グループの転生の目的に結びつけます。現世でのソウルグループのメンバーを見極め、引きつける助けをするので、カルマや霊的課題を果たせるようになり、グループが目指すものの障害になっているネガティブなエネルギーを除去し、本来の純粋な目的に戻します。ファントムは、端を発した問題やパターンが始まる以前に人をさかのぼらせ、完全で調和のとれた状態に再接続します。

スモーキー・ファントム（ブラック）クォーツ

スモーキー・スピリットクォーツ
(Smoky Spirit Quartz)

結晶系	三方晶系
化学組成	SiO$_2$（不純物を含む）
硬度	7
原産地	南アフリカ
チャクラ	基底、額、第三の目
数字	2、4、8
十二星座	蠍座
惑星	冥王星
効果	多次元的ヒーリング、アセンション、再生、自己寛容、鎮痛、忍耐、オーラ体の浄化と刺激、洞察力に富んだ夢、過去のリフレーミング、女性性と男性性の混和、陰陽、不和を癒す、幽体離脱、解毒、強迫行動、X線被曝、ジオパシックストレス、化学療法、放射線療法、性欲

　スモーキークォーツ（p186）とスピリットクォーツ（p237）の包括的な特性を有する他に、防御、グラウンディング、浄化に優れ、統合と多次元的な細胞ヒーリングを促します。最高のサイコポンプであり、移行につきそって魂を安全に次の世界へ運び、精妙体を浄化しながらカルマや感情の残骸の層を取り除き、細胞記憶を再プログラミングし、良い再生を確実なものとします。冥界の訪問や潜在意識の探求に伴うあらゆるワークに有効で、アンセストラルラインから受け継がれたものをはじめとする深層的な感情や不調（dis-ease）状態、トラウマとなっている記憶を浄化し解放します。こういったワークはカタルシスをもたらす可能性があるので、専門家のガイダンスを必要とする場合があります。スモーキー・スピリットクォーツは環境のバランスの乱れや汚染がある地域を、その原因にかかわらず、安定させ、浄化するために利用できます。

注：スモーキー・スピリットクォーツは高バイブレーションの石です。

スモーキー・スピリットクォーツ

アンモライト（Ammolite）

結晶系	化石
化学組成	$CaCO_3$（不純物を含む）（複合）
硬度	3.5〜4（クォーツかスピネルに覆われている場合は7〜8.5）
原産地	カナダ、モロッコ（合成のものが入手可能）
チャクラ	第三の目、額
数字	9
十二星座	水瓶座
効果	豊かさ、副交感神経の作用、長寿、センタリング、クンダリーニエネルギーの覚醒、繁栄、創造性、幸福、スタミナ、活力、健康、脈拍の安定、変性疾患、抑うつ、陣痛、再生、骨髄炎、骨炎、耳鳴、頭蓋と内耳、細胞の代謝、肺、四肢

研磨したアンモライト

　強力なアースヒーリング作用を持つこの石は、アンモナイトの化石に圧力が加わり鉱物化してでできたものです。エジプトの神アメン（Amon）のらせん状の角にちなんで名づけられたと言われている他に、「角」を意味するギリシャ語にも由来しています。大プリニウス（Pling the Elder）は、アンモナイトが古代ギリシャにおいて預言夢をもたらしたことから、最も聖なる石であると記しました。中世には、アンモナイトは竜の頭であると信じられ、左腕につけて魔術から身を守りました。北米のブラックフット族はこの石を「バッファローストーン」と呼び、悪霊よけとして使いました。この石はネガティブなエネルギーを調和して流れるらせんに変えます。太古の叡智を持ち、額のチャクラに置くと特に効果があります。カルマを浄化する力が強く、強迫観念を解き放ちます。

　アンモライトは振り出しに戻ることを象徴し、個人のエンパワーメントを活性化します。生存本能を刺激し、ライフパスをコード化し、構造を与え、副交感神経の流れに影響している出生時のトラウマを緩和します。風水では「七色の繁栄の石」と呼ばれ、はるかなる年月の宇宙エネルギーを吸収し、体を流れる生命エネルギー、すなわち「気」を刺激します。家に置けば健康と繁栄をもたらし、仕事場に置けば取引を促進します。装身具にすれば、カリスマ性や官能美をもたらします。

　アラゴナイト（p190）も参照。

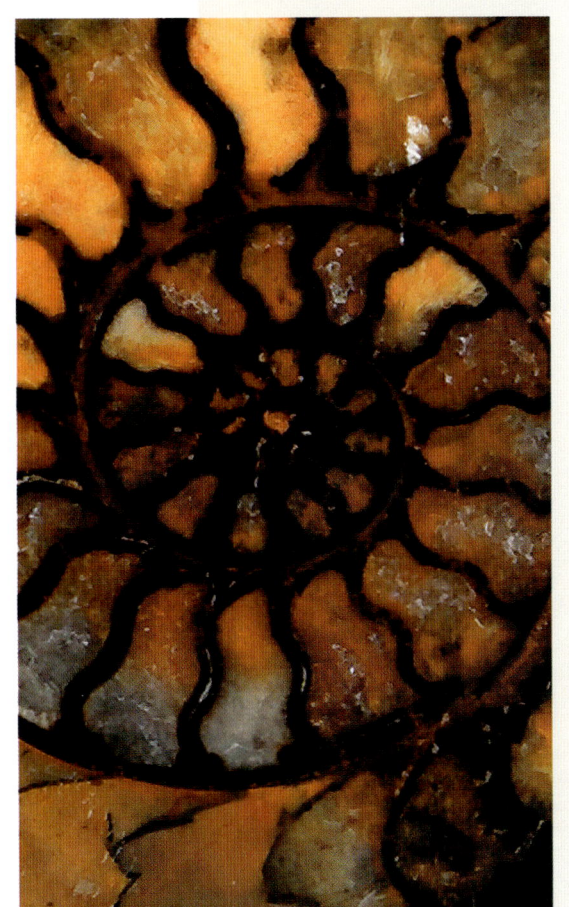

アンモライトの断面

茶色のクリスタル

アラゴナイト（Aragonite）

結晶系	斜方晶系
化学組成	$CaCO_3$
硬度	3.5〜4
原産地	アリゾナ（米国）、英国、モロッコ、ナミビア、ニューメキシコ（米国）、スペイン
チャクラ	大地、基底
数字	9
十二星座	山羊座
効果	忍耐、情緒的ストレス、怒り、信頼性、受容、柔軟性、寛容、疼痛（特に下背部）、グラウンディング、創傷治癒、レイノー病、悪寒、骨、カルシウムの吸収、椎間板の弾力性、夜間の痙攣、筋痙攣、免疫系、プロセスの調節

　母なる大地と共鳴し、アースヒーリングとグラウンディングの働きに優れています。ジオパシックストレスや遮断されたレイラインを変容させるこの石は、地図の上に置いて地球の障害を癒すことができます。肉体のエネルギーをセンタリングし、過敏な神経を鎮め、地球とのつながりを深めて、浮遊感のある人を心地よく自分の体に落ち着かせます。内面の不安から起こる神経の痙攣などの不調（dis-ease）に有効で、手足を温め、身体全体にエネルギーを分配します。急速すぎる霊的成長を安定させます。自分を厳しく追い込んでしまう人に有効に働き、他者に委ねることを促します。この石の統制のとれたエネルギーは人生に対する実際的なアプローチを進めます。支えとなる石で、問題の原因に対する洞察を与え、幼い頃やそれ以前へとやさしく導きます。

アラゴナイト
天然の形状

アゲート（Agate）

結晶系	三方晶系
化学組成	SiO_2
硬度	6
原産地	米国、インド、モロッコ、チェコ、ブラジル、アフリカ
チャクラ	色と種類により異なる
数字	7（色と形状により異なる）
十二星座	双子座（色と形状により異なる）
惑星	水星
効果	情緒的トラウマ、自信、集中力、知覚、分析力、オーラの安定化、負のエネルギーの変容、情緒の不調（dis-ease）、消化作用、胃炎、目、胃、子宮、リンパ系、脾臓、血管、皮膚疾患

　古代ローマでは真実のお守りとされ、また左腕につけると豊作が約束されたというアゲートは、ヘビに咬まれるのを防ぐためにヘビが彫られていることもありました。さまざまなレベルの浄化作用を持ったグラウンディングの石で、感情、肉体、知性のバランスをもたらし、エネルギーを安定させて、陰と陽を調和させます。隠された情報を明らかにする力もあります。静かに落ち着かせ、ゆっくりではあるものの大きな力で働きます。自己を受け入れ、真実を語らせます。心の痛みを克服し、内なる怒りを癒し、再スタートする勇気を喚起します。人生経験の吸収と、安定した霊的成長を促します。

研磨したアゲート

ブラウンスピネル(Brown Spinel)

結晶系	立方晶系
化学組成	$MgAl_2O_4$
硬度	7.5～8
原産地	スリランカ、ミャンマー、カナダ、米国、ブラジル、パキスタン、スウェーデン(合成の場合もある)
チャクラ	大地
十二星座	蟹座、蠍座
惑星	冥王星
効果	筋肉や神経の症状、血管

天然のブラウンスピネル

スピネル(p260)の包括的な特性を有する他に、大地のチャクラを開き、物理的な現実にグラウンディングします。オーラを浄化し、肉体とのつながりをもたせます。

ボジストーン(Boji Stones)

結晶系	立方晶系
化学組成	採掘場所により異なる(リモナイトやパイライトを含む)
硬度	5
原産地	米国、英国
チャクラ	基底、大地のチャクラに関連、全チャクラを調整
数字	1、9
十二星座	牡牛座、獅子座、蠍座、水瓶座
惑星	火星
効果	グラウンディング、植物や農作物、感情やエネルギーの閉塞、疼痛、苦しい思い出、組織再生、再活性化、浄化

多次元的なスピリチュアルワーク後のグラウンディングに優れ、地球と自分の肉体に戻らせて、現在の瞬間に落ち着かせてくれます。転生のときにわずかな支えしか持たない人に役立つ、防御機能の強い石です。精妙エネルギーの癒しを肉体的な健康へと変え、閉塞の解消に特に有効です。なだらかな石は女性エネルギー、角ばった石は男性エネルギーを持ち、ペアで持つと体内の男性性と女性性エネルギーのバランスをとり、チャクラを調整し、オーラを修復します。

否定的な思考パターンと自滅的な行動に変容をもたらし、心身症の原因を突きとめようとします。ボジストーンを手に持つと、自分を影の自分に合わせて調整し、抑圧されたものを表に出して解放し、その中にある大切なものを見つけます。経絡を通るエネルギーの流れを刺激します。過去からの精神的刷り込みと催眠コマンドに目を向けさせ、情緒面の安定をもたらしますが、必要なワークを完了するように求めます。

天然のボジストーン
「女性石」(上)と
「男性石」(下)

茶色のクリスタル

アンドラダイトガーネット（Andradite Garnet）

結晶系	立方晶系
化学組成	$Ca_3Fe_2(SiO_4)_3$
硬度	6.5〜7
原産地	ヨーロッパ、アリゾナ（米国）、ニューメキシコ（米国）、南アフリカ、オーストラリア
チャクラ	基底、心臓のチャクラに関連、全チャクラを浄化して、エネルギーを供給
十二星座	乙女座、山羊座
惑星	火星
効果	勇気、スタミナと体力、血液形成、肝臓、カルシウム・マグネシウム・鉄の吸収、身体からのストレス除去、愛を引き寄せる、夢、血液疾患、身体の再生、代謝、脊椎と細胞の障害、血液、心臓、肺、DNA再生、ミネラルやビタミンの吸収

母岩上のアンドラダイトガーネット

　ブラジルの鉱物学者、ダンドラダ・シルヴァ（d'Andrada Silva）にちなんで名づけられたアンドラダイトは、ガーネット（p47）の包括的な特性を有する他に、ダイナミックで柔軟性があり、創造性を刺激します。自己の成長のために最も必要とされる人間関係をもたらし、孤独感や疎外感をなくし、分かち合うことを促します。身体の磁場を再調整し、オーラを浄化して広げ、非物質的な視野を開きます。

ボーナイト（ピーコックオア）
(Bornite (Peacock Ore))

結晶系	立方晶系
化学組成	Cu_5FeS_4
硬度	3
原産地	米国、カナダ、モロッコ、ドイツ、ポーランド、イングランド（英国）、チリ、オーストラリア、カザフスタン、チェコ、フランス、ノルウェー
チャクラ	第三の目のチャクラに関連、全チャクラを活性化して統合
数字	2、4
十二星座	蟹座
効果	細胞構造、代謝バランスの乱れ、石灰化沈着物の溶解、酸の過剰、カリウムの吸収、腫張

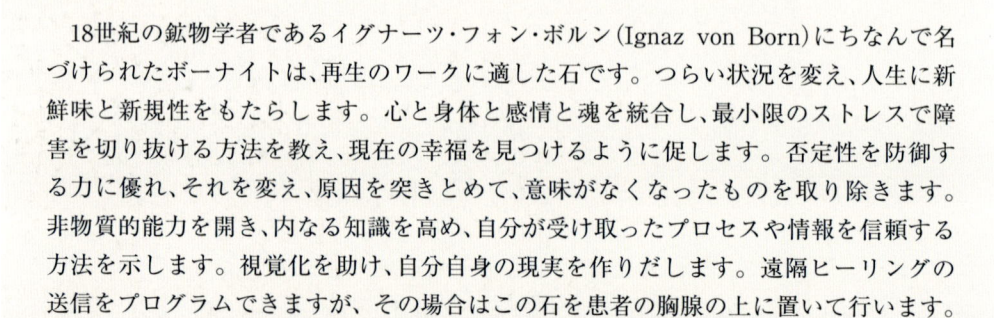

研磨したボーナイト

　18世紀の鉱物学者であるイグナーツ・フォン・ボルン（Ignaz von Born）にちなんで名づけられたボーナイトは、再生のワークに適した石です。つらい状況を変え、人生に新鮮味と新規性をもたらします。心と身体と感情と魂を統合し、最小限のストレスで障害を切り抜ける方法を教え、現在の幸福を見つけるように促します。否定性を防御する力に優れ、それを変え、原因を突きとめて、意味がなくなったものを取り除きます。非物質的能力を開き、内なる知識を高め、自分が受け取ったプロセスや情報を信頼する方法を示します。視覚化を助け、自分自身の現実を作りだします。遠隔ヒーリングの送信をプログラムできますが、その場合はこの石を患者の胸腺の上に置いて行います。

注：ボーナイトは毒性があるためタンブルを使用してください。

ボーナイト（シルバー上）(Bornite on Silver)

結晶系	立方晶系
化学組成	Cu_5FeS_4
硬度	3
原産地	米国、カナダ、モロッコ、ドイツ、ポーランド、イングランド（英国）、チリ、オーストラリア、カザフスタン、チェコ、フランス、ノルウェー
チャクラ	第三の目
十二星座	蟹座
効果	細胞構造、代謝バランスの乱れ、石灰化沈着物の溶解、酸の過剰、カリウムの吸収、腫張

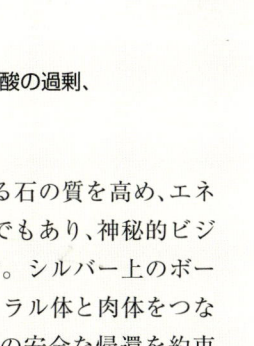

シルバーの基質上のボーナイト

　シルバーはエネルギーと安定を与える金属で、その上に付着する石の質を高め、エネルギーを適切に集中させます。また、月に同調する女性的な金属でもあり、神秘的ビジョンや水晶占い、霊感を映す鏡の役割をし、受容と直観を高めます。シルバー上のボーナイトは、ボーナイト（p192）の包括的な特性を有する他に、アストラル体と肉体をつなぐシルバーコードを強化し、時や場所に関わらずジャーニーからの安全な帰還を約束します。第三の目に閉塞を引き起こす原因にアクセスし、リフレーミングする力に優れています。過去に故意に起こされた閉塞について特に効力をもち、細胞記憶の再プログラミングとエーテル体の青写真の調整を促します。

　シルバー上のボーナイトは、母性や養育のプロセスと、プラトニックな愛やロマンチックな愛を強化します。

ブロンザイト (Bronzite)

結晶系	斜方晶系
化学組成	$MgSiO_3$
硬度	5.5〜6
原産地	ドイツ、フィンランド、インド、スリランカ、米国
チャクラ	全チャクラを活性化して統合
数字	1
十二星座	獅子座
効果	調和、自己主張、強情、ストレス、慢性疲労、男性性のエネルギー、疼痛、アルカリ過多、鉄の吸収、痙攣、神経

研磨したブロンザイト

　呪いに対して有効な石として売られています。しかし昔から、ブロンザイトのように鉄を帯びたクリスタルは悪意や呪い、魔法を三倍にして返し、これがさらに「はね返る」ことによって力を増し、問題を永続させてしまいます。ブラックトルマリン（p211）はそれを中和します。防御やグラウンディングに優れた石で、無力さを感じたりコントロールできない出来事にとらわれたりする不調和な状況で、平静を取り戻し、冷静でいられるようにします。「礼儀の石」と呼ばれ、中立的な判断を強め、最も重要な選択に集中させ、決定的な行動を促します。ただ存在することを許し、何もしない無為の状態に入らせます。

デザートローズ（Desert Rose）

結晶系	単斜晶系
化学組成	$CaSO_4 + 2H_2O$
硬度	1.5〜2
原産地	ドイツ、モロッコ、オーストラリア、チュニジア、サウジアラビア、中東、米国、カナダ
チャクラ	太陽神経叢、大地
効果	母乳分泌、結合組織、骨の構造と骨粗鬆症、寒さや気温に対する過敏、慢性疲労、解毒、判断、洞察、脊柱の調整、柔軟性、てんかん

神話では、デザートローズは霊的世界から戻ってきたアメリカ先住民の戦士が彫ったものだと言われています。それを地上にまくことで、霊の住処を神聖に保ち、引き離しておきました。この石は、ジャーニーの間明かりを落とし、秘密の会合を手助けすると言われています。セレナイト（p257）、またはバライト（p244）の包括的な特性を有し、自ら課したネガティブなプログラミングや信念系統を解放します。瞑想で用いれば、古い憎しみを愛に変えたり、対立をなくすために過去に戻るのを助けたりします。受けるのみならず与えることも促し、愛を高め、感情が出過ぎるのを抑制します。アースヒーリングの力に優れ、地球のエネルギーが乱れた場所のグリッディングにも使えます。目的のアファーメーションを強め、母なる大地を育み守ることと結びついています。

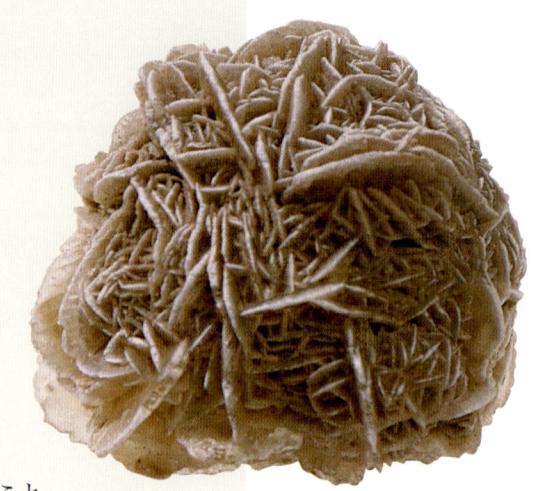

デザートローズ

キャストライト（クロスストーン、アンダルサイト）
(Chiastolite (Cross Stone, Andalusite))

結晶系	斜方晶系
化学組成	Al_2OSiO_4
硬度	6.5〜7.5
原産地	米国、ブラジル、中国、スペイン、イタリア、オーストラリア、チリ、ロシア
チャクラ	基底
数字	3、4
十二星座	天秤座
効果	罪悪感、記憶力、分析力、発熱、止血、過度の酸性化、リウマチ、通風、母乳分泌、染色体損傷、免疫システム、麻痺、神経強化

「十字がついた」という意味のギリシャ語chiastasに由来した名前を持ち、防御力が強いこの石は、古代には邪悪な目から守るために使われていました。神秘への入り口になり、幽体離脱ジャーニーを促し、不死性の探求を助けます。死と再生につながり、移行しようとする人に役立ち、病気やトラウマの中にあっても霊性を守ります。魂の目的に同調し、幻影を消し、恐怖心を抑え、現実に直面させて、正気を失うことの恐れを克服させます。問題のすべての面を見るようにし、不和を調和に変え、ネガティブな思考や感情をぬぐい去ります。

天然のキャストライト

スタウロライト（フェアリークロス）(Staurolite (Fairy Cross))

結晶系	単斜晶系
化学組成	$(Fe^{2+})_2Al_9Si_4O_{23}(OH)_2$
硬度	7〜7.5
原産地	米国、ロシア、フランス、オーストリア、スイス、スコットランド、ナミビア、中東
数字	5
十二星座	魚座
効果	禁煙、依存症、ストレス、抑うつ、過労、エネルギーの分散、細胞障害、成長、炭水化物の吸収、発熱

母岩上のスタウロライト

　「十字架」を意味するギリシャ語staurosに由来した名前を持つ幸運のお守りです。フェアリークロス（妖精の十字架）という名でも知られており、キリストが死んで妖精が流した涙から生まれたと言われています。4本の腕の長さが同じ十字は霊的な世界と肉体的な世界が相互に浸透するさまを表します。古代中東の叡智を呼び出し、デーヴァや精霊とつながり、魂を耕し育む人に適しています。儀式の力を強めるので、白魔術に役立ちます。肉体、エーテル体と霊的レベルをつなげ、相互のコミュニケーションを高めます。ニコチン依存の隠れた理由を認識させ、ニコチンを使って気持ちが軽くなる人を地上につなぎとめ、グラウンディングを促します。

クリサンセマムストーン(Chrysanthemum Stone)

結晶系	三斜晶系
化学組成	複合
硬度	未確定
原産地	中国、日本、カナダ、米国
数字	3
十二星座	牡牛座、水瓶座
効果	安定、信頼、憤り、敵意、頑固、無知、狭量、独善、嫉妬、肉体的成熟、皮膚、骨格、目、解毒、成長

クリサンセマムストーン

　時間旅行を促し、変化と安定を統合し、その2つが、いかにして同時に働くかを示します。現在に集中させ、自我の開花を促します。この石の穏やかな存在が環境を強化し、調和を広げます。霊的な歩みの途上で子供のように楽しいことを愛し純粋でありつづける方法を教え、自己の成長を刺激します。性格を強化し、世界に対しより多くの愛を示すように促し、人生にもより多くの愛をもたらします。表面的になることや、注意が散漫になることを防ぎます。この石の助けを借りれば、大局的に状況をとらえることができます。

ブラウンジェイド（Brown Jade）

結晶系	単斜晶系
化学組成	$NaAlSi_2O_6$
硬度	6
原産地	米国、中国、イタリア、ミャンマー、ロシア、中東
チャクラ	基底、大地
十二星座	牡牛座
惑星	金星
効果	長寿、自己充足、解毒、ろ過、排泄、腎臓、副腎、細胞系および骨格系、脇腹痛、妊孕性、出産、腰部、脾臓、水・塩・酸・アルカリ比

　ジェイド（p120）の包括的な特性を有する他に、大地とつながる力が強く、新しい環境になじむ助けとなり、平安と信頼をもたらします。

ブラウンジェイドの彫像

ゲーサイト（Goethite）

結晶系	斜方晶系
化学組成	$FeO(OH)$
硬度	4〜5.5
原産地	米国、ドイツ、イングランド（英国）、フランス、カナダ
チャクラ	基底のチャクラの浄化、全チャクラの調整
数字	44
十二星座	牡羊座
効果	ウェイトトレーニング、てんかん、貧血、月経過多、耳、鼻、咽喉、消化管、血管、食道

　ゲーサイトはドイツの詩人ヨハン・ヴォルフガング・フォン・ゲーテ（Johann Wolfgang von Goethe）に由来した名前で、変性を象徴する数字である44に共鳴します。透聴を促し、ダウジング能力を高め、地球の音に同調します。予知力を高め、魂のジャーニーに役立つ未来を見せてくれます。瞑想で用いれば、無為の境地の静寂の中に浮遊しているような気分になります。この石は人間の世界の旅を楽しむのに必要なエネルギーも与えます。コミュニケーションの道具として優れ、霊感と物事を解決する実際的能力を結びつけます。宇宙船の着陸を促すためには、その場所をゲーサイトでグリッディングします。

　虹色に輝くレインボウゲーサイトは憂うつや落胆といった暗雲を切り開き、人生に光と希望をもたらします。

ゲーサイトの原石

ヘミモルファイト（Hemimorphite）

結晶系	斜方晶系
化学組成	$Zn_4Si_2O_7(OH)_2 \cdot H_2O$
硬度	5
原産地	イングランド（英国）、メキシコ、米国、ザンビア
数字	4
十二星座	天秤座
効果	社会的責任、過去のリフレーミング、情緒的コミュニケーション、現実的な目標設定、情緒不安、回復、体重減少、鎮痛、血液疾患、心臓、細胞構造、潰瘍性疾患、熱傷、陰部ヘルペス、いぼ、むずむず脚症候群

半分という意味の*hemi*と、形という意味の*morph*から名づけられたこの石は、様々な形をとり、肉体の波動を高め、最高次の霊的レベルとのコミュニケーションを促します。最速の方法で自己の成長を成し遂げ、自身の幸福や不調(dis-ease)に対する自分の責任を理解させ、思考や態度からどのように現実が作られていくのかを示します。魂の目的と合致していない外的影響を受けている部分の認識を助けます。内なる力を強め、最も高い可能性を明らかにします。防御の石で、とりわけ悪意のある考えから守ります。古代には毒を中和するために使われたと言われます。

母岩上の
非結晶質の
ヘミモルファイト

結晶質の
ヘミモルファイト

デンドリティックカルセドニー
（Dendritic Chalcedony）

結晶系	三方晶系
化学組成	SiO_2（内包物を伴う）
硬度	7
原産地	米国、オーストリア、チェコ、スロバキア、アイスランド、イングランド（英国）、メキシコ、ニュージーランド、トルコ、ロシア、ブラジル、モロッコ
数字	9
十二星座	蟹座、射手座
惑星	月
効果	記憶の処理、慢性疾患、喫煙に関係する問題、免疫系、銅の吸収、訴訟、悪夢、ネガティブな考え、起伏の激しい感情、浄化、ミネラルの吸収、血管内のミネラル沈着、認知症、老齢、身体エネルギー、ホリスティックヒーリング、骨、循環器系

カルセドニー(p247)の包括的な特性を有する他に、人生に喜びをもたらし、現在を生きる勇気を与え、不快な出来事に向き合う際の支えになります。他者に友好的なアプローチをし、判断にしばられない寛大な相互関係を促します。攻撃にさらされている時に役立ち、リラックスした状態を保ちながら、コミュニケーションを穏やかにし、明瞭で正確な思考を促進します。

デンドリティック
カルセドニーの
タンブル

茶色のクリスタル

ドラバイドトルマリン（Dravide Tourmaline）

結晶系	三方晶系
化学組成	ケイ酸塩複合体
硬度	7〜7.5
原産地	スリランカ、ブラジル、アフリカ、米国、オーストラリア、アフガニスタン、イタリア、ドイツ、マダガスカル、タンザニア
チャクラ	大地のチャクラに関連、全チャクラを保護
十二星座	牡羊座
効果	共同体意識、社会との関わり、創造性、工芸、機能不全の家族関係、共感、腸障害、皮膚疾患、再生、防御、解毒、脊椎の調整、男性性と女性性のエネルギーのバランスをとる、偏執症、読字障害、視覚と手の協調関係、コード化された情報の取り込みと解釈、気管支炎、肺気腫、胸膜炎、肺炎、エネルギーの流れ、閉塞の除去

　グラウンディング作用に優れた石で、大地のチャクラと転生した肉体を支えているグラウンディングコードを浄化して開きます。また、オーラを浄化してエーテル体の調整と保護を行います。トルマリン（p210）の包括的な特性を有する他に、魂を回復し、取り憑いた霊や悪霊の力を除去するのにも適しています。大きな集団の中で居心地よく感じさせてくれます。

ドラバイドトルマリンの原石

ブラウンジャスパー（Brown Jasper）

結晶系	三方晶系
化学組成	SiO$_2$（不純物を含む）
硬度	7
原産地	世界各地
チャクラ	大地、過去世
十二星座	蠍座
惑星	土星
効果	夜間視力、免疫系、汚染物質や毒素の除去、浄化器官、皮膚、禁煙、電磁波汚染および環境汚染、放射線、ストレス、長期疾患や入院、循環、消化器と生殖器、体内のミネラルバランス

ブラウンジャスパーのタンブル

　ジャスパー（p45）の包括的な特性を有する他に、肉体に対する強力な清浄作用も有しています。オーラを浄化し修復して、トラウマ、麻酔、薬物、サイキックアタックの影響を改善します。ソートフォーム（想念形態）の除去に役立ちます。環境に関する意識、安定性、バランスを高め、特にジオパシックストレスや環境ストレスを効果的に軽減します。深い瞑想、センタリング、グラウンディングを促し、望む結果をもたらします。過去への回帰を促し、不調（dis-ease）の裏にあるカルマの原因を明らかにします。身体に影響が及ぶほどに頭脳中心の生活を送っている人に特に有用です。

ムーカイトジャスパー
（オーストラリアンジャスパー）
(Mookaite Jasper (Australian Jasper))

結晶系	三方晶系
化学組成	SiO_2（不純物を含む）
硬度	7
原産地	オーストラリア
チャクラ	大地、太陽神経叢
数字	5
効果	幻覚の消散、多才、水分貯留、腺と免疫系、創傷、血液浄化、胃、ヘルニア、破裂、電磁波汚染および環境汚染、放射線、ストレス、長期疾患や入院、血液循環、消化器と生殖器、体内のミネラルバランス

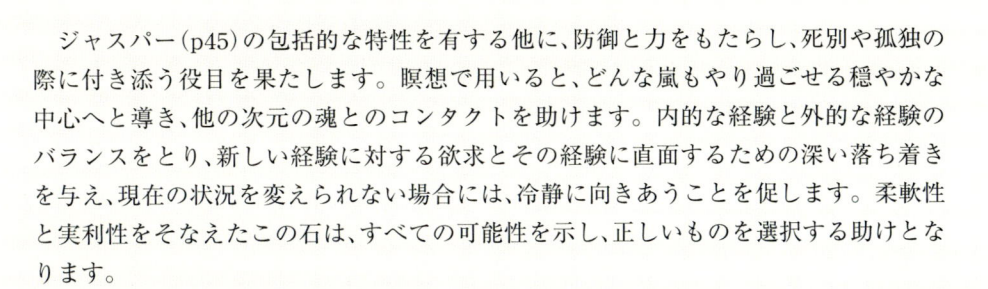

ムーカイトのタンブル

　ジャスパー (p45) の包括的な特性を有する他に、防御と力をもたらし、死別や孤独の際に付き添う役目を果たします。瞑想で用いると、どんな嵐もやり過ごせる穏やかな中心へと導き、他の次元の魂とのコンタクトを助けます。内的な経験と外的な経験のバランスをとり、新しい経験に対する欲求とその経験に直面するための深い落ち着きを与え、現在の状況を変えられない場合には、冷静に向きあうことを促します。柔軟性と実利性をそなえたこの石は、すべての可能性を示し、正しいものを選択する助けとなります。

タイガーアイアン (Tiger Iron)

結晶系	複合
化学組成	複合
硬度	7
原産地	オーストラリア、南アフリカ
チャクラ	太陽神経叢
数字	7
十二星座	獅子座
効果	活力、血液、赤血球数と白血球数のバランスをとる、毒性、下肢、筋肉、ストレス、性的快感の延長、長期疾患や入院、脳半球の統合、認識、内なる対立、プライド、強情、情緒バランス、骨折、臆病な女性、意志力、三焦経、法的状況、鉄の吸収、レイノー病、脚の痙攣、脊椎の調整

タイガーアイアンの原石

　他者の気持ちを背負いこむ人や、どんなレベルであれ疲れきっている人、特に情緒や精神の燃えつきや家族のストレスにさらされている人にとても有益で、化学物質に過敏な人や騒音に敏感な人も助けます。ジャスパー (p45)、ヘマタイト (p222)、タイガーアイ (p206) の包括的な特性を有する他に、変化を助け、危険が迫っているときに避難すべき場所を示し、邪悪なものをその発生源に戻します。必要なことを熟慮するための空間を設けて変化をもたらし、行動に必要なエネルギーを与えます。タイガーアイアンの出す答えは実際的でシンプルです。創造性と芸術性をもった石で、生来の才能を引き出します。

タイガーアイアンのタンブル

ピクチャージャスパー（Picture Jasper）

結晶系	三方晶系
化学組成	SiO_2
硬度	7
原産地	米国、南アフリカ
チャクラ	基底、大地
数字	8
十二星座	獅子座
効果	罪悪感、嫉妬、憎悪、愛、作家や芸術家のスランプ、免疫系、腎臓、電磁波汚染および環境汚染、放射線、ストレス、長期疾患や入院、血液循環、消化器と生殖器、体内のミネラルバランス

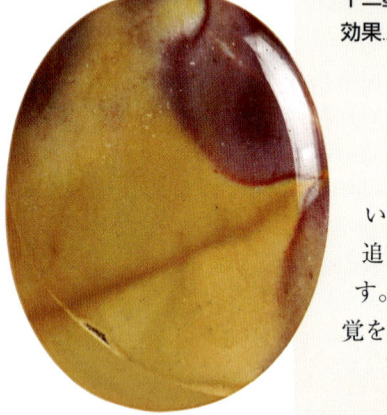

　子供に話しかける母なる大地に例えられる石で、過去からのメッセージを携えています。ジャスパー(p45)の包括的な特性を有する他に、隠れた気持ちや普段は脇に追いやられている思考を、それが現世のものであれ過去世のものであれ、表面化します。一旦抑圧が解放されると、それがこれから先の教訓となります。均衡と調和の感覚を浸透させ、平安をもたらし、恐れを軽減します。出産中の女性を守ります。

研磨したピクチャージャスパー

ピクチャージャスパーのタンブル

マグネタイト（ロードストーン）(Magnetite (Lodestone))

結晶系	立方晶系
化学組成	$Fe^{2+}(Fe^{3+})_2O_4$
硬度	5.5〜6.5
原産地	米国、カナダ、インド、メキシコ、ルーマニア、イタリア、フィンランド、オーストリア
チャクラ	基底のチャクラと大地のチャクラの接続、全チャクラの調整
数字	4
十二星座	牡羊座、乙女座、山羊座、水瓶座
惑星	火星
効果	恐怖、怒り、悲嘆、献身、忠誠、過剰な執着、粘り強さ、テレパシー、瞑想、視覚化、スポーツ障害、筋肉や関節のさまざまな痛み、夜間痙攣、鼻血、抗炎症、喘息、血液と循環器系、皮膚、毛髪

　古代ギリシャの羊飼いであったマグネティス（Magnetis）の鉄底のサンダルが道に、杖の先の金属が大岩にそれぞれ強力に引きよせられて身動きがとれなくなった時に発見されたといわれています。その強い極性によって、身体の生体磁場と経絡に働きかける磁気療法に使われます。また地球の磁場に働きかけるアースヒーリングにも使われ、大地のエネルギーが基底のチャクラへ流れるのを助けます。グラウンディングの力が強く、必要に応じて、エネルギーを与えたり鎮静したりします。愛を引き寄せ、バランスの取れた見方を促し、自分の直観を信じさせます。ネガティブな感情を軽減し、ポジティブなものを取り込みます。有害な状況から自分を引き離し、客観性を高め、知性と感情のバランスをとります。

マグネタイト

ピーターサイト (Pietersite)

結晶系	三方晶系
化学組成	SiO_2（不純物を含む）
硬度	7
原産地	ナミビア
チャクラ	第三の目、過去世、額
数字	9
十二星座	獅子座
効果	極度の疲労、神経疾患、頑固な閉塞、混乱、下垂体の刺激、内分泌系のバランスをとる、血圧、成長、性、体温調節、頭痛、呼吸困難、肺、肝臓、腸、足、脚、栄養素の吸収、身体の経絡

　発見者である南アフリカのシド・ピーターズ (Sid Pieters) にちなんで名づけられ、「天国の王国への鍵」を持ち、「真実の道を歩む」ことを促すと言われています。自分が人間の世界を旅する霊的存在であることを思い出させ、ビジョンクエストやシャーマンの旅に利用することができます。身体を動かしながらの瞑想や太極拳を行う際に高次の変性意識にすばやくアクセスします。孤立の幻影を追い払い、他者に押しつけられた条件づけを取り除くといわれます。内なる導きとつながり、他者の言葉が誠実かどうかを判断します。過去世ヒーリングでは、古くからの対立や抑圧された感情を処理し、自身の真実に従っていないために起こる不調 (dis-ease) を取り除きます。他世でかわした誓いや約束で、現世まで持ち越されたものからあなたを解放します。

ピーターサイトのタンブル

マホガニーオブシディアン (Mahogany Obsidian)

結晶系	非結晶質
化学組成	SiO_2（鉄を含む）
硬度	5〜5.5
原産地	メキシコ、火山地域
チャクラ	基底、仙骨、太陽神経叢
数字	4
十二星座	蠍座
惑星	冥王星
効果	エネルギーの閉塞、解毒、疼痛、血液循環、同情、力、受け入れにくいものの消化、閉塞、動脈硬化、関節炎、関節痛、痙攣、外傷、出血、前立腺肥大、四肢を温める

　オブシディアン (p214) の包括的な特性を有する他に、地球と共鳴し、グラウンディングと保護を行い、必要な時に力をもたらし、目的に活力を与え、多次元的な成長を刺激します。弱いオーラを強化し、仙骨のチャクラと太陽神経叢のチャクラを正しい回転に戻し、陰と陽、光と闇、心と高次の意識のバランスをとります。力を再生するのに適した石です。

天然のマホガニーオブシディアン

ルチル（Rutile）

結晶系	正方晶系
化学組成	TiO_2
硬度	6〜6.5
原産地	米国、アフリカ、オーストラリア、ブラジル、スイス
数字	4
十二星座	牡牛座、双子座
効果	母乳分泌、血管の弾力性、細胞再生、気管支炎、早漏、インポテンツ、不感症、無オルガズム症

　ルチルは他のクリスタルに含有されていることが多く、そのクリスタルにエーテルの波動を与え、ヒーリング特性を強力に増幅します。幽体離脱のジャーニー、非物質的防御、天使とのコンタクトを促します。オーラの浄化と純化を行い、肉体とのバランスを整えます。問題の根本に直接到達し、心身症を癒し、慢性疾患の原因となっているカルマを指摘します。感情面の安定をもたらし、協力関係を確かなものにします。ルチレーティドクォーツ（下記）、ルチレーティドトパーズ（p88）、ラベンダークォーツ（p174）も参照。

ルチルの結晶を内包するルチレーティドクォーツ（ゴールデンクォーツとも呼ばれる）

ルチレーティドクォーツ（エンジェルヘアー）
（Rutilated Quartz (Angel's Hair)）

結晶系	六方晶系
化学組成	SiO_2（ルチルを含む）
硬度	7
原産地	世界各地
チャクラ	全チャクラの調和、オーラの調整
十二星座	すべて
惑星	太陽
効果	水銀中毒による神経障害、筋肉、血管と腸管、免疫系、慢性症状、インポテンツ、不妊、エネルギー枯渇、気道、気管支炎、甲状腺、寄生虫、細胞再生、組織断裂、直立姿勢の促進、母乳分泌、血管の弾力性、気管支炎、早漏、インポテンツ、不感症、無オルガズム症

ルチレーティドクォーツのタンブル

　ルチルを含有することでクォーツ（包括的な特性はp230を参照）内のエネルギーの流れを強化するため、強力な波動による癒しを生み、体内のエネルギーの流れを統合します。宇宙の光を完全なバランスで有し、魂に光を与えると言われ、霊的進化をさ阻むものを壊し、過去を切り離し、あらゆるレベルの許しを促します。オーラを開き、癒しを受容させ、ネガティブなエネルギーをろ過し、感情を解放して、霊の暗い側面と向き合うことを支えます。サイキックアタックに対して強力な防御作用を発揮します。過去世ヒーリングでは、不調（dis-ease）を引き出し、現在に影響している過去世の出来事に対する洞察を促し、魂の課題と現世の計画に結びつけます。問題の根本に到達し、移行や方向転換を促します。感情面では、暗い気分を和らげ、坑うつ剤の働きをします。恐れや恐怖症、不安を軽減し、窮屈さを解き放ち、自己憎悪を抑えます。

バナジナイト（Vanadinite）

結晶系	六方晶系
化学組成	$Pb_5(VO_4)_3Cl$
硬度	2.75〜3
原産地	米国、モロッコ、ザンビア、メキシコ
チャクラ	大地、仙骨、基底
数字	9
十二星座	乙女座
効果	循環呼吸、慢性疲労、膀胱の問題、子宮内膜症、子宮筋腫、子宮内腫瘍、女性ホルモンのバランスをとる、更年期、PMS（月経前症候群）、月経周期の安定化、喘息、肺のうっ血

　自分の身体性を受け入れにくい人に適した石で、魂を肉体にグラウンディングする大地のチャクラと強く結びついており、地球環境の中で心地よく過ごす助けになります。エネルギーを保持する方法を教え、体内のチャネルを開いて、流れ出る宇宙エネルギーを受け入れ、チャクラを調整します。心のざわめきをさえぎり、「無心」の状態をつくります。また意識的に用いることで、非物質的ビジョンやジャーニーのための気づきをもたらします。思考と知性の溝を埋めます。目標を決め、理性的な思考と内なる導きを結びつけます。家の中の富を象徴するコーナーに置くか、小さな石を財布に入れておくと、浪費を抑えます。

注：バナジナイトは毒性があるため慎重に使用してください。

母岩上のバナジナイト

サイモフェイン（Cymophane）

結晶系	斜方晶系
化学組成	$BeAl_2O_4$
硬度	8.5
原産地	ロシア、スウェーデン、スリランカ、ミャンマー、ブラジル、カナダ、ガーナ、ノルウェー、ジンバブエ、中国、オーストラリア
チャクラ	宝冠のチャクラを開き、太陽神経叢のチャクラと調整
数字	6
十二星座	獅子座
効果	眼障害、夜間視力、頭痛や顔面痛、アドレナリン、コレステロール、胸部、肝臓、創造性、戦略的計画、同情、許し、寛容、信頼、自己治癒　身体の右側に身に付ける

　クリソベリル（p82）の包括的な特性を有する他に、知性を刺激し安定させて、心の柔軟性を維持します。無条件の愛を高めます。

サイモフェインのタンブル

サードオニキス (Sardonyx)

結晶系	三方晶系
化学組成	SiO_2(不純物を含む)
硬度	7
原産地	ブラジル、インド、ロシア、トルコ、中東
チャクラ	基底、仙骨（色により異なる）
数字	3
十二星座	牡羊座
惑星	火星
効果	耳鳴、肺、骨、脾臓、感覚器官、体液調節、細胞の代謝、免疫系、栄養素の吸収、老廃物の排出

　防御と解毒の働きをする石で、家や庭のまわりにグリッディングを行うと、防犯に使うことができます。力と保護を象徴する石でもあり、意志の力と性格を強化します。意味深い存在を探させ、誠実で高潔な行為を促します。結婚やパートナーとの関係に長続きする幸福と安定をもたらすといわれ、友情や幸運を引きつけます。スタミナや活力、自制力を高め、抑うつを軽減して、ためらいを克服します。認識力を向上し、情報の吸収と処理を助けます。

サードオニキスの
タンプル

シバリンガム (Shiva Lingam)

結晶系	複合
化学組成	複合砂岩
硬度	1
原産地	ナルマダ川（インド）（人工的に作られたものもある）
チャクラ	基底
十二星座	蠍座
効果	不妊、インポテンツ、月経痛

　このような形をした石は、シバ神(Shiva)およびその配偶者カリ(Kali)との結びつきを象徴するものとして、数千年にわたって神聖視されてきました。セクシュアリティと強い男性エネルギーの象徴であるシバリンガムは、クンダリーニエネルギーを上昇させる力や調節する力を持ち、このエネルギーを身体にグラウンディングさせます。性的な癒しや、男性的なものと女性的なもの、身体と魂といった相反するものの結びつきを促します。関係が終わった後で性的つながりを断ち切り、ヴァギナにつながっていたエーテル体のペニスを取り除きます。洞察力に富み、合わなくなったものを手放す助けをします。特に性的虐待をはじめとする幼少期に端を発する情緒的苦痛に有効で、男性エネルギーへの信頼を回復させます。シバリンガムは基底のチャクラにエネルギーを戻し、新しい人間関係の道を開きます。

自然に形作られた
シバリンガム

茶色のクリスタル

サーペンティン(Serpentine)

結晶系	単斜晶系
化学組成	$(Mg,Al,Fe,Mn,Ni,Zn)_{2-3}(Si,Al,Fe)_2O_5(OH)_4$
硬度	3〜4.5
原産地	英国、ノルウェー、ロシア、ジンバブエ、イタリア、米国、スイス、カナダ
チャクラ	宝冠のチャクラに関連、全チャクラを浄化
数字	8
十二星座	双子座
惑星	土星
効果	長寿、解毒、寄生虫除去、カルシウムとマグネシウムの吸収、低血糖、糖尿病

　ヘビ(Serpent)の皮膚に似ているためにこの名がつき、ヘビの毒やクモ、ハチ、サソリといった生き物から身を守る力があると信じられていました。トランスワーク、儀式、シャーマニズムに適し、とくにケルト民族に有用な石であると言われています。大地とつながる石で、瞑想を助け、人生の霊的基盤への理解を促します。クンダリーニエネルギーを上昇させる新しい経路を開きます。自分の人生を自分でコントロールしているとの実感を深めるのを助け、精神面と感情面のアンバランスを是正して、ヒーリングのエネルギーを問題のある領域に集中させます。

サーペンティンの原石

ブラウンジルコン(Brown Zircon)

結晶系	正方晶系
化学組成	$ZrSiO_4$
硬度	6.5〜7.5
原産地	オーストラリア、米国、スリランカ、ウクライナ、カナダ(色を強めるために熱処理されている可能性有り)
チャクラ	大地
十二星座	射手座
惑星	太陽
効果	相乗効果、恒常性、嫉妬、所有欲、虐待、同性愛嫌悪、女性嫌悪、人種差別、坐骨神経痛、痙攣、不眠、抑うつ、骨、筋肉、めまい、肝臓、月経不順(ペースメーカー使用者とてんかん患者はめまいを起こす場合がある—その場合は直ちに使用を中止すること)

　ジルコン(p261)の包括的な特性を有する他に、センタリングとグラウンディングへの効果にも優れています。

ブラウンジルコンの原石

茶色のクリスタル

タイガーアイ (Tiger's Eye)

結晶系	三方晶系
化学組成	$NaFe(SiO_3)_2$（不純物を含む）
硬度	4〜7
原産地	米国、メキシコ、インド、オーストラリア、南アフリカ
チャクラ	第三の目
数字	4
十二星座	獅子座、山羊座
惑星	太陽
効果	右脳と左脳の統合、知覚、内部対立、プライド、強情、情緒バランス、陰陽、疲労、血友病、肝炎、単核球症、抑うつ、目、夜間視力、咽喉、生殖器官、収縮、骨折

研磨したタイガーアイ

　ローマの戦士は戦で身を守るために彫刻を施したタイガーアイを身につけていたと言われ、この石は今でも防御の石として使われています。大地のエネルギーを太陽のエネルギーと結びつけ、高い波動状態を作り出し、霊的エネルギーを大地に取り込みます。精神的不調（dis-ease）や人格障害を癒し、自尊心や自己批判、また創造性の行き詰まりに対処します。現実感覚を失った人や確かな立場を持たない人に適しています。主張を促し、変化を肉体に定着させ、才能や克服すべき欠点に気づかせて、依存性の性格を変える助けをします。力の正しい使い方を促し、完全性を支え、目標の達成を助けます。願望と本当に必要なものを区別するだけでなく、他者が必要とするものの認識も助けます。

キャッツアイ (Cat's Eye)

結晶系	斜方晶系
化学組成	$BeAl_2O_4$
硬度	8.5
原産地	ロシア、スウェーデン、スリランカ、ミャンマー、ブラジル、カナダ、ガーナ、ノルウェー、ジンバブエ、中国、オーストラリア
チャクラ	宝冠のチャクラを開き、太陽神経叢のチャクラと調整
数字	6
十二星座	獅子座
惑星	金星
効果	眼障害、夜間視力、頭痛や顔面痛、アドレナリン、コレステロール、胸部、肝臓、創造性、戦略的計画、同情、許し、寛容、自信、自己治癒 身体の右側に身に付けること

キャッツアイのタンブル

　キャッツアイは、魔術的特性を持ち、邪悪な目から守ると長く信じられてきました。また、アッシリア人はこの石が身につけた人の姿を消すと信じていました。クリソベリル（p82）の包括的な特性を有する他に、グラウンディングの作用に優れた石でもあり、直観を刺激します。オーラからネガティブなエネルギーを追い払い、オーラ全体を守ります。昔から、美、自信、幸福、安定、幸運をもたらしてきました。

ウルフェナイト (Wulfenite)

結晶系	正方晶系
化学組成	$PbMoO_4$
硬度	3
原産地	米国、メキシコ、ボヘミア、モロッコ、ユーゴスラヴィア、ザイール、オーストラリア
チャクラ	過去世、基底、仙骨
数字	7
十二星座	射手座
効果	出産後の子宮の回復、流産、堕胎、セクシュアリティ、屈辱、細胞記憶、若返り、エネルギー保持

　オーストリアのイエズス会宣教師であったフランツ・ザビエル・ヴルフェン（Franz Xavier Wulfen）にちなんで名づけられました。ヴルフェンは天地創造への興味から鉛鉱石の専門家となった人物です。ウルフェナイトは過去世のヒーリングに力を発揮します。魔術に関した信念のために苦しんでいる場合、この石がその経験を癒し、安心感を取り戻します。ソウルリンクとのコンタクトをもたらすようにプログラミングすることができます。これから出会う魂との契約があるなら、それを認識させてくれます。目的や課題への取り組みの間、魂を結びつけ、適切な時点で解放します。儀式のワークやジャーニーを促進し、他世で保有していた魔術的知識を取り戻し、現世で役立つものにします。人生のポジティブでない面を受け入れさせ、ネガティブな状況の時に落胆するのを防ぎます。ポジティブなものだけに集中し、ネガティブな要素を抑圧するあまり「甘いだけの菓子」のようになり、信頼と安定感をなくしてバランスを崩した人に役立ち、影のエネルギーを統合します。

注：ウルフェナイトは毒性があるため慎重に使用してください。

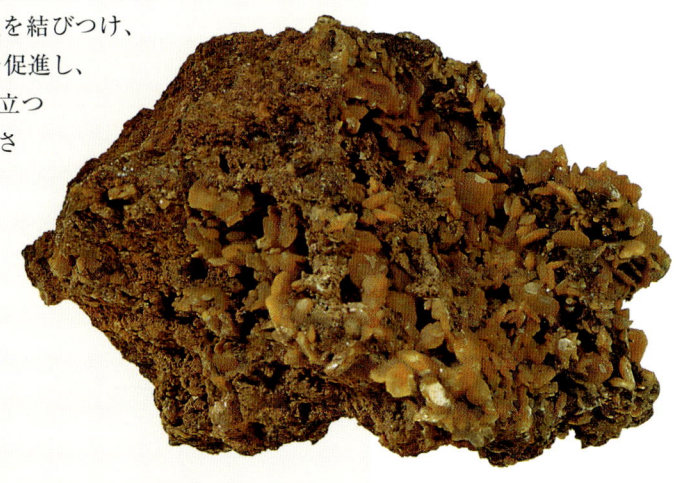

母岩上のウルフェナイト

その他の茶色の石

アルマンディンガーネット(p48)、アンバー(p79)、アパタイト(p133)アベンチュリン(p97)、バライト(p244)、ブラウンフローライト(p177)、カーネリアン(p44)、シナバー(p50)、デンドリティックアゲート(p101)、ダイオプサイド(p104)、グロッシュラーガーネット(p41)、アイドクレース(p116)、アイアンパイライト(p91)、マグネサイト(p252)、モスアゲート(p101)、マスコバイト(p31)、オーシャン・オービキュラー・ジャスパー(p118)、ペリドット(p120)、プレナイト(p122)、セプタリアン(p85)、スミソナイト(p138)、スティルバイト(p260)、ワーベライト(p123)、イエロートパーズ(p87)、ゾイサイト(p56)

黒色、銀色、灰色のクリスタル

黒色の石はネガティブなエネルギーをとらえて変容させることから、強い防御力を持ちます。また解毒作用にも優れています。銀灰色の石の多くは金属を含み、変容と不可視性という錬金術的性質を持つと古くから信じられていました。黒色と灰色の石は土星と、銀色の石は月と水星とそれぞれ結び付いています。

トルマリン(Tourmaline)

結晶系	三方晶系
化学組成	ケイ酸塩複合体(包有物は色により異なる)
硬度	7〜7.5
原産地	スリランカ、ブラジル、アフリカ、米国、オーストラリア、アフガニスタン、イタリア、ドイツ、マダガスカル
チャクラ	大地のチャクラに関連、全チャクラを保護
数字	2(色により異なる)
十二星座	天秤座(色により異なる)
効果	防御、解毒、脊柱の調整、男性性と女性性のエネルギーのバランスをとる、偏執症、読字障害、視覚と手の協調関係、コード化された情報の取り込みと解釈、気管支炎、糖尿病、肺気腫、胸膜炎、肺炎、エネルギーの流れ、閉塞の除去 色毎に固有の治癒能力がある

天然のブラックトルマリン

　シンハラ語の*turamali*からつけられた名を持ちます。圧力をかけると電気を帯びる圧電性と、熱を加えると電気を帯びる焦電性の性質を有しています。熱したトルマリンがパイプの灰を吸着することから、オランダ人はこの石を「灰取り」という意味の*aschentrekker*と呼んでいました。デーヴァのエネルギーとの強い親和力を有し、植物に害虫を寄せつけない効能を持ち、土に埋めればあらゆる農作物の生育を促します。

　濃密なエネルギーを浄化して軽い波動に変え、霊的エネルギーをグラウンディングし、チャクラ、経路、オーラ体のバランスを整え、防御シールドを作ります。昔から水晶占いに使われ、トラブルの際にはその元凶をつきとめ、どちらの方向に進めばいいかを示してくれます。

　強力に心を癒す石で、右脳と左脳のバランスを整え、ネガティブな思考パターンをポジティブなものに変えます。自分と他者の理解を助け、自己の内面深くに導き、自信を高め、恐怖を軽減します。被害者意識を払い、霊感や同情、忍耐、繁栄を引き寄せます。

マイカの内包物を伴ったブラックトルマリンのクローズアップ(典型的な溝がある)

ブラックトルマリン（ショール）
(Black Tourmaline (Schorl))

結晶系	三方晶系
化学組成	ケイ酸塩複合体
硬度	7〜7.5
原産地	スリランカ、ブラジル、アフリカ、米国、オーストラリア、アフガニスタン、イタリア、ドイツ、マダガスカル
チャクラ	大地のチャクラに関連、全チャクラを保護
数字	3、4
十二星座	山羊座
効果	負のエネルギー、消耗性疾患、免疫系、関節炎、鎮痛、脊柱の再調整、防御、解毒、脊柱の調整、男性性と女性性のエネルギーのバランスをとる、偏執症、視覚と手の協調関係、コード化された情報の取り込みと解釈、気管支炎、肺気腫、胸膜炎、肺炎、エネルギーの流れ、閉塞の除去

天然のブラックトルマリン

　トルマリン（p210）の包括的な特性を有する他に、呪いやサイキックアタック、悪意を効果的に遮断します。携帯電話が発する電磁波、電磁波障害、放射線をはじめ、あらゆる種類のネガティブなエネルギーから守ります。首のまわりにつけるか、自分と電磁波を発するものの間に置いてください。ポイントを体から外に向けると、ネガティブなエネルギーを外に出し、閉塞を取り除きます。家やオープンな空間のまわりをグリッディングすれば、あらゆるレベルの防御をもたらします。基底のチャクラとつながり、エネルギーをグラウンディングし、肉体的活力を高め、緊張やストレスを追い払います。ネガティブな思考を取り除き、ゆったりと構える姿勢や、明確で論理的な思考プロセスによる客観的な中立性を促します。どんな状況であれ、ポジティブな姿勢を浸透させて、利他主義や実利的な創造性を刺激します。

トルマリンワンド(Tourmaline Wand)

結晶系	三方晶系
化学組成	ケイ酸塩複合体
硬度	7〜7.5
原産地	スリランカ、ブラジル、アフリカ、米国、オーストラリア、アフガニスタン、イタリア、ドイツ、マダガスカル
チャクラ	大地のチャクラに関連、全チャクラを保護
数字	2（色により異なる）
十二星座	天秤座（色により異なる）
効果	防御、解毒、脊柱の調整、男性性と女性性のエネルギーのバランスをとる、偏執症、読字障害、視覚と手の協調関係、コード化された情報の取り込みと解釈、気管支炎、糖尿病、肺気腫、胸膜炎、肺炎、エネルギーの流れ、閉塞の除去

　天然あるいは成形されたトルマリンワンド（p210「トルマリン」、p279「ワンド」を参照）はヒーリングの道具として有用で、オーラの障害を取り除き、閉塞を解消し、ネガティブなエネルギーを排出して、特定の問題の解決法を示します。チャクラ間のバランスを整えて接続する力にすぐれ、肉体的なレベルでは経絡のバランスを回復させます。各毎に固有の特性があります（個々の記載事項を参照）。

ジェット（Jet）

結晶系	非結晶質
化学組成	含酸素炭化水素
硬度	0.5〜2.5
原産地	世界各地。特に米国
チャクラ	基底、心臓
数字	8
十二星座	山羊座
惑星	土星
効果	気分変調、抑うつ、片頭痛、てんかん、風邪、腺やリンパの浮腫、胃痛、月経痛

　ジェットはこすると電気を帯び、石器時代より、闇の霊から身を守る魔法のお守りとされ、身につける人の体の一部になると言われています。古代ギリシャでは、女神キュベレー（Cybele）の崇拝者たちがジェットを身につけて彼女に気に入られようとし、英国の漁師の妻たちは夫の身の安全を祈ってジェットを燃やしました。この石に引きつけられる人は地球への転生を長く経験した「古い魂」だと言われています。人生をコントロールする力を高め、ネガティブなエネルギーを変容させ、不合理な恐怖を軽減し、暴力や病気を防ぎ、霊的ジャーニーの間身を守ります。財政を安定させ、ビジネスを守るには、金庫の中や富を象徴するコーナーに置きましょう。基底のチャクラを浄化し、クンダリーニを刺激します。胸の上にあてれば、クンダリーニを宝冠のチャクラに導きます。

ジェットの原石

研磨したジェット

ブラックスピネル（Black Spinel）

結晶系	立方晶系
化学組成	$MgAl_2O_4$
硬度	7.5〜8
原産地	スリランカ、ミャンマー、カナダ、米国、ブラジル、パキスタン、スウェーデン（合成の場合もある）
チャクラ	基底、大地
十二星座	牡牛座
惑星	冥王星
効果	筋肉や神経の症状、血管

　スピネル（p260）の包括的な特性の他に、保護作用を有し、エネルギーを大地につなげて、上昇してくるクンダリーニのバランスをとります。物質的な問題に対する洞察をもたらし、継続するためのスタミナを与えます。

ブラックスピネル

ネブラストーン（Nebula Stone）

結晶系	複合
化学組成	複合
硬度	6〜7
原産地	米国
チャクラ	全チャクラ
数字	2
十二星座	蠍座、魚座
効果	細胞レベルでの深層的な治癒、黄斑変性症、ヘルペス、気管支炎、皮膚、回復、情緒体、自己憐憫、不安、現実的な目標、情緒的トラウマ、悲嘆、スタミナ、神経系および免疫系、脱水症、脳、甲状腺、肝臓、胆嚢、副腎、自尊心、完全性、感受性、目標への集中、筋肉と筋肉痛、骨、代謝系 エリキシルは皮膚を柔らかくする

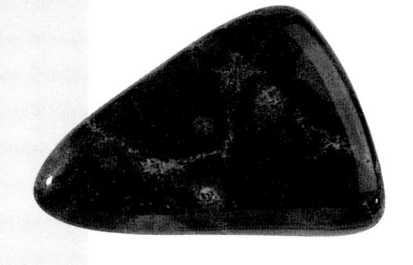

ネブラストーンのタンブル

　エジリン（包括的な特性はp102参照）、カリ長石、クォーツ（p230）、エピドート（p114）から成り、独特の非物質的特性を持つと言われています。クォーツの光の波動が肉体に入り、細胞を啓発してその意識を活性化し、全体的な気づきを促して、魂のルーツを思い出させます。長石の成分は、過去を切り離し、未来に向かって自信を持って前進しつつ同時に、潜在的な感情を理解することを助けます。ネブラストーンを見つめると、外に向かっては無限の世界に、内に向かっては存在を構成する最小粒子にまで導かれます。最終的にはそのふたつがひとつになります。この石はアカシックレコードにつながり、オーラのリーディングを助けます。二元性ではなく一元性の特性を有する石で、自己認識と自己愛を高めます。

ブラックサファイア（Black Sapphire）

結晶系	六方晶系
化学組成	Al_2O_3
硬度	9
原産地	ミャンマー、チェコ、ブラジル、ケニヤ、インド、オーストラリア、スリランカ、カナダ、タイ、マダガスカル
チャクラ	大地、過去世
十二星座	射手座
惑星	月、土星
効果	平静、心の平和、集中、細胞記憶に働きかける多次元的ヒーリング、身体系の活動亢進、腺

　サファイア（p160）の包括的な特性を有する他に、防御とセンタリングの作用に優れ、自分の直観を信頼させます。この石を身につけると、就職の見込みが高まり、職業の維持を助けます。

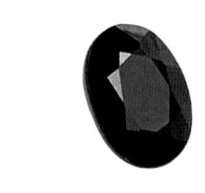

ファセットカットしたブラックサファイア

オブシディアン（Obsidian）

結晶系	非結晶質
化学組成	SiO_2（不純物を含む）
硬度	5〜5.5
原産地	メキシコ、火山地域
数字	1
十二星座	射手座
惑星	土星
効果	同情、力、受け入れにくいものの消化、解毒、閉塞、動脈硬化、関節炎、関節痛、痙攣、外傷、疼痛、出血、循環、前立腺肥大、四肢を温める

　アステカ族は平らな板状のオブシディアンから占いの鏡を作り、古代の人々は魔術的な性質を持つ矢尻や斧を作りました。結晶構造を持たず、境界や限界がないので、非常に速く強力に作用します。最大の利点は、不調（dis-ease）の原因に対する洞察が得られることです。欠点や弱点、閉塞を容赦なく暴きだし、状況の影響力を奪い、何も隠せなくします。成長を促し、しっかりした支えをもたらしますが、取り扱いには注意が必要です。資格を持ったセラピストのガイダンスを受けるのが良いでしょう。深いソウルヒーリングを促し、過去世へと戻して、現世まで持ち越している悪い感情やトラウマを癒し、感情に深みと明瞭さを与えます。

　強い防御力を持つ石であり、ネガティブなものを寄せつけないシールドを作り、基底のチャクラから地球の中心へのグラウンディングコードをもたらします。環境からネガティブなエネルギーを吸収し、サイキックアタックやネガティブな霊的影響を防ぎます。心を明瞭にし、混乱をなくし、思い込みを弱める一方で、精神的なストレスや不調（dis-ease）の裏にあるものを完全に明らかにします。

　オブシディアンのボールは水晶占いに適していますが、見えるものを表現するには巧みな技が必要です。

注： オブシディアンの作用が強力すぎる場合はすぐに取り除き、セレナイトとローズクォーツを用いて平静を取り戻します。

オブシディアンの原石

ブラックオブシディアン（Black Obsidian）

結晶系	非結晶質
化学組成	SiO_2（不純物を含む）
硬度	5〜5.5
原産地	メキシコ、火山地域
数字	3
十二星座	射手座
惑星	土星
効果	力、受け入れにくいものの消化、解毒、閉塞、動脈硬化、関節炎、関節痛、痙攣、外傷、疼痛、出血、前立腺肥大

　オブシディアン（p214）の包括的な特性を有する他に、シャーマニズムの石でもあるブラックオブシディアンは、身体から不調を取り除き、ネガティブなものを強力に引き出し、呪いを追い払います。魂と霊的な力を肉体レベルにグラウンディングし、覚醒した意識の指揮のもとへと導きます。本当の自分に向き合わせ、無意識の心の奥深くまで導き、十分な経験を積んだ後に解放されるようにネガティブなエネルギーを増幅させます。このヒーリング効果はアンセストラルラインやファミリーラインにも効果があります。かつて誤って用いられた力を逆転させ、あらゆるレベルの力の問題を処理します。

オブシディアンの原石

オブシディアンワンド（Obsidian Wand）

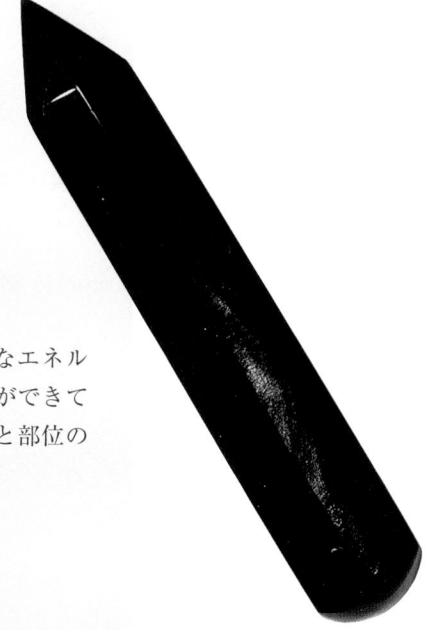

結晶系	非結晶質
化学組成	SiO_2（不純物を含む）
硬度	5〜5.5
原産地	メキシコ、火山地域
数字	1
十二星座	射手座
惑星	土星
効果	力、受け入れにくいものの消化、解毒、閉塞、動脈硬化、関節炎、関節痛、痙攣、外傷、疼痛、出血、循環、前立腺肥大

　オブシディアンワンド（p279「ワンド」を参照）は、情緒体の中にネガティブなエネルギーが存在して除去を必要としており、本人自身にそれを表面化させる準備ができている場所に有効で、オーラを解放し防御して、地球につなげます。閉塞の診断と部位の特定に利用できます（各色のオブシディアンに固有の特質があります）。

オブシディアンワンド

黒色、銀色、灰色のクリスタル

スノーフレーク・オブシディアン
(Snowflake Obsidian)

結晶系	非結晶質（複合結晶を含む）
化学組成	SiO_2（不純物、長石を含む）
硬度	5〜5.5
原産地	メキシコ、火山地域
チャクラ	仙骨
数字	8
十二星座	乙女座
惑星	土星
効果	「誤った思考」の解放、ストレスの多い精神的パターン、恐怖、血管、骨格、循環、傷の治癒、同情、力、解毒、閉塞、動脈硬化、関節炎、関節痛、痙攣、外傷、疼痛、出血、四肢を温める

　オブシディアン(p214)の包括的な特性を有する他に、純粋性を象徴する石でもあり、肉体と精神と霊性のバランスをもたらします。心を静めて落ち着かせる作用があることから、受容できる状態を作り出した後に深くしみ込んだ行動パターンに目を向けさせ、情緒の閉塞を穏やかに解放します。スノーフレーク・オブシディアンの助けがあれば、孤立や孤独が力をもたらすものに変わります。瞑想に身をまかせる術を示します。成功だけでなく失敗にも価値を認めるように諭し、経験の中にある恵みを示し、冷静さと内面のセンタリングを促します。

スノーフレーク・オブシディアンのタンブル

アパッチティアー (Apache Tear)

結晶系	非結晶質
化学組成	SiO_2（不純物を含む）
硬度	5〜5.5
原産地	メキシコ、火山地域
チャクラ	女性の脾臓のチャクラ、男性の基底のチャクラの保護、大地のチャクラの浄化
数字	6
十二星座	牡羊座
惑星	土星
効果	自発性、寛容、蛇の咬傷、解毒、ビタミンCとDの吸収、筋痙攣

　アメリカ先住民の女性が夫や恋人のために流した涙だと昔から言われており、深い悲しみを癒し、苦悩の原因を見抜き、寛容さをもたらします。オブシディアン(p214)の包括的な特性を有する他に、感情の中の否定的な部分を穏やかに指摘して変容させます。またネガティブなエネルギーを吸収してオーラを守る力にすぐれています。分析力を刺激し、自己規制を取り除きます。

水で研磨した天然のアパッチティアー

ブラックカイアナイト(Black Kyanite)

結晶系	三斜晶系
化学組成	Al_2SiO_5
硬度	5.5〜7
原産地	米国、ブラジル、スイス、オーストリア、イタリア、インド
チャクラ	全チャクラを調整
数字	4
十二星座	牡羊座、牡牛座、天秤座
効果	細胞記憶の再プログラミング、環境の解毒、精神の浄化、泌尿生殖器系、筋肉、咽喉、副甲状腺、非物質的能力、論理的直線的思考、犠牲、欲求不満、怒り、ストレス、あきらめ、痛み、器用さ、筋肉障害、発熱、甲状腺と副甲状腺、副腎、脳、血圧、感染、過体重、小脳、運動反応、陰陽のバランス、喉頭、かすれ声、運動神経

　カイアナイト(p152)の包括的な特性を有する他に、強いヒーリング力を持ち、肉体の細胞を全なる神の青写真と接続して、最高の健康を維持すると言われています。地球上の生への完全な転生を助け、必要に応じて転生の間の状態あるいは他世へ移動して現世の人生設計の知識へアクセスするのを助けることから、転生によって起こり得る来世にアクセスして現世で行った複数の選択の結末を確認した上で最も建設的な未来を作り出すためにブラックカイアナイトが用いられてきました。地球との強いつながりを持ち、環境保護を支え、地球の進化を助ける人と結びつきます。

扇状になった
ブラックカイアナイト

テクタイト(Tektite)

結晶系	非結晶質
化学組成	地球外物質
硬度	様々
原産地	中東および極東、フィリピン、ポリネシア、米国、インド、ロシア
チャクラ	全チャクラの回転を是正
数字	9
十二星座	牡羊座、蟹座、
効果	発熱、毛細血管、循環、心霊手術

　宇宙から飛来した隕石で、多産のお守りとして昔から身につけられてきました。過去世や他の惑星、他次元での生を明らかにします。地球外とのコミュニケーションを促進し、高次の知識の吸収を通した霊的成長を促進すると言われており、望ましくない経験を忘れさせ、学んだ教訓を思い出させます。問題の核心へ深く導き、真の原因と必要な行動に洞察をもたらします。体のまわりの生体磁気シースを強化し、性格の中の男性性と女性性のエネルギーのバランスを整えます。

　モルダバイト(p121)も参照。

天然のテクタイト

黒色、銀色、灰色のクリスタル

ベイサナイト（ブラックジャスパー）
(Basanite (Black Jasper))

結晶系	三方晶系
化学組成	SiO_2（不純物を含む）
硬度	7
原産地	世界各地
チャクラ	大地
十二星座	蠍座、山羊座
効果	電磁波汚染および環境汚染、放射線、ストレス、長期疾患および入院、血液循環、消化器と生殖器、体内のミネラルバランスをとる

　ジャスパー（p45）の包括的な特性を有する他に、占いの石としても役立ち、深い変性意識状態にして予言的な夢やビジョンを見せます。自分の守護動物を呼び出すことができます。また、黒ヒョウに関連するシャーマンの系譜と強いつながりを持っています。

研磨したベイサナイト

ホークアイ(Hawk's Eye)

結晶系	三方晶系
化学組成	$NaFe(SiO_3)_2$（不純物を含む）
硬度	4～7
原産地	米国、メキシコ、インド、オーストラリア、南アフリカ
チャクラ	基底、第三の目
数字	4
十二星座	獅子座、山羊座
惑星	太陽
効果	肩のこわばりや首の凝りの裏にある心身性の原因を表面化、循環器系、腸、脚、右脳と左脳の統合、認識、内なる対立、プライド、強情、陰陽、疲労、夜間視力、収縮

　家や部屋の中の富を象徴するコーナーに置くと繁栄を引き寄せます。タイガーアイ（p206）の包括的な特性を有する他に、ビジョンや洞察を助け、透視のような非物質的能力を高める働きがあります。現世あるいは過去世から封じ込められた感情や不調（dis-ease）を穏やかに表面化させ、制限されたネガティブな思考パターンや根深い行動パターンを解消します。問題を大局的に見通し、悲観的な姿勢を改善し、自分が起こした問題を他者に責任転嫁したい欲望を静めます。エネルギーをグラウンディングし、大地のエネルギーを癒します。

ホークアイのタンブル

オニキス (Onyx)

結晶系	三方晶系
化学組成	SiO_2（炭素と鉄を含む）
硬度	7
原産地	イタリア、メキシコ、米国、ブラジル、南アフリカ
数字	6
十二星座	獅子座
惑星	火星、土星
効果	賢明な決断、自信、センタリング、活力、聴力、確固たる姿勢、スタミナ、悲嘆、極度の恐怖、性欲の抑制、陰陽のバランス、歯、骨、骨髄、血液疾患、足

　古代においては、オニキスの中に悪魔が閉じこめられており、夜になると目を覚まし、特に恋人たちに不和の種をまくと信じられていました。現代では、力を与える石として知られ、闇夜や人気のない場所で身を守ります。未来を見せ、自分の運命の主体者になるよう促します。古い習慣を払拭する決別の石でもあり、人間関係を安定化させる必要がある時や、もはや無効となった関係を解除する必要がある時に有用です。自分の意図を明かさずにおく手助けをし、身につけている人に起こることを記憶することから、サイコメトリーに利用できます。過去世ワークにおいて、現世に影響を与えている古い傷や肉体的トラウマを癒すのに有効で、浮わついた人を安定した生活につなぎとめ、自制心を与えます。

オニキスのタンブル

ブラックアクチノライト (Black Actinolite)

結晶系	単斜晶系
化学組成	$Ca_2(Mg,Fe)_5Si_8O_{22}(OH)_2$
硬度	5.5〜6
原産地	米国、ブラジル、ロシア、中国、ニュージーランド、カナダ、台湾
チャクラ	基底
数字	4、9
十二星座	蠍座
効果	アスベストに関連した癌、免疫系、肝臓、腎臓

　アクチノライト (p104) の包括的な特性を有する他に、使い古して合わなくなったものをすべて徐々に取り除き、新たなエネルギーが沸きあがる道を開くようにプログラミングすることができます。自分のネガティブな思考から身を守る盾としても優れた石です。

天然の
ブラックアクチノライト

ブラックオパール（Black Opal）

結晶系	非結晶質
化学組成	$SiO_2 \cdot nH_2O$（不純物を含む）
硬度	5.5〜6.5
原産地	オーストラリア、ブラジル、米国、タンザニア、アイスランド、メキシコ、ペルー、英国、カナダ、ホンジュラス、スロヴァキア
チャクラ	大地
十二星座	蟹座、天秤座、蠍座、魚座
効果	自尊心、生きる意欲の強化、直観、恐怖、忠誠、自発性

オパール（p254）の包括的な特性を有する他に、儀式的魔術のパワーストーンとして高く評価されています。

研磨したブラックオパール

ヌーマイト（Nuummite）

結晶系	斜方晶系
化学組成	$(Mg,Fe)_7 (Si_8O_{22}) (OH,F)_2 (Mg,Fe)_5 (Al_2O_{22}) (OH,F_2)$
硬度	6
原産地	グリーンランド
チャクラ	過去世、額のチャクラと関連、全チャクラを開いて統合
数字	3
十二星座	射手座
惑星	冥王星
効果	変化、直観、不眠、ストレス、変性疾患、組織の再生、三焦経の強化、パーキンソン病、大脳辺縁系、頭痛、インスリン調節、目、脳、腎臓、神経

地上最古の鉱石といわれている魔術師の石です。オーラのシールドを強化し、秘密裏にかつ確実にジャーニーを行う助けになります。この強力な石が持つ魔術は正しい目的で使われなければなりません。過去世とのコンタクトを認識させ、力を間違って用いたことによるカルマの罪を明らかにし、再び巻き込まれないように注意を喚起します。肉体や情緒体からカルマの残骸を引き出し、エネルギーと力をすみやかに回復させます。過去の操作や儀式のワークから生じたもつれを断ち切り、あなたを守る必要があるとする他者の誤った思いから生じた問題を取り除きます。尊敬を教え、現在の生活に関連する義務や約束だけを果たすように促します。オーラと肉体を調整し、地球外を源とする精神的注入を除去します。この石はシルバーと組み合わせて用いてください。

研磨したヌーマイト

ブラックカルサイト（Black Calcite）

結晶系	六方晶系
化学組成	$CaCO_3$
硬度	3
原産地	米国、英国、ベルギー、チェコ、スロヴァキア、ペルー、アイスランド、ルーマニア、ブラジル
チャクラ	過去世、基底、大地
十二星座	蟹座
効果	学習、動機、怠惰、排泄器官、カルシウムの骨への吸収、石灰化沈着物の溶解、骨格、関節、腸症状

　カルサイト（p245）の包括的な特性を有する他に、レコードキーパーの石でもあり、記憶回復を助け、過去を解放します。トラウマやストレスを受けた後で魂が体に戻るように促し、暗たんとした抑うつを和らげます。魂の暗夜を共に過ごすのに有用な石です。

天然のブラックカルサイト

メルリナイト（サイロメレーン）（Merlinite (Psilomelane)）

結晶系	六方晶系
化学組成	SiO_2（不純物を含む）
硬度	7
原産地	ニューメキシコ（米国）
チャクラ	過去世、額、高次の心臓
数字	6
十二星座	双子座
惑星	太陽、月
効果	過去世ヒーリング、調和、陰陽や男性性と女性性のエネルギーのバランスをとる、意識と潜在意識、知性と直観、呼吸器系、循環器系、腸、心臓

　クォーツ（包括的な特性はp230を参照）とサイロメレーンが組み合わさった石で、地、風、火、水の4つの要素に同調し、シャーマン、錬金術師、魔術を使う聖職者、その他魔術に関連したワークを行う人々の知恵を持ちます。未来をのぞき見せ、シャーマンの儀式や魔術的儀式の間の支えとなり、満足のいく結果をもたらします。2つの色は霊的な波動と地球の波動を相互に補い、融合し、多次元に結びつけます。エネルギーを浄化する力が強く、精神と情緒のエーテル性青写真に深くしみこんだ行動パターンを再プログラミングします。過去にさかのぼって、アカシックレコードの解読を助けることから過去世ヒーリングに適します。人生に不思議な力と幸運をもたらします。サイロメレーンはエネルギーを節約する石で、物事を処理する速度を落とし、ネガティブな経験を受け入れるようにします。

研磨したメルリナイト

黒色、銀色、灰色のクリスタル

ヘマタイト (Hematite)

結晶系	六方晶系
化学組成	Fe_2O_3
硬度	5.5〜6.5
原産地	米国、カナダ、イタリア、ブラジル、スイス、スウェーデン、ベネズエラ、イングランド（英国）
チャクラ	大地、基底、過去世
数字	9
十二星座	水瓶座、牡羊座
惑星	土星
効果	臆病な女性、自尊心、意志力、三焦経、数学や技術科目の学習、法的状況、強迫的欲求、依存症、過食、喫煙、過度の甘やかし、ストレス、ヒステリー、炎症、勇気、出血、月経過多、身体の熱を取る、赤血球、血液の調整、鉄の吸収、循環器系障害、レイノー病、貧血、腎臓形成、組織再生、脚の痙攣、神経障害、不眠、脊椎の調整、骨折

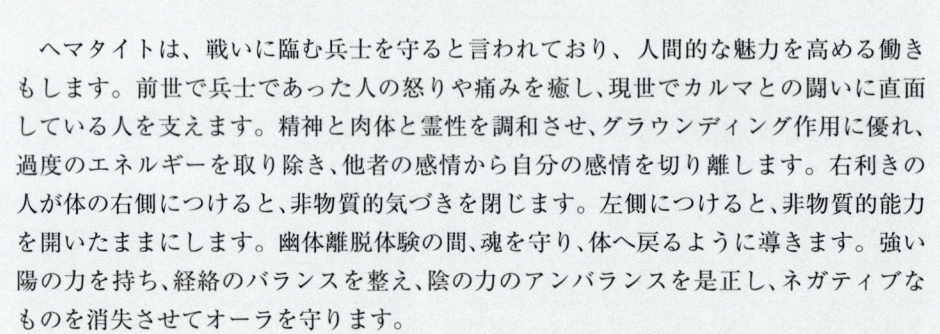

ヘマタイトのタンブル

　ヘマタイトは、戦いに臨む兵士を守ると言われており、人間的な魅力を高める働きもします。前世で兵士であった人の怒りや痛みを癒し、現世でカルマとの闘いに直面している人を支えます。精神と肉体と霊性を調和させ、グラウンディング作用に優れ、過度のエネルギーを取り除き、他者の感情から自分の感情を切り離します。右利きの人が体の右側につけると、非物質的気づきを閉じます。左側につけると、非物質的能力を開いたままにします。幽体離脱体験の間、魂を守り、体へ戻るように導きます。強い陽の力を持ち、経絡のバランスを整え、陰の力のアンバランスを是正し、ネガティブなものを消失させてオーラを守ります。

　生存能力を高める力もあります。また、潜在意識にアクセスして、あなたの人生の原動力となっている満たされない欲望に注目するのに優れた石でもあります。失敗を学びの経験として受け入れさせ、自分の性格の影の面に向き合うのを助けます。記憶力を高める石でもあります。炎症のある部位への使用、長時間の使用は避けてください。

未研磨のヘマタイト

スペキュラーヘマタイト（Specular Hematite）

結晶系	六方晶系
化学組成	Fe_2O_3
硬度	5.5〜6.5
原産地	米国、カナダ、イタリア、ブラジル、スイス、スウェーデン、ベネズエラ、イングランド（英国）
チャクラ	大地、宝冠
十二星座	水瓶座
惑星	土星
効果	ヘモグロビン、貧血、血液障害 物理レベルを超えた部分で最良の働きをする

　ヘマタイト（p222）の包括的な特性を有する他に、個人に特有の霊性を地球上で表現するのを助け、独自の才能の発揮に最も適した場所を示します。高周波の霊的エネルギーを日常の現実にグラウンディングし、精妙体と肉体の波動を変化させます。この石は電磁波エネルギーを中和するのでコンピュータのそばに置くと有益です。

研磨した
スペキュラーヘマタイト

ガレナ（Galena）

結晶系	立方晶系
化学組成	PbS
硬度	2.6
原産地	米国、ロシア、英国
数字	22
十二星座	山羊座
惑星	土星
効果	解毒、多次元的細胞ヒーリング、炎症や発疹、脂肪の沈着、血液循環、血管、関節、セレンと亜鉛の吸収、毛髪

　ガレナは「調和の石」で、あらゆるレベルにおいてバランスをもたらし、物理界、エーテル界、霊界の次元を調和させます。ホリスティックな癒しを促すことから、医師、ホメオパシー療法家、ハーブ療法家に適し、研究や試験の進展を促進します。グラウンディングの石でもあり、人間として転生した存在に魂をつなぎとめ、自身のセンタリングを助けます。心を開き、考えを広げ、過去において設定された自己制限的な思い込みを解消します。

注： ガレナは強い毒性があるため慎重に使用してください。

ガレナの原石

黒色、銀色、灰色のクリスタル

モリブデナイト（Molybdenite）

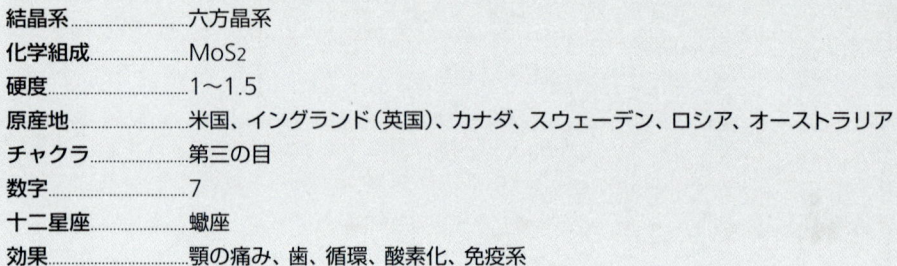

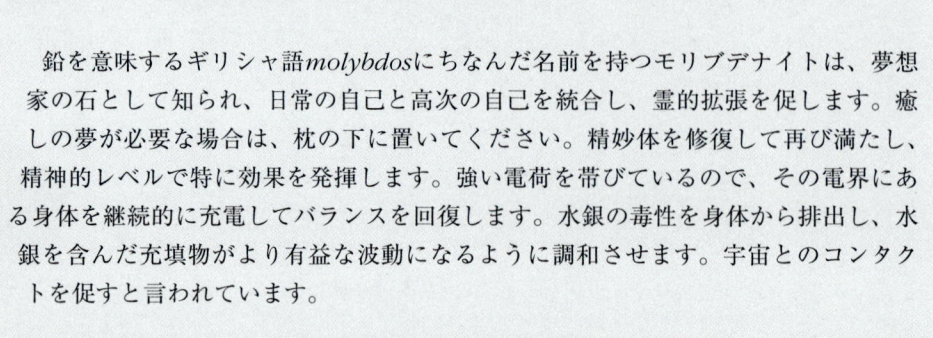

結晶系	六方晶系
化学組成	MoS_2
硬度	1〜1.5
原産地	米国、イングランド（英国）、カナダ、スウェーデン、ロシア、オーストラリア
チャクラ	第三の目
数字	7
十二星座	蠍座
効果	顎の痛み、歯、循環、酸素化、免疫系

　鉛を意味するギリシャ語*molybdos*にちなんだ名前を持つモリブデナイトは、夢想家の石として知られ、日常の自己と高次の自己を統合し、霊的拡張を促します。癒しの夢が必要な場合は、枕の下に置いてください。精妙体を修復して再び満たし、精神的レベルで特に効果を発揮します。強い電荷を帯びているので、その電界にある身体を継続的に充電してバランスを回復します。水銀の毒性を身体から排出し、水銀を含んだ充填物がより有益な波動になるように調和させます。宇宙とのコンタクトを促すと言われています。

注：モリブデナイトは毒性があるため慎重に使用してください。

クォーツの母岩上の
モリブデナイト

パイロリューサイト（Pyrolusite）

結晶系	正方晶系
化学組成	MnO_2
硬度	6〜6.5
原産地	米国、ドイツ、ウクライナ、南アフリカ、ブラジル、インド、英国
数字	7
十二星座	獅子座
効果	自信、楽観主義、決断、気管支炎、代謝、血管、セクシュアリティ、視力

　「火で洗う」という意味のギリシャ語に由来した名前を持ち、ガラス製造の際、鉄分がつけた色を消すのに使われていました。エネルギーを再構築する力によって、エネルギー障害を癒し、体中の不調（dis-ease）を変容させます。ネガティブなエネルギーを追い払い、心霊からの妨害を払いのけ、過度の精神的影響を防ぎ、感情操作を解消し、低次のアストラル界からの注目をさえぎるバリアを作ります。自分自身の信念に忠実でいられるようにし、粘り強い性質を持つこの石は、問題の根本に向かい、変容を助けます。深い感情の癒しやボディーワーク中の支えとなり、情緒体の中の不調（dis-ease）や閉塞を解放し、人間関係を安定させます。

母岩上の
パイロリューサイト原石

スティブナイト（Stibnite）

結晶系	斜方晶系
化学組成	Sb_2S_3
硬度	2
原産地	日本、ルーマニア、米国、中国
数字	8
十二星座	蠍座、山羊座
惑星	土星
効果	アストラルジャーニー、硬直、食道、胃

　アンチモンを意味するギリシャ語*stibi*に由来する名を持つスティブナイトは、金の分離に用いられた石で、不純物から純粋なものを切り離す他に、憑霊やネガティブなエネルギーの解放にも優れています。瞑想に用いると、防御の働きをして、エネルギーのシールドを作ります。自分の中心の重要なものを見る手助けをし、困難な経験の中にある恵みに光を照らします。特に物理的な別離の後など、しつこい人間関係から生まれる"触手"を除去し、しがらみを断ち切り、過去世を解放します。かつてのパートナーに「ノー」と言えないような状況において特に有益です。オオカミのエネルギーを持つため、このシャーマンの守護動物を引き寄せて、ジャーニを共にするために利用できます。

注：スティブナイトは毒性があるため慎重に使用してください。

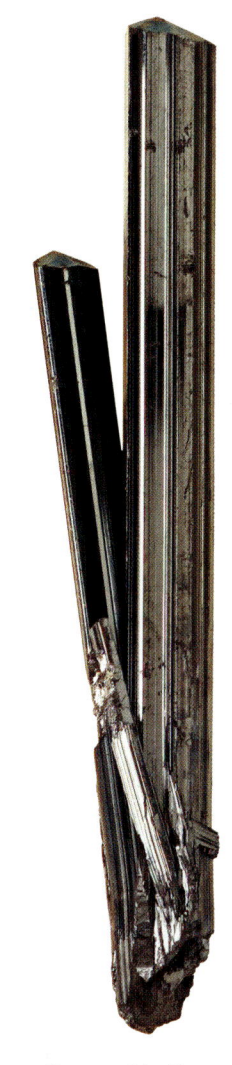

天然スティブナイトのワンド

シルバーシーン・オブシディアン（Silver Sheen Obsidian）

結晶系	非結晶質
化学組成	SiO_2（不純物を含む）
硬度	5〜5.5
原産地	メキシコ、火山地域
チャクラ	第三の目
数字	2
十二星座	射手座
惑星	土星
効果	同情 物理レベルを超えた部分で最良の働きをする

　オブシディアン（p214）の包括的な特性を有する他に、内なる自己を映す鏡でもあり、瞑想を促し、占いに最適です。幽体離脱体験中には、アストラル体を肉体につなげ、魂を元に戻します。人生を通して優位性をもたらし、忍耐と根気を与えます。

研磨したシルバーシーン・オブシディアン

黒色、銀色、灰色のクリスタル

グレイバンデッドアゲートとボツワナアゲート
(Grey-banded and Botswanna Agate)

結晶系	三方晶系
化学組成	SiO_2
硬度	6
原産地	米国、インド、モロッコ、チェコ、ブラジル、アフリカ
チャクラ	宝冠
十二星座	蠍座
惑星	水星
効果	感情的抑圧の解放、解毒、官能性、セクシュアリティ、妊孕性、芸術的表現、抑うつ、脳、酸素の吸収、情緒的トラウマ、自信、集中、受容、分析力、オーラの安定化、負のエネルギーの変容

　ボツワナアゲートとグレイバンデッドアゲートは、アゲート (p190) の包括的な特性を有し、いずれも筋の模様がついた外観と効果が非常によく似ています。肉体を精妙体に調和させ、二元性を取り除き、健康を維持します。グレイバンデッドアゲートを第三の目の上に置くと、現世で別の魂に操作を及ぼしつづけるグル、パートナー、親、メンターへの精神的絆をすばやく断ち切り、失われたエネルギーを再び満たします。オーラを守る作用があり、筋の模様が多次元の現実への旅に導きます。傷つきやすい人には、問題よりも解決方法に目を向けることを教えます。視野を広げ、未知の領域や自身の創造性の探求を助けると共に、細部にも注意を払わせます。ボツワナアゲートは自分や家族を守るようにプログラミングすることが可能で、客観的で息苦しくない保護的な愛をもたらします。グレイバンデッドアゲートはクモを追い払うといわれ、また不快ではないめまいを起こす場合があります。ボツワナアゲートは火や煙に関係している人、特に喫煙者や禁煙したい人に最適です。

研磨したグレイバンデッドアゲート

研磨したボツワナアゲート

パミス (Pumice)

結晶系	非結晶質
化学組成	不明
硬度	1
原産地	世界各地
チャクラ	高次の心臓、太陽神経叢
効果	腸の洗浄、解毒

　パミスはクリスタルではありませんが、ヒーリング力が強く、心臓や消化管の痛みや、長期にわたる心の傷を癒します。結腸洗浄中の毒素の排出を助け、施術者からもネガティブなエネルギーを除去します。表面上は自らかかえる痛みのためにいらだっているように見えるものの、心の鎧の下では無防備さを感じている自己防衛的な人々を助けます。信頼と受容をもたらし、防御のバリアを取り去るようにやさしく促し、他者を受け入れさせ、あらゆるレベルの親密さを高めます。

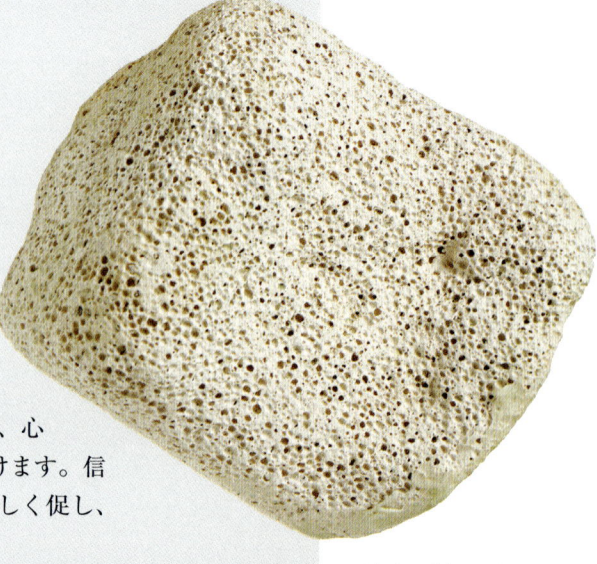

海水で削られた天然パミス

ラブラドライト（スペクトロライト）
(Labradorite (Spectrolite))

結晶系	三斜晶系
化学組成	$(CaNa)(SiAl)_4O_8$
硬度	5～6
原産地	イタリア、グリーンランド、フィンランド、ロシア、カナダ、スカンジナビア
チャクラ	第三の目、宝冠、高次の宝冠、額
数字	6、7
十二星座	獅子座、蠍座、射手座
効果	ラジオニクスによる遠隔ヒーリング実施時の患者の身代わり、肉体とエーテル体の調整、PMS（月経前症候群）、いぼの除去（部位にテープで貼っておく）、活力、独創性、忍耐、目、脳、ストレス、代謝の調節、風邪、通風、リウマチ、ホルモン、血圧

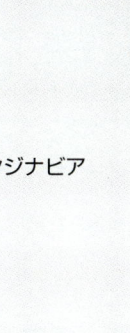

　変容の石であり、肉体と魂をアセンションプロセスのために準備させます。非常に神秘的で、防御の力が強いこの石は、意識を高め、オーラから不要なエネルギーを除き、エネルギーの漏出を防ぎます。神秘の知恵を持ち、別の世界や別の世に導きます。過去の失望からくる恐れと不安、霊の残骸を追い払い、宇宙への信頼を強めます。オーラのなかに引っかかっている思考形式を含む他者からの投影を取り除きます。ラブラドライトがあると、分析や合理性と内なる目のバランスをとることができます。変化の際に手元に置くと有益で、力と忍耐を与えます。

天然のラブラドライト

ラブラドライトのタンブル

研磨したラブラドライトのポリッシュ

その他の黒色と灰色の石

黒色：アンドラダイトガーネット（p192）、キャシテライト（p139）、デンドリティックアゲート（p101）、ダイオプサイド（p104）、ガーネット（p47）、ヘミモルファイト（p197）、マグネタイト（p200）、メラナイトガーネット（p50）、オパール（p254）、フェナサイト（p256）、サードオニキス（p204）、ビビアナイト（p116）、ワーベライト（p123）。灰色：アンハイドライト（p243）、アパタイト（p133）、バライト（p244）、ブラックカルセドニー（p247）、セルサイト（p247）、キャストライト（p194）、クリサンセマムストーン（p195）、シナバー（p50）、ダイオプサイド（p104）、アイオライト（p150）、ラリマー（p153）、マグネサイト（p252）、マスコバイト（p31）、オニキス（p219）、ペタライト（p255）、スミソナイト（p138）、チューライト（p36）、バリサイト（p122）、ビビアナイト（p116）、ジルコン（p261）

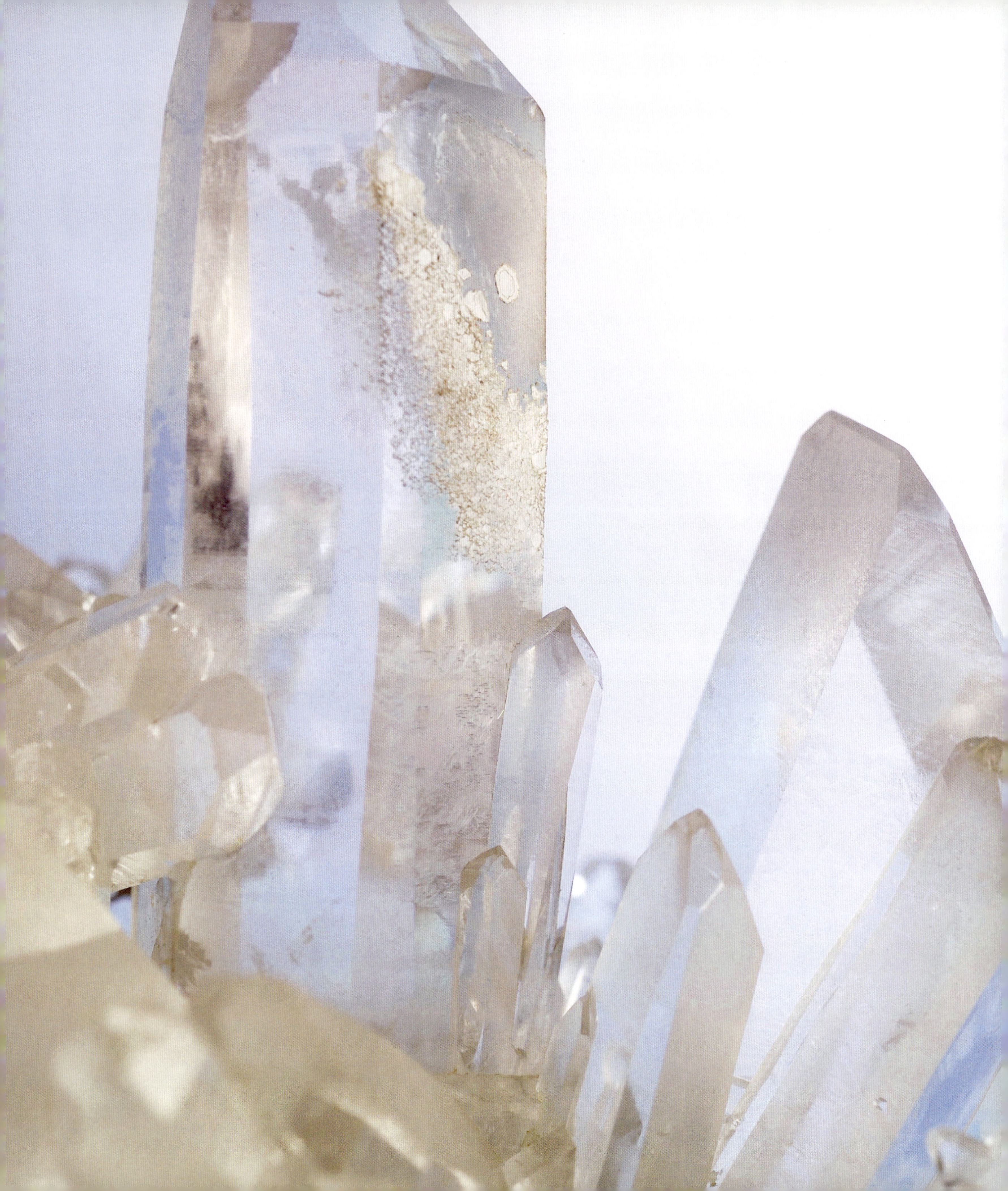

白色と無色のクリスタル

白色と無色の石は純粋な光のバイブレーションを持ち、最高次の存在の領域へとつながり、高次の宝冠のチャクラや月と共鳴します。強力なエネルギー活性化作用を持ち、生体磁気シースを浄化して癒し、まわりの環境へエネルギーを放射します。

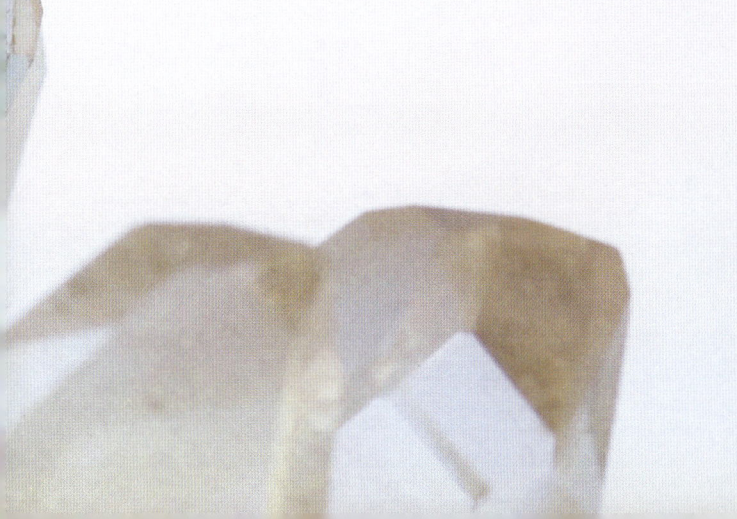

クォーツ（Quartz）

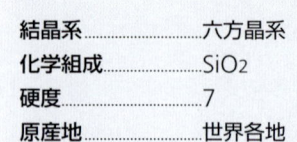

結晶系	六方晶系
化学組成	SiO_2
硬度	7
原産地	世界各地
チャクラ	全チャクラの調和、オーラの調整（他の形状も参照のこと）
数字	4
十二星座	全星座
惑星	太陽、月
効果	あらゆる症状に対するマスターヒーラー、エネルギー強化、細胞記憶に働きかける多次元的ヒーリング、プログラミングに対する効果的な受容体、筋力テストの成績向上、臓器の浄化と強化向上、放射線からの保護、免疫系、体のバランス調整、熱傷の鎮痛化

人工的に成形された
ダブルターミネーティドの
クォーツ

バーナクルと
ブリッジを伴う
クォーツのクラスター

　ギリシャ人はクォーツを、氷を意味する krystallos と呼びましたが、名前の起源はゲルマン語であるとも考えられます。数千年にわたって魔法とシャーマニズムの強力なツールとして尊ばれ、アメリカ先住民からは祖母なる大地の脳細胞と呼ばれています。クリアークォーツはあらゆる色を内包し、存在の多次元レベルに作用します。電磁エネルギーを発生し、静電気を追い払い、極めて強力なヒーリング作用とエネルギーの増幅作用を持ちます。エネルギーの吸収、蓄積、放出、調整を行います。クォーツを手に持てば生体磁場が2倍になり、鍼治療にクォーツでコーティングした針を用いれば効果が1割増します。波動レベルで作用し、使い手が求める特定の条件に同調し、エネルギーを可能な限り完全な状態へと導き、不調（dis-ease）が生じる前の状態に戻します。魂の深い浄化を行い、肉体の次元と精神の次元を結びつけます。クォーツは宇宙のコンピュータのような働きをして、情報を蓄積します。またカルマの種を解消する力があります。非物質的能力を高め、霊的な目的に同調します。

　様々な形状や構造のものがあり、いずれも包括的な特性を有する他に、それぞれに固有の特性をあわせ持ってます。クォーツのポイントや形状は、形成された速度によって異なり、重要な意味を持ちます（p272〜273）。

クォーツ・クラスターのクローズアップ。
大型の多次元的形状の一部

クォーツワンド（Quartz Wand）

結晶系	六方晶系
化学組成	SiO_2
硬度	7
原産地	世界各地
チャクラ	全チャクラの調和、オーラの調整
十二星座	全星座
惑星	太陽、月
効果	あらゆる症状に対するマスターヒーラー、細胞記憶に働きかける多次元的ヒーリング、プログラミングに対する効果的な受容体、臓器の浄化と強化、免疫系、体のバランス調整、エネルギー強化

　長い透明なクォーツには、天然のものも成形されたものも、クォーツ（p230）とワンド（p279）の包括的な特性の他に、正負の電荷を発生させる働きがあります。エネルギーを強力に増幅し、必要に応じて集中させたり、取り除いたりします。不調（dis-ease）の根本的な原因に働きかけて、変化を与えます。肉体やオーラの閉塞部分や弱い部分を示して、癒します。

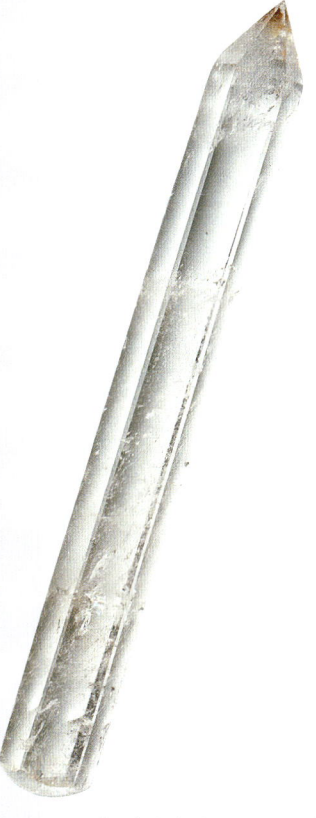

成形されたクォーツワンド

レーザークォーツ（Laser Quartz）

結晶系	六方晶系
化学組成	SiO_2
硬度	7
原産地	世界各地
チャクラ	全チャクラの調和、オーラの調整（他の形状も参照のこと）
十二星座	全星座
惑星	太陽、月
効果	あらゆる症状に対するマスターヒーラー、細胞記憶に働きかける多次元的ヒーリング、プログラミングに対する効果的な受容体、エネルギー強化、臓器の浄化と強化、免疫系、体のバランス調整、心霊手術

　自然に形成されたレーザークォーツは純粋な意志を必要とする強力なヒーリングツールです。クォーツ（p230）とポイント（p277）の包括的な特性を有する他に、エネルギーを収束、凝縮、加速させ、1本の細い光線を生み出します。この光線は心霊手術に適する他、鍼治療の経穴を刺激し、体の奥深くにある松果体や脳下垂体といった小さな構造に達して精密な作用を及ぼします。憑霊や執着、他人とのつながりを引き離し、否定性や、不適切な態度、古い思考パターンやエネルギーの閉塞を切り払い、それらがあった場所を封鎖します。

レーザークォーツ

白色と無色のクリスタル

キャンドルクォーツ（Candle Quartz）

結晶系	六方晶系
化学組成	SiO_2
硬度	7
原産地	世界各地
チャクラ	心臓と額のチャクラに関連、オーラを浄化
惑星	月
効果	心身症、炭水化物や栄養分をエネルギーに変換、インスリンの調節、頭痛

　溶けたロウのように見えるキャンドルクォーツは、惑星と、地球の波動の変化を助けようと転生したものたちに光をもたらすと言われています。クォーツ（p230）の包括的な特性を有する他に、水晶占いに用いたり個人的な啓示を得るのにも有効です。魂の目的を明示し、人生の道に焦点を当て、太古の知識を実行に移す助けとなり、守護天使を引き寄せます。自分と自分の身体を好きだと思わせることで、肉体的な転生に困難を感じている人々に役立ちます。圧迫感や絶望感を追い払い、落ち着きと自信をもたらします。明瞭さを浸透させ、真実を見つけるべく内面を見つめるよう促し、感情面や精神面のストレスがいかに肉体に悪影響を与えるかを理解させ、心を癒す助けもします。大型のキャンドルクォーツは霊的な豊かさを引き寄せるプログラミングができます。

天然の
キャンドルクォーツ
（ツインフレーム）

カテドラルクォーツ（Cathedral Quartz）

結晶系	六方晶系
化学組成	SiO_2
硬度	7
原産地	南アフリカ
チャクラ	過去世、宝冠、高次の宝冠
効果	特に優れた鎮痛効果、軽い症状の迅速な治癒、エネルギー強化、細胞記憶に働きかける多次元的ヒーリング、プログラミングに対する効果的な受容体

　太古からの叡智を内包し、地球上で起こったすべてのことへのアクセスを可能にするライトライブラリー（Light Library）で、とりわけ集団でのワークに優れた力を発揮します。多くが非常に大きいものですが、小さなものでもあなたが必要としている情報をもたらします。カテドラルクォーツは複雑に入り組んだポイントや独立したポイントで構成されているように見えますが、実際はすべて1つの主たるクリスタルの一部です。瞑想で用いれば、宇宙意識への同調を助け、思考を高次の波動に高めることで意識の進化を促します。クォーツ（p230）の包括的な特性を有する他に、他のクリスタルの内部へとつながり、その効果を増幅します。集団の想念に対して受容体や送信体となり、想念を高次の波動へと高めます。より良い世界をもたらすようにプログラミングできます。痛みや不調（dis-ease）の部位に置くと、すばやく緩和します。

天然のカテドラルクォーツ

エレスチャルクォーツ（Elestial Quartz）

結晶系	六方晶系
化学組成	SiO_2
硬度	7
原産地	世界各地
チャクラ	宝冠、過去世、額のチャクラに関連、全チャクラ間のエネルギーの流れをつなぐ
惑星	月
効果	多次元的細胞ヒーリング、再生、再構成、混乱、霊的進化、自己治癒、薬物やアルコール依存症後の脳細胞の回復、マスターヒーラー、エネルギー強化、臓器の浄化と強化、体のバランス調整

　内部にスケルトン（骨格）を有しているものもあり、あなたを他の世へと導いてカルマを理解させたり、自身の内深くに入り込ませてワークにおける霊的なプロセスへの洞察をもたらしたりします。クォーツ（p230）の包括的な特性を有する他に、深いカルマの解放を促し、核となる魂の癒しや宇宙への信頼をもたらします。変化と変容の石で、霊的かつ個人的な進化をすばやく刺激し、宇宙の中心や自身の魂の中に存在する知識に同調するのに最適です。自分の人生の道を確実に歩ませます。神や高次の霊的な段階と結びつき、霊的な才能を開花させます。触媒として、閉塞や恐れを取り除き、相反するもののバランスを取り、必要な変化への道を開きます。その変化は突然、予期せず起こる可能性があります。支え励ますことで、精神的な重荷を克服し、豊かな癒しと浄化の非常に大きなエネルギーを生み出します。

注：エレスチャルクォーツは高バイブレーションの石です。

透明のエレスチャルクォーツの天然の形状

フェンスタークォーツ（Fenster Quartz）

結晶系	六方晶系
化学組成	SiO_2
硬度	7
原産地	世界各地
チャクラ	額、過去世のチャクラに関連、全チャクラの調和、オーラの調整
十二星座	全星座
惑星	太陽、月
効果	細胞記憶に働きかける多次元的ヒーリング、臓器の浄化と強化

　面の中に自然に刻まれた三角形があります。これらの面は心の内なる風景として行き来することが可能で、透視力を刺激します。クォーツ（p230）の包括的な特性を有する他に、機能不全のパターンや膨らみすぎた感情を癒します。癒しの光を送る時や高次の波動を必要とするエネルギーワークを行なう時に最適です。依存を引き起こしている過去世の原因に光を照らし、それらを取り除きます。

注：フェンスタークォーツは高バイブレーションの石です。

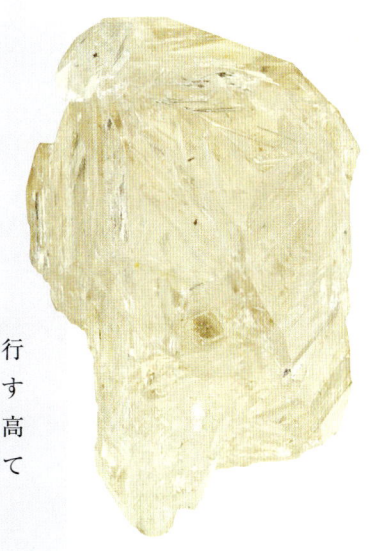

フェンスタークォーツ

白色と無色のクリスタル

ファーデンクォーツ (Faden Quartz)

結晶系	六方晶系
化学組成	SiO_2
硬度	7
原産地	世界各地
チャクラ	全チャクラ（特に宝冠、額、過去世のチャクラ）
十二星座	全星座
惑星	月、冥王星
効果	骨折やひび、あらゆるレベルでの安定化、囊胞やかさぶたの解消、腰痛、内面の調整

　内部に糸状の線が見られることから、糸を意味するドイツ語 *faden* より名づけられました。地震活動で一度割れた部分が癒合して形成されたと考えられます。その際に生じた糸状の筋は石の内部にある液体や気体の入った小部屋状の部分に見られることもあります。幽体離脱体験の間、精妙体を肉体につなぎとめるシルバーコードを象徴しており、ジャーニーの間保護してくれます。

　クォーツ（p230）の包括的な特性を有する他に、過去世への回帰にも有用で、とりわけ過去世を転生の間の視点から眺め、魂の学びや不調（dis-ease）の根本的な原因のあらましを教え、どんな種類の答えを求めている場合もハイヤーセルフへ結びつけます。ポジティブな石であり、つながりの鎖を作り出し、そのエネルギーで自己治癒と個人的成長を強力に促進します。激しい内なる対立やトラウマを癒します。「溝を埋める」作用があるので、3人以上のワークで役立ち、集団のエネルギーの調和と同調をもたらします。とりわけ、何か壊れたものを直したい時や、不調和や対立を克服したい時に最適です。遠隔ヒーリングではヒーラーと被施術者とのつながりを維持します。コミュニケーションに適し、断片化した魂を一つにし、情緒の不安定を安定に変え、洞察力の成長をもたらします。土地や肉体のエネルギーが安定していない場所でグリッドとして使われてきました。

特徴的な"糸"を伴うファーデンクォーツ

シチュアンクォーツ（Sichuan Quartz）

結晶系	六方晶系
化学組成	SiO₂（不純物を含む）
硬度	7
原産地	四川省（中国）
チャクラ	全チャクラ（特に過去世、額のチャクラ） 第三の目のチャクラと宝冠のチャクラを接続
十二星座	乙女座
効果	経絡、細胞記憶、摂食障害、依存や共依存関係の断絶、自己のセンタリング、エネルギー強化

　クォーツ(p230)、チベッタンクォーツ(下記)、ハーキマーダイヤモンド(p241)の包括的な特性を有する他に、極めて高次の波動を持ち、霊的ビジョンや内なるビジョンをすみやかに開きます。純化されたエネルギーを持ちつつ、大地とつながりも持つ石で、身体や自我の中を素早く通過する中心性のエネルギーを持ち、精妙体と肉体を調和させます。

　チャクラのラインに沿ってエネルギーのギャップを埋めていくことで、オーラおよび現在の肉体が作られるもととなっているエーテル体の青写真の深層的な癒しをもたらします。古代中国の叡智に触れるべくアカシックレコードにアクセスし、現世で直面している不調(dis-ease)やカルマの課題をもたらしている過去世での出来事を明示します。また、ヒーラーや過去世ヒーリングセラピストが依頼者とのワーク中に手に持つと、洞察力が高められて有益となります。

注：シチュアンクォーツは高バイブレーションの石です。

ダブルターミネーティドのブラックスポット・シチュアンクォーツ

チベッタン・ブラックスポット・クォーツ（Tibetan Black Spot Quartz）

結晶系	六方晶系
化学組成	SiO₂（内包物を伴う）
硬度	7
原産地	チベット
チャクラ	全チャクラの調和、オーラの調整
十二星座	蠍座
惑星	太陽、月
効果	経絡、摂食障害、依存や共依存関係の断絶、自己のセンタリング、エネルギー強化

　シングルとダブルのターミネーションのものがあり、内部にブラックスポット（黒い斑点）の内包物を伴っていることがあります。クォーツ(p230)の包括的な特性を有する他に、チベットと古代の神秘思想の知恵と共鳴し、アカシックレコードにアクセスし、現世で直面している不調(dis-ease)やカルマの課題をもたらしている過去世の出来事を突き止めるのにとても有用です。ヒーラーや過去世ヒーリングのセラピストが依頼者とのワーク中に手に持つと有益です。身体や自我の中を通過する強力な中心性を持ったエネルギーは、オーラとエーテル体の青写真の深層的な癒しと多元的な細胞再生をもたらします。

チベッタン・ブラックスポット・クォーツ

白色と無色のクリスタル

トルマリネイティドクォーツ（Tourmalinated Quartz）

結晶系	複合
化学組成	複合
硬度	7
原産地	世界各地
チャクラ	全チャクラの保護と浄化（特に基底と大地のチャクラ）
十二星座	蠍座
効果	エネルギー強化、環境からの有害な影響、影のエネルギー、自己破壊、問題解決、経絡やチャクラ、オーラの調和、あらゆる症状に対するマスターヒーラー、細胞記憶に働きかける多次元的ヒーリング、プログラミングに対する効果的な受容体、放射線の防御、エネルギーの流れ

　長くて太い濃色の糸状の内包物が、効果的にグラウンディングをもたらし、外部からの侵入に対抗するための身体のエネルギーの場を強化します。トルマリン（p210）とクォーツ（p230）の包括的な特性を有する他に、あらゆるレベルの緊張を解き、人生に有害な影響を及ぼしている硬直化したパターンを解消します。本質的に異なる正反対の要素や相反するもの同士を調和し、ネガティブな思考やエネルギーをポジティブなものへと変えます。幽体離脱体験の促進作用と、ジャーニーの間の保護作用があります。

トルマリネイティドクォーツのタンブル

シフトクリスタル（Shift Crystal）

結晶系	六方晶系
化学組成	SiO_2（不純物を含む）
硬度	7
原産地	世界各地
チャクラ	全チャクラの変化と調和、オーラの調整
十二星座	全星座
惑星	太陽、月
効果	多次元的細胞ヒーリング、素早い変化、プログラミングに対する効果的な受容体

　カルサイトの周りに形成し、後にカルサイトが溶け、複雑で魅力的なクォーツの形状が生まれます（クォーツの包括的な特性についてはp230を参照）。また、構造プレートの端部で形成されたという説もあります。シフトという名前が示すとおり、あなたを素早く新たな空間へ移動させ、霊的な成長を加速させます。瞑想の導入や、夜の就寝時に枕の下に置いておくのに最適ですが、石がもたらすものは何であれ受け入れる準備が必要です。シフトクリスタルに後戻りの作用はありませんが、その効果は劇的なものとなる場合があります。とりわけ多次元的な細胞記憶のヒーリングをもたらし、隠れた問題を表面化して決断を促します。

注：シフトクリスタルは高バイブレーションの石です

天然のシフトクリスタル

スピリットクォーツ(Spirit Quartz)

結晶系	六方晶系
化学組成	SiO_2（不純物を含む）
硬度	7
原産地	マガリースバーグ山地（南アフリカ）
チャクラ	宝冠、高次の宝冠のチャクラに関連、全チャクラの浄化（形状により異なる）
十二星座	形状により異なる
効果	アセンション、再生、自己寛容、忍耐、オーラ体の浄化と刺激、洞察力に富んだ夢、過去の再構成、男性性と女性性の混和、陰陽、不和を癒す、幽体離脱、解毒、強迫行動、妊孕性、発疹、エネルギー強化

　クォーツ(p230)とドルージークォーツ(p63)の包括的な特性を有する他に、宇宙の愛を内包しています。表面部分は高次の波動を放射する一方で、中心部分の作用は厳密にヒーリングに集中します。ベータ波状態とアルファ波状態のスムーズな移行を促し、深いトランス状態へと導きます。エーテル体の青写真を癒し、カルマとの重要なつながりや状況における恵みあるいはカルマによる当然の報いである部分を指摘します。死後の様々な段階を経て、戻ってくるのを待つものたちのもとへ魂を導くと同時に、死によって遺されたものたちを慰めます。先祖の霊や惑星の霊に引き合わせ、アンセストラルラインのヒーリングをプログラミングすることができます。他人のために働いている人に有用で、集団活動を促進し、コミュニティーや家族内の不和に洞察をもたらします。ワンドとして使用して、肉体や精妙体からネガティブなエネルギーや不調(dis-ease)のエネルギーを取り除くこともできます。ヒーリングのためのレイアウトを行えば、他の石を浄化して、それらのエネルギーを移行させます。また、地球のエネルギーを安定させます。

注：スピリットクォーツは高バイブレーションのクリスタルです

フェアリークォーツ(Fairy Quartz)

結晶系	六方晶系
化学組成	SiO_2（不純物を含む）
硬度	7
原産地	南アフリカ
チャクラ	過去世、太陽神経叢、額
惑星	太陽、月
効果	組織の解毒、疼痛、悪夢

　スピリットクォーツほど精妙ではなく、結晶はあまり目立たず、素朴な波動を持っています。妖精の王国とデーヴァに結びついています。クォーツ(p230)の包括的な特性を有する他に、あなたを縛りつけている家族の神話、先祖や文化にまつわる物語を解き明かす助けとなります。環境を落ち着かせ、情緒的な苦痛を取り去り、悪夢を見た子供をなだめます。

白色と無色のクリスタル

シュガーブレード・クォーツ
（Sugar Blade Quartz）

結晶系	六方晶系
化学組成	SiO_2
硬度	7
原産地	南アフリカ
チャクラ	額
十二星座	全星座
惑星	太陽、月
効果	非物理レベルで最良の働きをする

　この石は、あなたの霊的アイデンティの全般と結びついていることから、本当の自分を知りたい時は、この石を額のチャクラの上に置いてください。また、この石は、あなたの多次元体のホログラムを内包しており、「私は〜である」と自己肯定（セルフアファメーション）することにより自己変容を図る"I am"principleに関与し、同調的に機能します。人生において進むべき方向の選択に迫られた時はその選択を助けます。クォーツ（p230）の包括的な特性を有する他に、適切な着陸場所のまわりでグリッディングを行えば、宇宙船の着陸を促すとも言われています。

スターシード・クォーツ（Starseed Quartz）

結晶系	六方晶系
化学組成	SiO_2
硬度	7
原産地	世界各地
チャクラ	額、過去世、心臓
効果	精妙体レベルで作用する

　純粋な形と極めて高い透明性を持った状態へ導くことができます。エーテル体の青写真に情報を伝える青写真とつながり、再調整します。星間のコミュニケーションに理想的な石だといわれ、異次元間の旅を助けます。古代レムリアにコンタクトさせ、あなたと関係のある星を教えます。シュガーブレード・クォーツと一緒に使うと、潜在的なものを活性化し、心と魂を一つにして、転生の目的を明らかにします。

ヘマタイト・インクルーディド・クォーツ
（Hematite-included Quartz）

結晶系	複合
化学組成	複合
硬度	7
原産地	世界各地
チャクラ	太陽神経叢、基底
効果	血液循環、血液の活性化、エネルギー強化、臓器の浄化と強化、三焦経、依存症、炎症、勇気、出血

　クォーツ（p230）とヘマタイト（p222）の包括的な特性を有する他に、エネルギーの活性化に優れるため、活気づけ、元気にし、若返らせます。どん底の気分や絶望に陥った時に、楽観的な考えと将来への自信を取り戻させます。

スノークォーツ（ミルククォーツ、クォーザイト）
(Snow Quartz (Milk Quartz, Quartzite))

結晶系	六方晶系
化学組成	SiO_2
硬度	7
原産地	世界各地
チャクラ	額、太陽神経叢
十二星座	蟹座
惑星	月
効果	情緒体と精妙体レベルで最良の働きをする

スノークォーツ

　透明なクォーツ（p230）よりもゆっくり穏やかに作用し、背負いきれないほどの責任や限界を解き放ち、教訓を学ぶ間の支えとなります。犠牲や虐待を克服し、必要とされる必要があるのに不当に扱われているように感じる人々に適します。機転と協調性を高め、話す前に考えられるようにします。瞑想では深い内なる叡智と結びつきます。

ファントムクォーツ (Phantom Quartz)

結晶系	六方晶系
化学組成	SiO_2（内包物を伴う）
硬度	7
原産地	世界各地
チャクラ	色により異なる
十二星座	色により異なる
惑星	太陽、月
効果	古いパターン、聴覚障害、透聴、多次元的ヒーリング、プログラミングに対する効果的な受容体、臓器の浄化と強化

　像や幻を意味するラテン語*phantasma*に由来した名を持ち、石の中に幻影のような内包物を伴います。たいていはクォーツ（p230）に含まれますが、それ以外の石の場合もあります。石の成長が止まった時に、その上に鉱物の粉がかかり、その後、石が再び成長することで形成されます。この過程で内包された鉱物によって色が決まります。普遍の意識と何世にもわたる魂の生涯を象徴し、来世への移行をはじめとする様々な移行に役立ちます。多層のファントムは、多次元のジャーニーや最も内なる存在へと導き、何層もの覆いを取り払ってあなたの核を明らかにします。ヒーリング力を高めたり惑星のヒーリングを刺激する他、アカシックレコードへのアクセスを促し、抑圧されていた記憶を取り戻す助けとなります。現世の人生計画を明らかにして次の道を見極めるため、転生の間の状態へとあなたを導きます。エーテル体の青写真を通して肉体を癒すための情報にアクセスし、有害な状況パターンを手直しし、憑霊を取り除くことができます。この石は、あなたとあなたの影を融和します。

注：ファントムの多くは高バイブレーションの石です。

クォーツ内に現れた
ファントムピラミッド

白色と無色のクリスタル

ホワイト・ファントムクォーツ（White Phantom Quartz）

結晶系	六方晶系
化学組成	SiO_2
硬度	7
原産地	世界各地
チャクラ	過去世、額、第三の目のチャクラ、全チャクラの調和、オーラの調整
惑星	太陽、月
効果	古いパターン、聴覚障害、透聴、多次元的ヒーリング

　ファントム（p239）とクォーツ（p230）の包括的な特性を有する他に、高次の領域と地球との間に光と情報を伝える能力を大幅に拡大すると考えられています。中でも多層のものは、超遠距離からのヒーリングを受けられるようにします。心霊術や過去世のカルマの層を取り除くために使われ、カルマからの解脱が働く道を開きます。

ホワイト・ファントムクォーツ

デジライト（Desirite）

結晶系	六方晶系
化学組成	SiO_2（内包物を伴う）
硬度	7
原産地	南アフリカにある特定の鉱山
チャクラ	太陽神経叢、第三の目、心臓、仙骨のチャクラに関連、全チャクラの調和、オーラの調整
数字	44
十二星座	全星座
効果	古いパターン、聴覚障害、透聴、多次元的ヒーリング　精妙体レベルで最良の働きをする

　新たに発見された稀少な石で、物理的な面と霊的な面の両面をあわせ持っている点を反映して、"as above so below"（上かくあらば、下もかくあるべし）を象徴する石と呼ばれています。クォーツ（p230）、ファントム（p239）、オレンジファントム（p68）の包括的な特性を有する他に、強力なグラウンディングを有する石でもあり、極めて高次の波動へあなたを導きます。各次元に連続してアクセスし、最初はアメリカ先住民の世界とレムリアにつながります。親指でこすると、深い瞑想状態をもたらし、ファントムは丁度エレベーターのような働きをします。天使やアセンディッドマスターのワークに最適で、惑星の歴史のはるか昔にさかのぼって過去世にアクセスします。マスター・ナンバー44と共鳴し、あらゆるレベルでの変容と変性へ導き、神と霊的なものが織り交ざっていることを気づかせます。精妙なエネルギーを持った石で、ヒーリングのレイアウトに用いてもあまり作用しません。単独で使用するか、ヒーリングセッションの後の調整やバランス回復に使用するのに最も適しています。

注：デジライトは高バイブレーションの石です。

デジライトのスライス

スター・ホーランダイト・クォーツ (Star Hollandite Quartz)

結晶系	六方晶系
化学組成	SiO_2（ゲーサイトの内包物を伴う）
硬度	7
原産地	世界各地
チャクラ	第三の目、宝冠、高次の宝冠
効果	解毒、エネルギー強化

　星や、星あるいは宇宙の叡智とのコンタクトを刺激するスタークォーツで、瞑想を深め、万物の一体性に導きます。クォーツ（p230）とゲーサイト（p196）の包括的な特性を有する他に、理性的な思考を助け、緊張と不安を解消します。肉体と精神の両面からネガティブなエネルギーを取り除き、穏やかに受容し注意深く見守る状態をもたらします。

天然のスター・ホーランダイト・クォーツ

ハーキマーダイヤモンド (Herkimer Diamond)

結晶系	三方晶系
化学組成	SiO_2
硬度	7
原産地	米国、メキシコ、スペイン、タンザニア、インド、中国
チャクラ	大地、第三の目のチャクラに関連、全チャクラを浄化
数字	3
十二星座	射手座
効果	内なるビジョン、テレパシー、ストレス、解毒、ソウルヒーリング、多次元的細胞ヒーリング、放射線に対する防御および放射線障害、ジオパシックストレスや電磁波汚染による不眠、DNA修復、細胞障害、代謝バランスの乱れ、現在に影響を及ぼしている過去世での負傷や不調（dis-ease）を想い出す、インフルエンザ、咽喉、気管支炎

小型のハーキマーダイヤモンド

　魂の回復や魂の核部分のヒーリングを促し、ジャーニーや霊的なワークにおいて強力な魂のシールドを作ります。中でも透明性の高い石は強力な同調作用を発揮します。非物質的能力を刺激し、高次元からの導きと結びつき、夢を思い出させます。過去世の情報にアクセスして、霊的な成長における障害や抵抗を認識させます。穏やかな解放と変化を促し、魂の目的を前面に引き出し、ライトボディを活性化します。ヒーラーと受け手を同調させ、クリスタルが持つ記憶装置の中に流し込んでおいた情報を後から読み出すことができることから、他者が利用できるようにプログラミングすることが可能です。電磁波汚染や放射能の除去作用が極めて強力な石の1つです。ジオパシックストレスを遮断するので、家やベッドのまわりにグリッディングするのに最適な石です（この目的で使用する場合は大型の石を用いてください）。また、電磁波スモッグの発生源とあなたの間に置くこともできます。

注：ハーキマーダイヤモンドは高バイブレーションの石です。

大型のハーキマーダイヤモンド

白色と無色のクリスタル

アポフィライト（Apophyllite）

結晶系	正方晶系
化学組成	$Ca_4Si_8O_{20}(OH,F)\cdot 8H_2O$
硬度	4.5〜5
原産地	インド、米国、メキシコ、英国、オーストラリア、ブラジル、チェコ、イタリア
チャクラ	第三の目、宝冠、高次の宝冠
数字	4
十二星座	双子座、天秤座
効果	ストレスの緩和、心配、不安、恐怖、呼吸器系、喘息、アレルギー、粘膜再生、皮膚、目

　ギリシャ語で「離れた」を意味する*apo*と、「葉」を意味する*phyllon*から名づけられたアポフィライトは、熱を加えると薄くはがれます。占いや過去世ワークなど、非物質的能力を刺激するのに最適です。水分を多く含むため強力な波動伝達作用を持ち、エネルギーを効率的に伝達します。アカシックレコードの運び手であり、幽体離脱のジャーニーの間は肉体をしっかりとつなぎとめ、転生において魂が心地よく根をおろすようにします。真実を象徴する石で、内省を促してバランスの乱れを是正し、見せかけや遠慮を捨、本当の自分に気づかせます。精神的閉塞や否定的な思考パターンを解放し、分析に宇宙の愛を浸透させることで、精神が霊性に同調させます。抑圧された感情を解放し、不安を静め、不確実な状態に耐えさせます。霊を癒すのに有用であり、レイキヒーリングに最適の石で、受け手を深い受容の状態に導き、ヒーラーのエゴを取り去るため、ヒーリングのエネルギーの伝達がより純粋なものとなります。デーヴァや、妖精、植物界とのワークにも適しています。

天然のアポフィライトクラスター

アポフィライトピラミッド（Apophyllite Pyramid）

結晶系	正方晶系
化学組成	$Ca_4Si_8O_{20}(OH,F)\cdot 8H_2O$
硬度	4.5〜5
原産地	インド、米国、メキシコ、英国、オーストラリア、ブラジル、チェコ、イタリア
チャクラ	第三の目、宝冠、高次の宝冠、額
数字	4
十二星座	双子座、天秤座
効果	ストレスの緩和、心配、不安、恐怖、呼吸器系、喘息、アレルギー、粘膜再生、皮膚、目

　アポフィライト（上記）の包括的な特性を有する他に、増幅したエネルギーをポイントを通して厳密に集中させる働きをも有しています。ネガティブなエネルギーを取り除いて、純粋な光に置き換えます。チャネリングや瞑想のときは第三の目に置き、第三の目のチャクラと宝冠のチャクラ、高次の宝冠のチャクラをつなぐときは、額のチャクラに置きます。

　注：アポフィライトピラミッドは高バイブレーションの石です。

アポフィライトピラミッド

アンハイドライト（Anhydrite）

結晶系	斜方晶系
化学組成	$CaSO_4$
硬度	3～3.5
原産地	米国、ブラジル、中国、スペイン、イタリア、オーストラリア
数字	5
十二星座	蟹座、魚座、蠍座
効果	雄弁、自己表現、頭痛、咽喉症状、体液貯留、腫張、細胞記憶に働きかけるヒーリング

　「水を含まない」を意味するギリシャ語*anhydrous*に由来する名を持ち、転生に違和感を覚え、死後の状態を切望する人の助けとなる石です。地上レベルで支えや強さをもたらし、肉体は魂の一時的な乗り物であることを受け入れる助けとなります。これから起こることと冷静に向き合わせ、これまで人生がもたらしたものすべての受容を教え、過去への執着を解放するため、過去世ヒーリングに効果的です。これまでに起こったすべてのことの中にある恵みを示します。

天然のアンハイドライト

アゼツライト（Azeztulite）

結晶系	六方晶系
化学組成	SiO_2（不純物を含む）
硬度	7
原産地	ノースカロライナ（米国）（枯渇している）、イングランド（英国）、カナダ
チャクラ	第三の目、宝冠、高次の宝冠、額
数字	1
十二星座	全星座
効果	慢性の症状、目的と意志の活性化、癌、細胞障害、炎症 アゼツライトを用いたヒーリングワークの大半は霊的な波動によるもので、高次の現実とチャクラのつながりに働きかけ、多次元的な波動の変化を促す

　光を帯びた稀少な石で、クォーツ（p230）の一形態です。極めて純粋な波動を有し、全く浄化する必要がなく、常にエネルギーが満ちています。最高レベルの周波数に同調し、それを地球へと伝えて霊的進化を助けます。あなたの準備が整った段階で、意識を拡張し、物理的アセンションを促し、他者の利となるポジティブな波動を発する助けとなります。この石が誘発する波動の変化は強力で、完全に適合するまでは不快な副作用をもたらすことがあります。現在は、ゆっくりと作用する高密度のアゼツライトが手に入ります。アゼツライトを用いたワークを始める前に、古いパターンを解消し、情緒面の浄化を済ませておく必要があります。不透明な石は作用がゆっくりとした波動を持つため、透明なものを用いたワークに移る前の段階の使用に向きます。瞑想を促し、即座に「無心」の状態へと導き、肉体のまわりに保護シースを作ります。クンダリーニを刺激し、脊柱に沿って上昇させます。

不透明のアゼツライト

注：アゼツライトは高バイブレーションの石です。

白色と無色のクリスタル

バライト（Barite）

結晶系	斜方晶系
化学組成	$BaSO_4$
硬度	3〜3.5
原産地	米国、英国、ドイツ
チャクラ	喉
数字	1
十二星座	水瓶座
効果	寒さや気温の変化に対する過敏、混乱、記憶、内気、慢性疲労、解毒、ビジョン、依存症の克服、咽喉痛、整胃

「重い」を意味するギリシャ語*barys*から名づけられたこの石は、アメリカ先住民が物理世界から霊的世界へ旅する時に使用したと言われています。夢を見ることと夢を思い出すことを刺激し、夢を追い求めることを促します。直観的なビジョンとの交信を助け、考えをまとめたり表したりする能力を高めます。やる気を高める力が強く、人生の営みの中でエネルギーが分散したり消耗した人が、エネルギーや集中力を取り戻すのを助けます。強い変容作用がありカタルシスをもたらすことがあるため、クリスタルセラピストの指導の下で利用することが最善です。境界を強化し、自立する能力を高めます。他者の言いなりになったり、自分の理想ではなく他者の理想に従ったりしている場合は、この石があなたを自由にします。友情や人間関係の洞察に有効です。

セレストバライト（p62）、セレスタイト（p149）、デザート・ローズ（p194）も参照。

天然のバライト

クリーブランダイト（Clevelandite）

結晶系	三斜晶系
化学組成	$NaAlSi_3O_8$
硬度	6〜6.5
原産地	パキスタン
数字	4
十二星座	天秤座
効果	思春期、更年期、細胞膜、心臓血管障害、関節、脳卒中

イニシエーションの石であり、青少年期、成壮年期、老年期という女神の3年代と結びつき、再生をもたらします。人生に奥深い変化を望んでいる時に最適で、必要な変化にしっかりと焦点をあて、あなたが自由に使える才能や手段を示し、落ち着いて未来へ前進する後押しをし、旅に安全な道を与えます。また、困難な状況をポジティブで人生を肯定するような状況に変え、放棄や拒絶、裏切り、また、そういった経験がもたらした、心の奥深くに残る恐怖の感情を解き放ちます。

"波"の形をしたクリーブランダイト

カルサイト (Calcite)

結晶系	六方晶系
化学組成	$CaCO_3$
硬度	3
原産地	米国、英国、ベルギー、チェコ、スロバキア、ペルー、アイスランド、ルーマニア、ブラジル
チャクラ	色により異なる
数字	8
十二星座	蟹座
効果	学習、動機、怠惰、再生、情緒的ストレス、排泄器官、骨へのカルシウムの吸収、沈着した石灰の溶解、骨格、関節、腸症状、皮膚、血液凝固、組織治療、免疫系、小児の成長、潰瘍、いぼ、化膿した創傷

ギリシャ語で石灰を意味する *chalx* から名づけられました。複屈折の作用が、石に入った光を2つに分けることから、この石を通して見るものはすべて二重に見えます。古代エジプトの工芸品の多くはカルサイトで作られています。この石はエネルギーを強力に増幅、浄化する作用があり、高次の気づきや非物質的能力を促します。情緒と知性を結びつけ、感情的知性の発達を促進し、特に希望を失った人にポジティブな効果を授けます。精神を癒し、心を穏やかにし、識別力や分析力を教え、洞察力を刺激し、記憶力を高めます。

天然の
クリアーカルサイト

成形された
クリアーカルサイト

クリアーカルサイト (Clear Calcite)

結晶系	六方晶系
化学組成	$CaCO_3$
硬度	3
原産地	米国、英国、ベルギー、チェコ、スロバキア、ペルー、アイスランド、ルーマニア、ブラジル
チャクラ	額、第三の目のチャクラに関連、全チャクラを浄化して調整
十二星座	蟹座
惑星	月
効果	学習、動機、怠惰、再生、情緒的ストレス、排泄器官、骨へのカルシウムの吸収、沈着した石灰の溶解、骨格、関節、腸症状、皮膚、組織治療、免疫系、小児の成長、潰瘍、いぼ、化膿した創傷

「すべてを治す」石で、特にエリキシルとして用いると効果的です。魂の深い癒しとオーラ再生の恵みをもたらします。強力な解毒作用で、肉体レベルでは殺菌効果を持ち、精妙体レベルではすべてのチャクラを浄化し調整します。カルサイト（上記）の包括的な特性を有する他に、内なる目と外なる目を開きます。虹を伴うクリアーカルサイトは、新たな始まりの石であり、大きな変化をもたらします。

成形された
クリアーカルサイト

白色と無色のクリスタル

アイスランドスパー（オプティカルカルサイト）(Iceland Spar (Optical Calcite))

結晶系	六方晶系
化学組成	$CaCO_3$
硬度	3
原産地	米国、英国、ベルギー、チェコ、スロバキア、ペルー、アイスランド、ルーマニア、ブラジル
チャクラ	第三の目
十二星座	蟹座
効果	オーラの浄化、片頭痛、目、学習、動機、再生、情緒的ストレス、排泄器官、沈着した石灰の溶解、骨格、関節、腸症状、皮膚、血液凝固、組織治療、免疫系、小児の成長、潰瘍、いぼ、化膿した創傷

アイスランドスパー（p245も参照）はイメージを増幅し、現実に対する新たな見方を助けます。言葉の裏に隠れた意味を明らかにし、知覚力を高め、自分が人間界を旅する霊的な存在であることに気づかせます。

アイスランドスパー

ロンボイドカルサイト (Rhomboid Calcite)

結晶系	六方晶系
化学組成	$CaCO_3$
硬度	3
原産地	米国、英国、ベルギー、チェコ、スロバキア、ペルー、アイスランド、ルーマニア、ブラジル
チャクラ	第三の目、過去世
十二星座	蟹座
効果	精神的癒し、学習、動機、怠惰、再生、情緒的ストレス、排泄器官、骨へのカルシウムの吸収、沈着した石灰の溶解、骨格、関節、腸症状、皮膚、血液凝固、組織治療、免疫系、小児の成長、潰瘍、いぼ、化膿した創傷、精神的な平静、心の雑音の遮断

ロンボイドカルサイト（p245を参照）は過去世に働きかける強力なヒーリング作用を有しています。

天然の
ロンボイドカルサイト

クリアークンツァイト (Clear Kunzite)

結晶系	単斜晶系
化学組成	$LiAlSi_2O_6$
硬度	6.5〜7
原産地	米国、マダガスカル、ブラジル、ミャンマー、アフガニスタン
チャクラ	過去世、第三の目、心臓
十二星座	牡牛座、獅子座、蠍座
惑星	金星、冥王星
効果	知性の直観と霊感を組み合わせる、謙虚さ、奉仕、忍耐、自己表現、創造性、ストレスに関係した不安、双極性障害、精神障害と抑うつ、内省、免疫系、ラジオニクスによる遠隔ヒーリング実施時の患者の身代わり、麻酔、循環器系、心筋、神経痛、てんかん、関節痛

クリアークンツァイト（p30も参照）は霊体と肉体を調整し、エーテル体の青写真を修復します。魂を回復するワークや感情の癒しを助け、魂が失われた場所へと戻るジャーニーを促します。魂が再び肉体に統合されるまでの魂の貯蔵場所としても使用できます。

クリアークンツァイト

セルサイト (Cerussite)

結晶系	斜方晶系
化学組成	$PbCO_3$
硬度	3〜3.5
原産地	ドイツ、ザンビア、コロラド（米国）、ニューメキシコ（米国）、カリフォルニア（米国）、オーストラリア、ナミビア
数字	2
十二星座	乙女座
効果	時差ぼけ、ホームシック、活力、創造性、高潔、自己責任、不随意運動、パーキンソン病、トゥーレット症候群、筋肉、骨、不眠、悪夢 エリキシルとして：害虫駆除、観葉植物

　白鉛を意味するラテン語の*cerussa*から名づけられ、星型またはレコードキーパー（p273）の形状をとることがあり、高次の叡智とカルマの目的に同調します。地球外の過去世の探索を助けます。あなたが地球にやってきた理由や課題と使命を説明し、進化を助けるためにあなたがもたらす恵みや、過去に出会った人々を明らかにします。過去から自由になることを助け、環境の中で心地よく感じ、異文化に適応させるのに有用なグラウンディング作用を持った石です。譲歩する必要がある場合に助けとなり、注意深く聴く能力を授けます。右脳と左脳のバランスをとることから、芸術に最適な石となります。

注：セルサイトは毒性があるため慎重に使用してください。

母岩上のセルサイト・レコードキーパー

カルセドニー (Chalcedony)

結晶系	三方晶系
化学組成	SiO_2
硬度	7
原産地	米国、オーストリア、チェコ、スロバキア、アイスランド、イングランド（英国）、メキシコ、ニュージーランド、トルコ、ロシア、ブラジル、モロッコ
チャクラ	全チャクラの浄化と調整
数字	9
十二星座	蟹座、射手座
惑星	月
効果	寛大さ、敵意、訴訟問題、悪夢、暗闇への恐怖、ヒステリー、抑うつ、ネガティブな思考、起伏の激しい感情、浄化、開放創、母性本能、母乳分泌、ミネラルの吸収、血管内のミネラル沈着、認知症、老齢、体力、ホリスティックヒーリング、胆嚢、目、骨、脾臓、血液、循環器系

　ギリシャの都市カルケドン（chalcedon）に由来する名前を持ちます。古代にはカルセドニーから作った聖杯に銀で内張りをしたものは、毒殺を防ぐと信じられていました。防御力が強いため、事故から身を守り、政治の動乱期を安全に過ごす助けになるとされています。16世紀には幻想や空想の解消に処方されていました。精神と肉体、情緒と霊性を調和します。浄化作用が強く、ネガティブなエネルギーを吸収した後に分散させ、それ以上先に伝わらないようにします。兄弟愛を促進し、集団の安定性を強めるので、テレパシーの補助としても使用されます。自己不信を取り除き、建設的な内省を促し、開放的で情熱的な人格を作ります。

カルセドニーのジオード

白色と無色のクリスタル

アクロアイト（カラーレストルマリン）
(Achroite (Colourless Tourmaline))

結晶系	三方晶系
化学組成	ケイ酸塩複合体
硬度	7〜7.5
原産地	スリランカ、ブラジル、アフリカ、米国、オーストラリア、アフガニスタン、イタリア、ドイツ、マダガスカル、タンザニア
チャクラ	宝冠、過去世、額
十二星座	水瓶座
効果	12本のDNAストランド、細胞記憶に働きかける多次元的ヒーリング、保護、解毒、脊椎の調整、男性性と女性性のエネルギーのバランスをとる、偏執症、読字障害、視覚と手の協調関係、コード化された情報の取り込みと解釈、エネルギーの流れ、閉塞の除去

　肉体とエーテル体の経絡の調整の他に、オーラの浄化と保護を行います。トルマリン（p210）の包括的な特性を有する他に、深く傷ついた魂を癒し、カルマからの解脱を活性化するのに有用です。高次の霊的存在とのコンタクトを助け、チャネリングや自動書記を促します。

ファセットカットした
アクロアイト

ダイヤモンド (Diamond)

結晶系	立方晶系
化学組成	C
硬度	10
原産地	アフリカ、オーストラリア、ブラジル、インド、ロシア、米国
チャクラ	宝冠のチャクラを活性化し、神聖な光と結合
数字	33
十二星座	牡羊座
効果	悟り、頭脳の明晰性、想像力、発明力、不変性、誓約、貞節、勇敢、無敵、不屈、精神的な苦痛、緑内障、視界をはっきりさせる、脳、アレルギー、慢性症状、代謝、ジオパシックストレス

　古代ギリシャより純潔と愛の象徴とされ、夫から妻への愛を深め、絆を結ぶと言われています。アーユルヴェーダでは、2頭の竜の闘いの後に天空から落ちてきた癒しの石の一つであるとされています。また4方向への完全な劈開性があり、昔は毒の中和に使用されました。エネルギーを増幅することから、エネルギーを再注入する必要はありません。他のクリスタルと一緒にヒーリングに用いれば、それらのエネルギーを高めるので非常に効果的ですが、ネガティブなエネルギーも同時に増幅することがあります。容赦のない光で、変容が必要なものをすべて指摘します。オーラの"穴"を癒し、内なる光を覆い隠しているすべてのものを浄化するため、魂の光の輝きを増加させ、霊的な進化を促します。何千年もの間、富の象徴とされてきました。また、豊かさを引き寄せる顕現の石の一つです。

ファセットカットした
ダイヤモンド

ダイヤモンドの原石

白色と無色のクリスタル

エルバイト（マルチカラートルマリン）
(Elbaite (Multicoloured Tourmaline))

結晶系	三方晶系
化学組成	ケイ酸塩複合体
硬度	7〜7.5
原産地	スリランカ、ブラジル、アフリカ、米国、オーストラリア、アフガニスタン、イタリア、ドイツ、マダガスカル
チャクラ	宝冠、高次の宝冠
数字	8
十二星座	双子座
効果	心象、夢、創造性、想像力の向上、免疫系、代謝、防御、解毒、脊椎の調整、男性性と女性性のエネルギーのバランスをとる、偏執症、読字障害、視覚と手の協調関係、コード化された情報の取り込みと解釈、エネルギーの流れ、閉塞の除去

　トルマリン（p210）の包括的な特性を有する他に、すべての色を含んでいることから、心と身体、精神、魂を一つにし、内なる存在への入り口となり、高次の霊的領域へのアクセスを促します。

天然のエルバイト

アグレライト（Agrellite）

結晶系	三斜晶系
化学組成	$NaCa_2Si_4O_{10}F$
硬度	5.5
原産地	カナダ
チャクラ	第三の目
数字	44
十二星座	水瓶座
効果	免疫系、打ち身、感染症、化学療法、アルカリ過多

　あなたの心の奥深くに抑圧されて、魂の成長を妨げているものをはじめとする隠れた問題の表面化に極めて有効です。自分自身の内なる妨害者に直面させ、未開発の可能性の利用を助けます。あなたがどこで他者をコントロールしてきたかを示し、自尊心と独立心を促進します。

　肉体やオーラの中に強いエネルギー反応を伴った閉塞部位を検出します。ただし、その症状を癒すには他のクリスタルが必要になることがあります。遠隔ヒーリングの効果を高め、ラジオニクス療法に対する受け手の受容性を高めます。

天然のアグレライト

白色と無色のクリスタル

ハーライト（Halite）

結晶系	立方晶系
化学組成	NaCl
硬度	2
原産地	米国、フランス、ドイツ
チャクラ	宝冠（色により異なる）
数字	1
十二星座	蟹座、魚座
効果	不安、解毒、代謝、水分貯留、腸症状、双極性障害、呼吸器疾患、皮膚

　物理的、霊的次元における浄化と進化の石です。溶解性の塩であり、霊的な識別力を象徴しています。ネガティブなエネルギーや、憑霊、サイキックアタックから防御し、古い行動パターンや否定的な思考と感情を解消します。あらゆるレベルで不純物を取り除き、バランスをもたらします。放棄されたり拒絶された感情を克服し、幸福感を深め、善意を促進します。身体の経絡を刺激し、鍼治療や指圧の効果を高めるためにも使用できます。

天然のハーライト

ダルメシアンストーン（アプライト）
（Dalmatian Stone (Aplite)）

結晶系	単斜晶系
化学組成	複合
硬度	5～7.5
原産地	メキシコ
数字	9
十二星座	双子座
効果	動物、陰陽のバランスをとる、気分高揚、悪夢、運動家、忠誠、軟骨、神経と反射、捻挫

　防御効果があり、危険が迫った時は警告を発すると言われています。意識が頭から離れて身体の内部へ向かうのを助け、グラウンディングとセンタリングの作用を持ち、魂に肉体を与え、喜びと共に転生を迎えられるようにします。感情を調和し、平静を保ち、過度の分析を防ぎます。人生を前向きに進む助けとなりますが、同時に可能性のある行動について熟慮を促し、慎重な計画を立てさせます。強化作用があり、楽しむ感覚を刺激し、優れた強壮剤の働きをします。ネガティブなエネルギーや古くなったパターンを変えます。

ダルメシアンストーンのタンブル

ムーンストーン (Moonstone)

結晶系	単斜晶系
化学組成	$KAlSi_3O_8$
硬度	6
原産地	インド、スリランカ、オーストラリア
チャクラ	額、第三の目、太陽神経叢
数字	4
十二星座	蟹座、天秤座、蠍座
惑星	月
効果	多動児、深い感情の癒し、情緒的ストレスに関連した上部消化管障害、不安、女性の生殖周期、月経に関連した不調(dis-ease)と緊張、受胎、妊娠、出産、母乳授乳、PMS(月経前症候群)、消化器系と生殖器系、松果体、ホルモンバランス、体液バランスの異常、バイオリズム、精神的打撃、栄養の吸収、解毒、水分貯留、変性疾患、皮膚、毛髪、目、実質臓器、不眠、夢遊病

研磨したムーンストーン

天然のムーンストーン

　航海中の船乗りや水上の旅行者を守ると言われ、上弦の月の頃に力を増し、下弦の月の頃にその力は弱まります。女神の具現化を求める時の助けとなります。直観を活性化しますが、幻想や情緒的また心霊的な激しい感覚を誘発しないように注意しなければなりません。月のように反射し、すべては変化のサイクルの一部に過ぎないことを思い出させます。感情面で過剰反応する傾向を和らげ、満月の夜には繊細な人々の感情、とりわけ他者から受け取った感情を増強します。明晰夢を促し、特に満月の時にその効果が強く現れます。非物質的能力の強化と透視力の開発を目的として伝統的に利用されてきました。「新たな始まり」の石であり、感受性や受容性、女性性のエネルギーにあふれています。男性性と女性性のエネルギーのバランスをとり、自分の女性的側面に触れたい男性を助けます。過度に男性的な男性、あるいは過度に攻撃的な女性の過剰性を解消するのに最適です。突然起こる説明のつかない衝動や予期せぬ偶然の出来事や同時性に心を開きます。また、太陽神経叢のチャクラの上に置くと古い感情のパターンを取り除きます。

レインボー・ムーンストーン (Rainbow Moonstone)

結晶系	単斜晶系
化学組成	$KAlSi_3O_8$
硬度	6
原産地	インド、スリランカ、オーストラリア
チャクラ	全チャクラ
数字	77
十二星座	蟹座
惑星	月
効果	内臓、目、動脈と静脈

研磨したレインボー・ムーンストーン

レインボー・ムーンストーンのタンブル

　ムーンストーン(上記)の包括的な特性を有する他に、光の波動と人類全体への霊的な癒しを持つ霊的な存在が宿り、あなたも止まることなく常に展開していく「循環のサイクル」の一員であることを気づかせます。現世の人生計画のみならず全体的な人生計画にも結びつけ、見えないものを見、象徴や同時性を直観的に読み取り、霊的な才能を自ら受け入れる助けとなります。

白色と無色のクリスタル

マグネサイト（Magnesite）

結晶系	六方晶系
化学組成	$MgCO_3$
硬度	3.5〜4.5
原産地	ロシア、米国、オーストリア、イタリア、中国、ブラジル
チャクラ	第三の目、心臓
数字	3
十二星座	牡羊座
効果	情緒的ストレス、不耐症、過敏性、マグネシウムの吸収、解毒、体臭、右脳と左脳の調和、抗癌攣、筋肉弛緩、月経痛、胃腸、血管の痙攣、胆石と腎結石、骨や歯の異常、てんかん、頭痛、片頭痛、血液凝固の遅延、脂質の代謝、コレステロール、動脈硬化、狭心症、心臓病、体温、発熱、悪寒

「肉体の磁石」を意味するラテン語*magneus carneus*から名づけられました。行動や嗜癖のために他人との関係が困難な状況において、無条件の愛を実践させます。自己の中心性を基準とすることを助け、他者に変化を要求したり、他者の難点に影響されたりすることなく、穏やかに他者を受け入れられるようにします。また、他者からの愛を受け入れられるようになるために必要である、自分自身を愛するということにおいても助けとなります。この石は自己欺瞞を表面化し、無意識の考えや感情を認識させ、人生に対して前向きな態度を持つように仕向けます。自己中心的な人に、遠慮したり他人の話にきちんと耳を傾けたりする方法を教えます。脳のような形状のものは心に対して強力な作用を持ちますが、どのような形状のものも感情を穏やかにする効果があります。

マグネサイトのタンブル

"脳"状のマグネサイト

オーケナイト（Okenite）

結晶系	三斜晶系
化学組成	$Ca_{10}Si_{18}O_{46} \cdot 18H_2O$
硬度	4.5〜5
原産地	インド、アイスランド、グリーンランド、チリ、米国
数字	7
十二星座	乙女座、射手座
効果	血流、母乳分泌、上半身の血液循環、発熱、神経障害、発疹

カルマからの解脱の石であり、何事も魂の課題を学ぶためのサイクルのひとつに過ぎず、その知識から発展しているものであり、永遠に耐えなければならないものなど何もないと教えてくれます。深い自己寛容をもたらし、カルマの循環を完成させ、カルマの罪を和らげます。できることをすべて行った後は、それ以上のカルマの負債を負うことなく、その状況から抜け出すことができます。あなたの道にある障害物を取り除き、人生の使命を完遂するための体力を増進します。真実の石であり、誠実さを浸透させ、他者が自らの真実を語るときに生じる厳しさからあなたを守ります。古いパターンを解き放ち、より適切な信念をもたらします。性的な潔癖性に悩む人の中でもそれが過去世の貞節での誓いと関連している場合に特に有効です。

母岩上のオーケナイト

メナライト（Menalite）

結晶系	不明
化学組成	不明
硬度	9
原産地	米国、アフリカ、オーストラリア
チャクラ	仙骨
数字	6
十二星座	蟹座、天秤座、蠍座、魚座
効果	妊孕性、更年期、月経、母乳分泌

灰白色のメナライトは、守護動物や古代の豊穣の女神を彷彿とさせますが、その中心部は火打ち石と大差ありません。養育の石であり、母なる大地との強力な結びつきをもたらし、あなたをその子宮へと帰らせ、賢明なる女性性や女性聖職者の力と再び結びつかせます。女性の移行の区切りとなる通過儀礼に最適です。シャーマンとの深いつながりを持ったこの石は、他の領域へジャーニーを行ったり、自分の魂を思い出したりするために長年にわたって用いられてきました。

メナライトの天然の形状

メナライトの天然の形状

ノバキュライト（Novaculite）

結晶系	三方晶系
化学組成	SiO_2
硬度	6〜7
原産地	米国
チャクラ	宝冠と高次の宝冠のチャクラ、全チャクラを開き、活性化し、調整
数字	5
十二星座	蠍座
効果	エーテル体、新たな視点を得る、抑うつ、強迫性障害、いぼ、ほくろ、悪寒、細胞構造、弾力性、健康的な皮膚、多次元的ヒーリング

極めて繊細な微結晶でできたクォーツで、剃刀を意味するラテン語novaculaから名づけられました。三千年以上前にはこの石で槍の穂先や矢じりが作られていました。また、昔から金属の砥石としても使われ、魂と精神を研ぎ澄ます働きもあります。どんなに悲惨な状況であっても恵みを見つける助けとなり、天使とのコンタクトや霊的なジャーニーを促す非常に高次のエネルギーを持ちます。しがらみを断ち切る究極の道具で、閉塞部分や問題の箇所を滑るように切り開き、チャクラに用いたり、心霊手術ではエーテル体に用いたりすることができます。電磁波エネルギーの伝導にも優れ、エーテル体の青写真を修正します。サービス業に就いている人の助けとなり、売り手と買い手を一つにし、人間的魅力を高めます。星間のコンタクトを促進し、古代語を判読するといわれています。

ノバキュライトのフレーク

注： ノバキュライトは高バイブレーションの石です。非常に鋭利であるため慎重に扱ってください。

白色と無色のクリスタル

オパール（Opal）

結晶系	非結晶質
化学組成	SiO_2nH_2O
硬度	5.5〜6.5
原産地	オーストラリア、ブラジル、米国、タンザニア、アイスランド、メキシコ、ペルー、英国、カナダ、ホンジュラス、スロバキア
チャクラ	色により異なる
数字	8
十二星座	蟹座、天秤座、蠍座、魚座
効果	自尊心、生きる意欲の強化、直観、恐怖、忠誠心、自発性、女性ホルモン、更年期、パーキンソン病、感染症、発熱、記憶、血液と腎臓の浄化、インスリンの調節、出産、PSM（月経前症候群）、目、耳、アースヒーリング

　宇宙意識を高め、非物質的なビジョンや神秘的なビジョンをもたらします。プログラミングを行うとあなたを"見えなく"し、隠密性が必要とされるシャーマンのワークをはじめとして、危険な場所へ足を踏み入れる際に有用となります。吸収性と反射性があり、思考や感情を感知し、それらを強化して元に戻します。カルマの石であり、因果応報を教えます。性格を表面化させて、変容させます。魅惑的な石で、常に愛や情熱、欲望、エロティシズムと関連づけられてきました。但し、感情を探ったり誘発したりするために用いる前には自分自身のセンタリングを行い、また、統合を助けるためには他の石をそばに置く必要があります。地球のエネルギーの場を癒し、枯渇を修復し、グリッドの再活性化や安定化を図ります。

研磨したオパール

クリアートパーズ（Clear Topaz）

結晶系	斜方晶系
化学組成	$Al_2SiO_4F_2$
硬度	8
原産地	米国、ロシア、メキシコ、インド、オーストラリア、南アフリカ、スリランカ、パキスタン、ミャンマー、ドイツ
チャクラ	宝冠、高次の宝冠、過去世、額
十二星座	射手座
惑星	太陽、木星
効果	機敏さ、問題解決、誠実、寛容、自己実現、感情的な支え、健康状態を示す、消化、食欲不振、味覚、神経、代謝、皮膚、視力（ビジョン）

　思考や行動に対するカルマの影響に気づく助けとなり、魂を癒します。イエロートパーズ（p87）の包括的な特性を有する他に、精神的な付着物を解放し、感情や行動を純化し、宇宙意識を活性化します。滞ったり閉塞したエネルギーを取り除き、あらゆる種類の移行を促します。

クリアートパーズの
タンブル

天然のクリアートパーズ

ゴシュナイト（クリアーベリル）
(Goshenite (Clear Beryl))

結晶系	六方晶系
化学組成	$Be_3Al_2Si_6O_{18}$
硬度	7.5〜8
原産地	米国、ブラジル、中国、アイルランド、スイス、オーストラリア、チェコ、フランス、ノルウェー
チャクラ	宝冠、過去世、額
数字	3
十二星座	天秤座
惑星	月
効果	吐き気、視力、疼痛、勇気、ストレス、分析過剰、排泄、肺と循環器系、鎮静作用、毒素や汚染への抵抗力、肝臓、心臓、胃、脊椎、脳震盪、咽喉の感染症

ゴシュナイトの原石

　ベリル（p81）の包括的な特性を有する他に、過去世のヒーリングや回帰に有効です。現世で繰り返されている苦痛やカルマに焦点をあててそのパターンの解消を助けます。落ち着きやどのような状況もコントロールできているという感覚を浸透させ、外的影響の中でもあなたの人生を操作している影響を弱めます。さらなる集中力が求められる場合は、この石が効率を高めます。何かを学ぶ状況においても同様の集中したエネルギーをもたらします。

ペタライト (Petalite)

結晶系	単斜晶系
化学組成	$LiAlSi_4O_{10}$
硬度	6〜6.5
原産地	ブラジル、マダガスカル、ナミビア
チャクラ	高次の宝冠、喉、額、第三の目
数字	7
十二星座	獅子座
効果	ストレス緩和、脈拍の安定化、抑うつ、内分泌系、三焦経、AIDS（後天性免疫不全症候群）、癌、細胞、目、肺、筋痙攣、腸　精妙体レベルで最良の働きをする

ペタライトの原石

　葉を意味するギリシャ語からつけられた名を持ちます。天使との結びつきを強化することから、エンジェルストーンとしても知られています。シャーマンが用いる石で宇宙意識を開き、霊とのコンタクトやビジョンクエストの際に安全な環境を提供し、霊的浄化を促し、原因を突き止めて変化させる次元へと導きます。とりわけ先祖や家族のヒーリングに有効で、機能不全が起こる前にさかのぼって否定的なカルマを解き放ちます。オーラや精神体から憑霊を取り除き、しがらみを断ち切る際に極めて有効ですが、これは各人のハイヤーセルフをそのプロセスに関与させ、あらゆるレベルの操作に打ち勝つことになります。環境の力を強化して、黒魔術の力を中和します。

注：ペタライトは高バイブレーションの石です。

フェナサイト (Phenacite)

結晶系	三方晶系
化学組成	Be_2SiO_4
硬度	7.5〜8
原産地	マダガスカル、ロシア、ジンバブエ、コロラド（米国）、ブラジル
チャクラ	宝冠、高次の宝冠
数字	9
十二星座	双子座
効果	多次元的ヒーリング 物理レベルを超えた部分で働く

　宝冠のチャクラと高次の宝冠のチャクラの強力な活性作用があり、最高次の存在の領域から黄金のエネルギーが注ぎ込まれる「噴水効果」をもたらします。夢を現実に起こっているものとしてとらえ、その奥底にある意味を理解することを助けます。問題の核心へ導き、現世であれ他世であれ、その問題が起こる前にさかのぼり、すべての経験を再構成し、何も起こらなかったかのように前進させます。これまでに発見されたクリスタルの中でも極めて高いバイブレーションを持つ石の一つで、個人の意識を高次の波動と結びつけ、天使の王国やアセンディッドマスターとコンタクトします。エーテル体と共鳴し、ライトボディを活性化し、アセンションのプロセスを促進します。また、魂を癒します。産地と色によって異なる特性を持ち、マダガスカル産のものは多次元間や銀河系間の作用を有し、ブラジル産のものは多くの場合、独自の「クリスタル守護霊」を有しています。フェナサイトは精妙レベルで作用し、身体を純化し、エネルギーの道筋から障害物を取り除きます。エーテル体の青写真を通じてアカシックレコードから情報を取り込み、エーテル体から肉体へのヒーリングを活性化し、細胞記憶に働きかける多次元的な細胞ヒーリングをもたらします。他のヒーリングクリスタルのエネルギーを増幅させる力があります。

注：フェナサイトは高バイブレーションの石です。

クリアーフェナサイト (Clear Phenacite)

結晶系	三方晶系
化学組成	Be_2SiO_4
硬度	7.5〜8
原産地	マダガスカル、ロシア、ジンバブエ、コロラド（米国）、ブラジル
チャクラ	宝冠、高次の宝冠
数字	9
十二星座	双子座
効果	多次元的ヒーリング 物理レベルを超えた部分で働く

　フェナサイト（上記）の包括的な特性を有する他に、異次元間のジャーニーを助け、通常であれば地上からは届かない波動性の霊的状態へアクセスを促します。過去の霊的イニシエーションの記憶を活性化し、「類は友を呼ぶ」ということを教え、あなたの波動を高めさせ、思考を浄化し、ポジティブなエネルギーのみを発するよう促します。この石の霊性は深い喜びにあふれ、人生や霊的な進化は楽しくあるべきであると教えます。

注：フェナサイトは高バイブレーションの石です。

ホワイトジェイド（White Jade）

結晶系	単斜晶系
化学組成	$NaAlSi_2O_6$
硬度	6
原産地	米国、中国、イタリア、ミャンマー、ロシア、中東
チャクラ	第三の目、宝冠
十二星座	双子座
惑星	金星
効果	長寿、自己充足、解毒、ろ過、排泄、細胞と骨格、脇腹痛、腰部、水・塩・酸・アルカリ比

　ジェイド（p120）の包括的な特性を有する他に、エネルギーを最も建設的な方向へと導きます。最高の結果を得るために、気を散らす要因を取り除き、関係する情報にアクセスすることから意思決定を助けます。極めて純粋な石です。

セレナイト（Selenite）

結晶系	単斜晶系
化学組成	$CaSO_4 \cdot 2H_2O$
硬度	2
原産地	イングランド（英国）、米国、メキシコ、ロシア、オーストリア、ギリシャ、ポーランド、ドイツ、フランス、シチリア島（イタリア）
チャクラ	高次の宝冠
数字	8
十二星座	牡牛座
惑星	月
効果	判断、洞察、脊柱の調整、柔軟性、てんかん、歯科用アマルガムによる水銀中毒、フリーラジカル、母乳授乳　素晴らしいヒーリング効果がエネルギーレベルで生じる

　セレナイトという名前はギリシャの月の女神*Selene*からつけられ、「月のような輝き」という意味を持ちます。非常に繊細な波動を落ち、頭脳の明晰性をもたらし、天使の意識へアクセスします。このクリスタルはライトボディを地球の波動に結びつけます。特に純粋な白い半透明のセレナイトはエーテル性の特性を持ち、光と物質の間に存在すると言われています。

　古い歴史を持つ石であり、地球上の新しい波動に最も強力に働きかけるクリスタルの一つで、占いに用いると未来を見たり過去に起こったことを確かめたりできます。不安定な感情を分散し安定させる強い力があり、潜在意識レベルで起こっていることを意識的に理解させます。家の周りを防御するグリッドを組むことができ、大型のこの石を家の中に置くと穏やかな雰囲気が生まれます。

注：セレナイトは高バイブレーションの石です。

成形された
セレナイトのピラー
（キー〈ゲートウェイ〉を伴う）

エンジェルウィング(フィッシュテールセレナイト)
(Angel's Wing (Fishtail Selenite))

結晶系	単斜晶系
化学組成	$CaSO_4 \cdot 2H_2O$
硬度	2
原産地	イングランド(英国)、米国、メキシコ、ロシア、オーストリア、ギリシャ、ポーランド、ドイツ、フランス、シチリア島(イタリア)
チャクラ	高次の宝冠
十二星座	魚座
惑星	月
効果	神経の癒し、12本のDNAストランドの修復、核となる魂のヒーリング、洞察、脊柱の調整、柔軟性、てんかん、歯科用アマルガムによる水銀中毒、フリーラジカル、母乳授乳 素晴らしいヒーリング効果がエネルギーレベルで生じる

セレナイト(p257)の包括的な特性の他に、天使とのコンタクトを促す作用を有しています。また、感情を静めて安定させ、緊張を解きほぐす作用にも非常に優れています。

注:エンジェルウィングは高バイブレーションの石です。

天然のエンジェルウィング

セレナイトワンド(Selenite Wand)

結晶系	単斜晶系
化学組成	$CaSO_4 \cdot 2H_2O$
硬度	2
原産地	イングランド(英国)、米国、メキシコ、ロシア、オーストリア、ギリシャ、ポーランド、ドイツ、フランス、シチリア島(イタリア)
チャクラ	高次の宝冠
十二星座	牡牛座、魚座
惑星	月
効果	脊柱の調整、柔軟性、てんかん、歯科用アマルガムによる水銀中毒、フリーラジカル 素晴らしいヒーリング効果がエネルギーレベルで生じる

ワンド(p279)とセレナイト(p257)の包括的な特性を有する他に、極めて純粋な波動をもち、オーラから憑霊やソートフォーム(想念形態)を取り除き、いかなる外的なものからも心が影響を受けないように守ります。長く繊細な天然のセレナイトワンドは、時に他のクリスタルと結合して強力なヒーリングツールとなります。高周波と共鳴し、深い智恵と古代の知識を授けます。

注:セレナイトワンドは高バイブレーションの石です。

天然のセレナイトワンド

白色と無色のクリスタル

セレナイトセプター (Selenite Sceptre)

結晶系	単斜晶系
化学組成	$CaSO_4 \cdot 2H_2O$
硬度	2
原産地	大半が製造され形成されたもの まれにイングランド産で天然のものがある
チャクラ	高次の宝冠
十二星座	牡牛座
惑星	月
効果	判断、洞察、脊柱の調整、柔軟性、てんかん、歯科用アマルガムによる水銀中毒、フリーラジカル 素晴らしいヒーリング効果がエネルギーレベルで生じる

　見つけにくい、希少なセプターです。セプター (p273) とセレナイト (p257) の包括的な特性を有する他に、エーテル体の青写真の不調 (dis-ease) や損傷がある部分を切り離すために使うことができます。これらの部分は、肉体や感情のレベルで過去世の傷の痕跡を抱えており、現世の身体に影響を及ぼしています。

注：セレナイトセプターは高バイブレーションの石です。

天然のセレナイトセプター

セレナイトファントム (Selenite Phantom)

結晶系	単斜晶系
化学組成	$CaSO_4 \cdot 2H_2O$（内包物を伴う）
硬度	2
原産地	イングランド（英国）、米国、メキシコ、ロシア、オーストリア、ギリシャ、ポーランド、ドイツ、フランス、シチリア島（イタリア）
チャクラ	過去世、高次の宝冠、額　太陽神経叢
十二星座	牡牛座
惑星	月
効果	脊柱の調整、関節の柔軟性、洞察、柔軟性、てんかん、歯科用アマルガムによる水銀中毒、フリーラジカル、母乳授乳、古いパターン、聴覚障害、透聴力、多次元的ヒーリング、細胞記憶に働きかける多次元的ヒーリング、プログラミングに対する効果的な受容体、臓器の浄化と強化、体のバランス調整 素晴らしいヒーリング効果がエネルギーレベルで生じる

　セレナイト (p257) の包括的な特性を有し、他のファントム (p239) と同様の働きをしますが、この珍しい形状は、魂の核を覆っているすべての層を取り去ります。また最高次の霊的波動でワークを行なう時は、真の霊的な自己や全体的な進化の目的と結びつきます。精神的または霊的な混乱を取り除き、カルマのもつれを取り去ります。特に、カルマの残骸や感情的な不調 (dis-ease) をはねのけるためのワンドとして用いた場合はポイント部分がそれを切り開き、太い方の端部を用いた場合は得られた洞察をグラウンディングし、身体の中に流し込むことができます。

注：セレナイトファントムは高バイブレーションの石です。

セレナイトファントム

白色と無色のクリスタル

スピネル (Spinel)

結晶系	立方晶系
化学組成	$MgAl_2O_4$
硬度	7.5〜8
原産地	スリランカ、ミャンマー、カナダ、米国、ブラジル、パキスタン、スウェーデン（合成の場合もある）
チャクラ	色により異なる、無色の石は高次の宝冠
数字	3（色により異なる）、無色の石は7
十二星座	牡羊座、射手座（色により異なる）
惑星	冥王星
効果	筋肉や神経の症状、血管

　ラテン語で「とげ」を意味するspinaにちなんだ名前を持ちます。チャクラを開き、クンダリーニのエネルギーを脊柱に沿って上昇させます。エネルギーの更新や困難な状況での励まし、若返りをもたらします。人の性格のポジティブな面を高め、成功の成就とそれを謙虚に受け止めることを促します。

スティルバイト (Stilbite)

結晶系	単斜晶系
化学組成	$NaCa_2Al_5Si_{13}O_{36} \cdot 14H_2O$
硬度	3.5〜4.0
原産地	インド、アイスランド、ロシア、米国、ブラジル
数字	33
十二星座	牡羊座
効果	解毒、脳障害、靭帯、喉頭炎、味覚喪失、皮膚の色素沈着

　「輝く」という意味のギリシャ語stilbeinにちなんだ名前を持ち、魂や魂の構成要素についての情報を有し、深いソウルヒーリングを助けます。非常に創造性の高い石で、直観を開き、愛情と支えにあふれた波動をすべての努力にもたらします。多次元にわたる非物質的なワークを促します。霊的なエネルギーをグラウンディングし、直観的思考を明らかにし、霊的なジャーニーを助けます。目的地がどこであっても、ジャーニーの間ずっとあなたを導き、方向を示します。最高次の波動ではより高い霊的な領域へのジャーニーを促し、そこでの経験の意識的な記憶を持ち帰ります。クラスターは占いの道具としても使用できます。かつては毒を中和するものとして使われていました。

スティルバイトの天然の形状

ゼオライト (Zeolite)

結晶系	単斜晶系
化学組成	含水ケイ酸塩
硬度	不定
原産地	英国、オーストラリア、インド、ブラジル、チェコ、イタリア、米国
チャクラ	全チャクラ
十二星座	全星座
効果	農業、園芸、レイキ、解毒、甲状腺腫、依存症、鼓腸

　ゼオライトは強力な解毒特性を有するクリスタル群の総称です。宝冠のチャクラを保護するフィルターとなり、霊的なワークの間の門番の役割を果たし、ダメージを受けたチャクラを接続しなおします。環境の力を強化し、毒素や臭気を吸い取ります。地中に埋めると農業や園芸に効果があります。レイキの石で、エネルギーとシンボルに同調する助けとなり、ヒーリングへの反応を高めます。

　アポフィライト (p242)、ヒューランダイト (p38)、ラリマー (p153)、オーケナイト (p252)、プレナイト (p122)、スティルバイト (p260) を参照。

ゼオライトのクラスター

ジルコン (Zircon)

結晶系	正方晶系
化学組成	$ZrSiO_4$
硬度	6.5〜7.5
原産地	オーストラリア、米国、スリランカ、ウクライナ、カナダ（色を強めるため熱処理されている場合もある）
チャクラ	基底のチャクラ、太陽神経叢のチャクラと心臓のチャクラを結合（色により異なる）
数字	4
十二星座	射手座
惑星	太陽
効果	相乗効果、恒常性、嫉妬、所有欲、虐待、同性愛嫌悪、女性嫌悪、人種差別、坐骨神経痛、痙攣、不眠、抑うつ、骨、筋肉、めまい、肝臓（ペースメーカー使用者とてんかん患者はめまいを起こす場合があるその場合は直ちに使用を中止すること）

　「金色の」という意味のペルシャ語 zargun から名づけられましたが、中には熱処理をして色をつけたものもあります。盗難や雷、肉体への危害や病気からの防御に伝統的に用いられていました。美徳の石として知られ、禁欲を確かめるために用いられたと言われます。無条件の愛を促し、過去のパートナーを忘れることを助けます。霊的な本質を環境と調和させ、肉体と精妙体のすべてのシステムを調整します。偏見をなくし、人類の兄弟愛を教え、情緒体から差別の影響を取り除きます。団結の石で、スタミナと執着心を授けます。明瞭な思考力を強め、意味があることと意味がないことを区別します。ただしキュービックジルコン（人造ジルコン）の力はあまり強くありません。

白色と無色のクリスタル

ウレキサイト (Ulexite)

結晶系	三斜晶系
化学組成	$NaCaB_5O_6(OH)_6 \cdot 5H_2O$
硬度	2.5
原産地	米国
チャクラ	第三の目
数字	8、33
十二星座	双子座
効果	リラクセーション、ビジネスにおける創造性、想像力、陰陽のバランスをとる、明瞭な視覚、しわ(エリキシルとして皮膚に使用した場合)

成形されたウレキサイト

　視覚化の力を強化するウレキサイトは、拡大して見せる力を持つことで有名で、しばしばテレビ石と呼ばれます。内なるレベルと霊的レベルから物事に焦点をあて、客観性と明瞭性をもたらします。バランスが乱れかけた時は、状況を明確に見る助けをします。夢やビジョンを理解するのに適しており、霊的なレベルで従う道を示し、あなた自身の奥深くへと導きます。問題の核心へ到達し、解決策を提示します。他者の心の内を見る能力をもたらすことから、他者の思考や感情がわかり、思いやりをもって受け入れられるようになります。

ホワイトサファイア (White Sapphire)

結晶系	六方晶系
化学組成	Al_2O_3
硬度	9
原産地	ミャンマー、チェコ、ブラジル、ケニア、インド、オーストラリア、スリランカ、カナダ、タイ、マダガスカル
チャクラ	宝冠、高次の宝冠
数字	4
十二星座	天秤座
惑星	月、土星
効果	平静、心の平和、集中力、多次元的細胞ヒーリング、身体系の活動過剰、腺、目、ストレス、静脈、弾力性

　極めて純粋なエネルギーを持ち、霊的意識を非常に高い周波数へと導き、宇宙意識と結びつけます。サファイア(p160)の包括的な特性を有する他に、防御の力が極めて強く、霊的な道の障害物を取り除き、あなたの可能性や人生の目的にアクセスします。

ファセットカットしたホワイトサファイア

スターサファイア (Star Sapphire)

結晶系	六方晶系
化学組成	Al_2O_3（内包物を伴う）
硬度	9
原産地	ミャンマー、チェコ、ブラジル、ケニア、インド、オーストラリア、スリランカ、カナダ、タイ、マダガスカル
チャクラ	喉、第三の目
数字	6
十二星座	射手座、山羊座
惑星	月、土星
効果	平静、心の平和、集中力、多次元的細胞ヒーリング、身体系の活動過剰、腺、目、ストレス

スターサファイアの原石

　サファイア（p160）の包括的な特性を有する他に、快活さを促し、思考を安定化させ、他者の意図を予測する助ける働きがあります。地球外生物とのコンタクトがあるといわれています。

ヤンガイト (Youngite)

結晶系	複合
化学組成	複合
硬度	未確定
原産地	ワイオミング（米国）（ほぼ枯渇している）
チャクラ	太陽神経叢、額
効果	精神的ストレス、心のセンタリング、頭の回転の早さ、理性的思考、同情、インナーチャイルドのワーク、自分で課した限界、歯周疾患、無気力

　ブレシエイティドジャスパー（p45）とドルージークォーツ（p63）の包括的な特性を有する他に、インナーチャイルドのワークに最適で、楽しく無邪気な内なる子供としての記憶を再体験させます。子供時代からの傷を癒し、魂の回復に用いることもでき、喜びやトラウマを通じてばらばらになった子供時代の魂の断片を優しく導きます。シャーマンの石でもあり、様々な意識の次元へアクセスさせ、心や思考が存在しない魂の融合空間へとあなたを導きます。道を照らし、いかに悲惨な状況の中にあっても笑い飛ばす力を強めることから、戦士や指導者に最適な石であると言われます。

ヤンガイトのスライス

その他の白色の石

アゲート（p190）、アラゴナイト（p190）、ベリル（p81）、クリーダイド（p61）、ダンブライト（p26）、ダイオプサイド（p104）、フローライト（p177）、マスコバイト（p31）、オニキス（p219）、プレナイト（p122）、スノーフレーク・オブシディアン（p216）、チューライト（p36）、バリサイト（p122）、ワーベライト（p123）、ゼオライト（p261）、ジンカイト（p56）、ゾイサイト（p56）

白色と無色のクリスタル

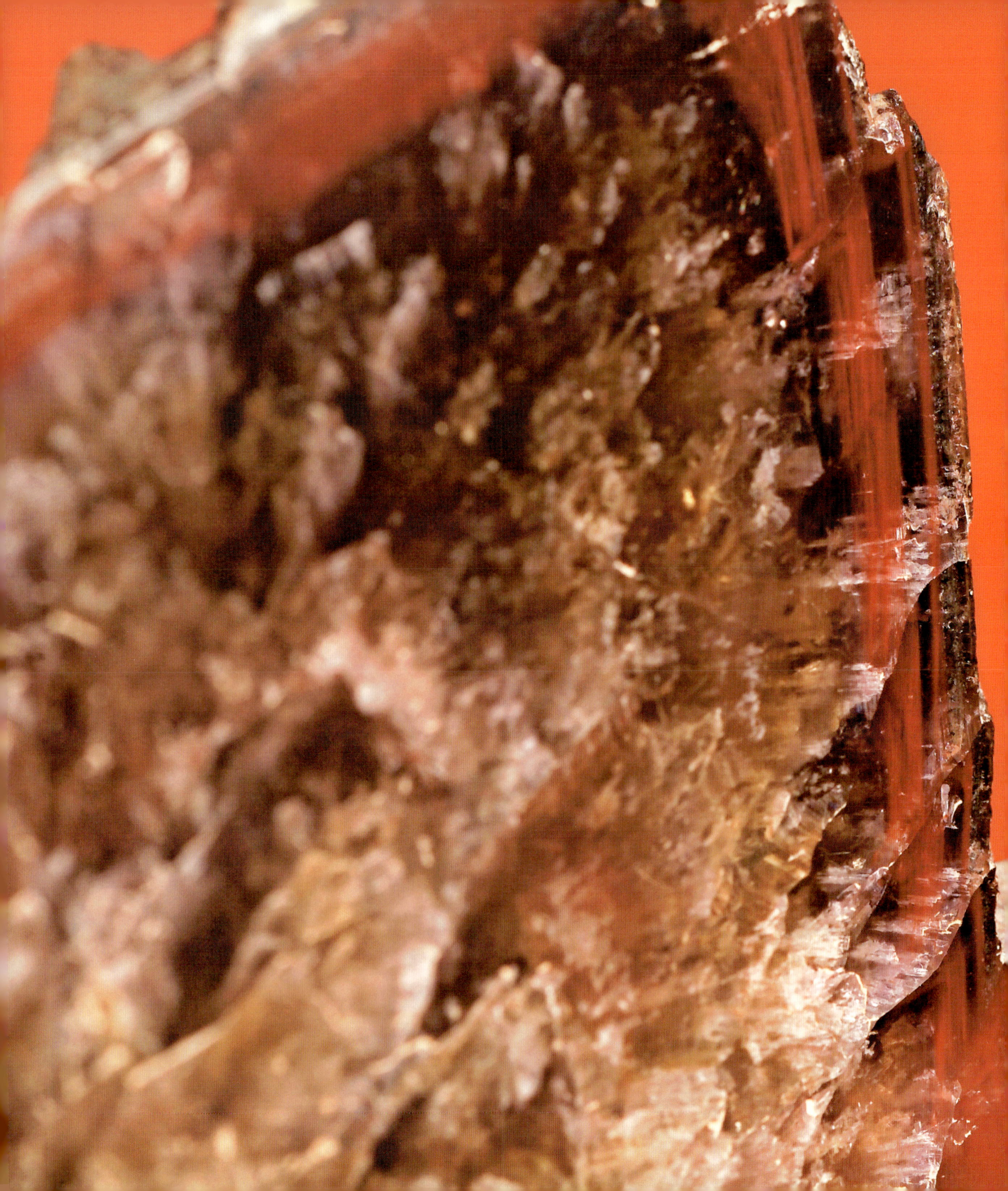

コンビネーションストーン

複数の石で構成されたコンビネーションストーンは、当然のことながらそれらの石の特性をあわせ持っていますが、全体としての特性は個別の特性よりも強くなります。それはまるで石のバイブレーションが高まって効力を増すかのようです。大きく、装飾的な石は環境の力を高めるのに特に有用で、小さな石はヒーリングに利用するのに適しています。

スーパーセブン（メロディストーン）
(Super 7 (The Melody Stone))

結晶系	複合
化学組成	複合
硬度	不定
原産地	米国
チャクラ	全チャクラ
十二星座	全星座
効果	アセンションワーク、身体の調和、免疫系、身体の自然治癒力（構成している各クリスタルの解説も参照）

スーパーセブンのポイント

スーパーセブンの原石

これまでに発見されたクリスタルの中で最も高次の波動を持つとされ、地球の進化を助けるために現れたと言われています。霊力の発電所の役割をし、鎮静作用と養育作用に特に優れたクリスタルです。アメジスト（p168）、スモーキークォーツ（p186）、クォーツ（p230）、ルチル（p202）、ゲーサイト（p196）、レピドクロサイト（p52）、カコクセナイト（p83）の包括的な特性を有する他に、非物質的能力を開き、あらゆる種類の霊的なワークを向上させます。すべてのチャクラとオーラ体を浄化し、バランスを整え、活性化し、さらに最高次の波動と調整します。肉体的、知性的、精神的な不調（dis-ease）を癒し、神とのコミュニケーションに魂を引き戻す力を持ちます。浄化やエネルギーの再注入をする必要はまったくありません。周辺にある他のクリスタルすべての波動を支援し、強化します。非常に小さな石片であっても全体が持つ波動を帯びていることから、私たちもまた大いなるものの一部であるとあらためて気づかせます。地球と地球上のあらゆるものの波動レベルを変えます。現在、手に入るのは小さなポイントで、これはセルフヒーリングや霊的な現実を開くのに非常に強力な効果があります。これらのポイント状のものは地球やコミュニティのエネルギーが乱れている部分にグリッドとして使用でき、社会の安全や連結の感覚を浸透させるので、とりわけテロリズムの恐れや人種間の不穏な動きがある場所で効果を発揮します。スーパーセブンの石片の多くは霊的な存在を内包し、導きと霊感の最高次の源へと結びつけます。

注：スーパーセブンは高バイブレーションの石です。

クォーツに内包されたモリブデナイト
(Molybdenite in Quartz)

結晶系	複合
化学組成	複合
硬度	不定
原産地	米国、イングランド（英国）、カナダ、スウェーデン、ロシア、オーストラリア
チャクラ	第三の目
効果	細胞記憶に働きかける多次元的ヒーリング、プログラミングに対する効果的な受容体、臓器の浄化と強化、免疫系、身体のバランス調整、顎の痛み、歯、血液循環、酸素化

クォーツの母岩上のモリブデナイト

集団のワークや、二人以上のエネルギーやオーラの調和に有効です。自分が一人ではないことに気づかせ、暗闇に光をもたらすと言われています。モリブデナイト（p224）とクォーツ（p230）の包括的な特性を有する他に、精神的閉塞や大きくなりすぎた人生の重荷を効果的に取り除き、夢から洞察を得るように促します。

マイカを伴うクォーツ（Quartz with Mica）

結晶系	複合
化学組成	複合
硬度	不定
原産地	世界各地
チャクラ	第三の目、宝冠のチャクラに関連、全チャクラを調整
数字	3
十二星座	蟹座
効果	再生、摂食障害、運動能力、黄斑変性症、あらゆる症状に対するマスターヒーラー、細胞記憶に働きかける多次元的ヒーリング、プログラミングに対する効果的な受容体、臓器の浄化と強化、身体のバランスをとる、耽溺、情緒的・精神的依存、双極性障害、悪夢、ストレス、強迫的思考、意気消沈、情緒不安定、消化、筋肉弛緩、アレルギー、怒り、抑うつ、DNAの再構成、マイナスイオンの発生、アルツハイマー病、皮膚と結合組織の解毒、シックビル症候群による疾患、統合運動障害と左右の混乱

　クォーツ（p230）、レピドライト（p181）、マスコバイト（p31）の包括的な特性を有する他に、古代からのシャーマニズムの石でもあり、直観を高め、その直観に基づいて実践的な方法で行動する能力を向上させます。無条件の愛との結びつきを深め、真の霊性と無意識下の錯覚や幻想とを識別するよう教えます。鍼治療や指圧に対するエネルギーの反応を強化します。この石を身体の回りに巡らせると、エネルギーの漏出部分を見つけてそれを封じ、チャクラやオーラにたまったネガティブなエネルギーを変化させます。

マイカベースを伴う
ツインフレイムのクォーツ

スファレライト上のクォーツ
（Quartz on Sphalerite）

結晶系	複合
化学組成	複合
硬度	不定
原産地	世界各地
チャクラ	基底
数字	4
十二星座	全星座
効果	環境病、目、神経系

　クォーツ（p230）の包括的な特性を有する他に、この組み合わせによって強力なエネルギー浄化作用が生まれ重い心的負担を取り除き、暗い気分を明るくし、仲違いや孤立を改善し、バランスをもたらします。瞑想状態では視力や洞察力の強化と増幅を行い、世間の目にさらされる職業の人を防御する力に優れています。スファレライトは欺瞞に気づかせ、流れ込んできた情報やそれ以外の情報が真実か偽物であるかを突き止めるのに役立ちます。また、地球が本来の故郷ではない人々を転生した状態につなぎとめ、どのレベルで起こったものであれ、ホームシックの克服を助けます。また、男性性と女性性のエネルギーのバランスをとり、性別への順応意識を助けます。瞑想中にこすると光を発します。

スファレライト上の
クォーツ

コンビネーションストーン　267

フェナサイトを伴うレッドフェルドスパー
(Red Feldspar with Phenacite)

結晶系	複合
化学組成	複合
硬度	不定
原産地	マダガスカル、ロシア、ジンバブエ、コロラド（米国）、ブラジル
チャクラ	宝冠、高次の宝冠
数字	9
十二星座	双子座
効果	多次元的ヒーリング 物理レベルを超えた部分で働く

　フェナサイト（p256）の包括的な特性を有する他に、霊性が強く、あなたの現実を変える鍵となります。自己認識を高め、自身を無条件に愛する力を強めます。霊的な洞察を大地のレベルにしっかりとグラウンディングし、肉体を通じて表現できるようにします。明るく楽しい霊性を持ち、霊的進化や地球上での人生を深刻に考えすぎる必要はないことを教えます。それらは喜びにあふれたジャーニーとなり得るのです。あなたが夢にさかのぼる際に同行し、その過程で夢に含まれた深い意味を示し、実り多い成果を得るために夢の再編成を行います。この石を構成しているフェルドスパーは過去と決別しようとする時にとても役立つ石で、特に過去世から染みついた精神的、霊的パターンを取り除きます。また、フェナサイトはよりダイナミックで心躍るような生き方への道を開きます。

注：フェナサイトを伴うレッドフェルドスパーは高バイブレーションの石です。

フェナサイトを伴うレッドフェルドスパーのタンブル

レピドライトを伴ったブラックトルマリン
(Black Tourmaline with Lepidolite)

結晶系	複合
化学組成	複合
硬度	不定
原産地	世界各地
効果	消耗性疾患、免疫系、読字障害、関節痛、疼痛緩和、脊柱の再調整、防御、解毒、脊椎の調整、男性性と女性性のエネルギーのバランスをとる、偏執症、読字障害、視覚と手の協調関係、コード化された情報の取り込みと解釈、エネルギーの流れ、閉塞の除去、耽溺、情緒的および精神的な依存、双極性障害、悪夢、強迫思考、DNAの再構成、皮膚と結合組織の解毒、シックビル症候群による疾患、コンピュータストレス

　ブラックトルマリン（p211）とレピドライト（p181）の包括的な特性を有する他に、依存を解消し、その裏にある原因を理解するのに最適です。必然的に続いてきた否定を受け入れ、依存性の物質や行動といった擬似的な支えなしで人生を生きることを助け、代わりの支えとして愛と宇宙エネルギーの保護をもたらします。この石は自己を癒す強い力を授けます。

母岩中にレピドライトを伴ったブラックトルマリンの結晶が存在

クォーツに内包された ブラックトルマリン・ロッド
(Black Tourmaline Rod in Quartz)

結晶系	複合
化学組成	複合
硬度	不定
原産地	世界各地
チャクラ	第三の目、太陽神経叢
効果	エネルギー強化、細胞記憶に働きかける多次元的ヒーリング、プログラミングに対する効果的な受容体、筋力テストの成績向上、臓器の浄化と強化、放射線からの保護、防御、解毒、閉塞の除去

クォーツに内包された
ブラックトルマリン・
ロッド

　ブラックトルマリン（p211）の太いロッドを含むクォーツ（包括的な特性についてはp230を参照）は、サイキックアタックを無効化するのに最適で、アタックを受ける側の人の力を強化し、幸福感を高めます。周囲に置くと、テロリストの攻撃から身を守り、攻撃を受けた後の心的な後遺症を癒すこともできます。影の部分を全人格に統合し、二元性を超越する力を有します。

マイカを伴うブラックトルマリン
(Black Tourmaline Rod in Quartz)

結晶系	複合
化学組成	複合
硬度	不定
原産地	世界各地
チャクラ	喉
効果	消耗性疾患、免疫系、防御、解毒、脊椎の調整、男性性と女性性のエネルギーのバランスをとる、プログラミングに対する効果的な受容体、偏執症、読字障害、視覚と手の協調関係、コード化された情報の取り込みと解釈、エネルギーの流れ、閉塞の除去、シックビル症候群による疾患、コンピュータストレス

　ブラックトルマリン（p211）、レピドライト（p181）、マスコバイト（p31）の包括的な特性を有する他に、悪意をその源に徐々に返し、微妙に変化させ、悪意を抱いた人がそれ以上否定的な思考を生まないようにします。このコンビネーションは電磁スモッグを無効にする力が強く、コンピューターの電磁波を吸収する力にも優れています。

マイカを伴う
ブラックトルマリン

コンビネーションストーン

ヘマタイトを伴うルチル (Rutile with Hematite)

結晶系	複合
化学組成	複合
硬度	不定
原産地	アフリカ、オーストラリア
チャクラ	過去世、額
効果	非物理レベルで働く

　ヘマタイト（包括的な特性はp222を参照）を伴うルチル（p202）は、グラウンディングや保護作用の他に浄化作用をあわせ持っています。強力な再生効果があり、和解を助け、あらゆる種類の相反するものを結びつけます。人生でバランスが必要なことはすべてこの石が助けとなります。心身症の原因に洞察をもたらし、カルマや魂の深い浄化と修復を手伝います。

注：ヘマタイトを伴うルチルは高バイブレーションの石です。

ヘマタイトを伴うルチル

ゾイサイトに内包されたルビー（アニョライト） (Ruby in Zoisite (Anyolite))

結晶系	複合
化学組成	複合
硬度	不定
原産地	インド
チャクラ	宝冠
十二星座	水瓶座
惑星	天王星
効果	長期にわたるストレスや慢性疾患からの回復、体力、妊孕性、精巣、卵巣、胃酸過多、不眠、心臓、制限された血流、循環器系

　ゾイサイト（包括的な特性はp56を参照）に内包されたルビー（p55）は体のまわりの生体磁場を増幅し、生命エネルギーを強化します。霊的世界とのコミュニケーションを助け、トランス状態を引き起こし、意識変容状態を生じさせ、多次元的細胞ヒーリングをもたらします。魂の記憶と霊的な学びにアクセスし、核となる魂のヒーリングや過去世のワークに非常に有用です。この石は個性を促進すると同時に、他の人間との相互のつながりを維持します。

ゾイサイトに内包された
ルビーの原石

クリソコーラを伴うマラカイト
（Malachite with Chrysocolla）

結晶系	複合
化学組成	複合
硬度	不定
原産地	米国、オーストラリア、ザイール、フランス、ロシア、ドイツ、チリ、ニューメキシコ（米国）、ルーマニア、ザンビア、コンゴ、中東、英国、メキシコ、ペルー、ザイール
チャクラ	第三の目、太陽神経叢
効果	個人の力、創造性、自己認識、自信、動機
	精妙体レベルで最良の働きをする

クリソコーラを伴うマラカイトのタンプル

クリソコーラを伴うマラカイトの原石

　マラカイト（包括的な特性はp96を参照）とクリソコーラ（p137）のコンビネーションは全体性と平和を象徴し、非常に高次の癒しの波動を有した宝石グレードのクリスタルとして現れることもあります。バランスの乱れた場所に置くと、徐々に均衡を取り戻します。心と身体や、感情のバランスの回復には、第三の目の上に1個を置き、もう1個を太陽神経叢の上に置きます。

注：クリソコーラを伴うマラカイトは高バイブレーションの石です。

マラカイトを伴うアズライト
（Azurite with Malachite）

結晶系	複合
化学組成	複合
硬度	不定
原産地	米国、オーストラリア、イタリア、ザイール、フランス、ロシア、ドイツ、チリ、ルーマニア、ザンビア、コンゴ、中東、ペルー
チャクラ	第三の目、宝冠、高次の宝冠
十二星座	蠍座、射手座
惑星	金星
効果	ヒーリングクライシス、心的および精神的なプロセス、恐怖症、解毒、変容、精神性的問題、抑制、再生、DNA、細胞組織、免疫系
	動悸が発現した場合は直ちに取り除くこと

マラカイトを伴うアズライトのタンプル

　アズライト（包括的な特性はp142を参照）とマラカイト（p96）が組み合わさって石でエネルギーの強力な伝道作用を有します。霊的なビジョンを明らかにし、視覚化の能力を高め、第三の目を開きます。感情的なレベルでは深い癒しをもたらし、大昔からの閉塞やミアズム、悪影響、思考パターンを浄化します。筋肉の痙攣を治し、肝臓の強化と解毒を行います。

ヒーリングツール

マザー・アンド・チャイルド（Mother-and-child）

大きいクリスタルと小さいクリスタルが密着したマザー・アンド・チャイルドは、あらゆる種類の養育的および母性的なものの促進、ならびに受胎や創造的なプロジェクトの発案に優れた効果があります。傷ついたインナーチャイルドを癒し、本来の無邪気で陽気なインナーチャイルドと関係を結び直すのに特に有用です。

アバンダンス（Abundance）

アバンダンスは、1本の長いクリスタルの根元部分に多くの小さなクラスター状のクリスタルが付着したものです。あなたの人生に豊かさを引き寄せる働きがありますから、最適な置き場所は、家庭や職場の富を象徴するコーナー、すなわち、玄関から見て左手奥になります。

メンター（Mentor）

大きなポイントを複数の小さなクラスター状のクリスタルが取り囲んでいるメンターは、指導者や霊的教師を引き寄せ、アカシックレコードからの情報のダウンロードを助けます。知識の教授と共有も促進し、最高次の霊的次元を機能させます。

アンセストラル・タイムライン（Ancestral time line）

アンセストラル・タイムラインには、根元から先端に向かって透明で平らな出っ張りがあります。家族の苦しみがある部分や、アンセストラルラインがどのくらい遡るかを示すようなフォールトライン（断層線）が見られることがよくあります。このクリスタルに同調すると、家族の不調（dis-ease）の根源が癒しのために表面化され、その癒しの力を不調（dis-ease）が現れる前の時点まで世代を超えて送り込むことが可能となります。この変化は家系全体に及び、変化による恩恵を将来の世代へと伝えます。

バーナクル（Barnacle）

大きなクリスタルの全面または一部を多数の小さなクリスタルが覆ったものがバーナクルです。大きいクリスタルは「オールドソウル（old soul）」と呼ばれ、その知恵が若いクリスタルを引き寄せています。

エッチド（Etched）

エッチドクリスタルの表面に刻まれた象形文字や楔形文字のようなものは、このクリスタルがあなたを自身の過去の知恵や古代のヒーリングシステムへのアクセスへと導く可能性を示しています。このクリスタルは過去世のワークに特に有用です。（p238「スターシード・クォーツ」を参照）

クロス（Cross）

1つのクリスタルが別のクリスタルに対して直角に付着したものがクロスです。たいていの場合、付着される側の方が大きくなっています。安定化作用とセンタリング作用があり、世界の多様性へ導き、霊的学びを促進します。エネルギーインプラントを取り払い、あらゆるチャクラの障害物の除去と活性化を行います。

レコードキーパー（Record-keeper）

透明なピラミッド状の蝕像や山形の切り込み（p247「セルサイト」を参照）を持つクリスタルはレコードキーパーです。霊的知恵を持ち、個人あるいは集団の洞察へアクセスします。レコードキーパーは個人性が極めて高いクリスタルです。

ツインフレーム（タントリックツイン、ソウルメイト）(Twinflame (Tantric twin, soulmate))

共通の根元部分から成長したほぼ同じ大きさの1組のクリスタルが、一面で連結しているもののターミネーション（先端）部分がはっきりと分かれているものは、ツインフレーム、タントリックツイン、ソウルメイトとして知られています。このクリスタルはソウルパートナーを引き寄せるためのプログラミングを行うことができます。真のツインフレームクリスタルは、2つのそっくりなクリスタルが並ぶように接しています。ツインフレームは、カルマの付着を伴うことなくソウルメイトを引き寄せます。ツインフレームは家または寝室の中の人間関係を象徴するコーナー、すなわち扉から見て右手奥に置いてください。

レグレッション（タイムリンク）(Regression (time link))

左側に傾いた平行四辺形のウィンドウ（面）を持つクリスタルで、あなたを過去世へ導きます。

セプター（Sceptre）

1本のロッド状のクリスタルの一方の端を取り囲むように別のクリスタルが成長したものがセプターで、大きいベースクリスタルから1本の小さなクリスタルポイントが現れたものが逆セプターです。多次元的ヒーリングのツールとして優れた働きをし、力や霊的権威をもたらします。

プログレッション（タイムリンク）(Progression (time link))

右側に傾いた平行四辺形のウィンドウ（面）を持つクリスタルで、あなたを未来へ導きます。

ブリッジ（Bridge）

ブリッジクリスタルは、別の大きなクリスタルから成長したものです。その名前が示唆する通り、ギャップを埋め、物事を寄せ集めます。内的世界と外的世界、高次の自己と自我、自身と他者を結び付けます。また、特に新しい考えを伝えようとする場合など、人前で話をする際に有用です。

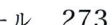

用語解説

アカシックレコード（Akashic Record）
時空を超えて存在する情報の保管庫で、宇宙においてこれまでに起こったこと、これから起こることの情報が保管されている。

非結晶質（Amorphous）
非結晶質はエネルギーを閉じ込める特定の形を持たないため、非結晶質の石の内部ではエネルギーの流れが速くなる。その作用は強力で即効性がある。

アンセストラルライン（Ancestral line）
家族のパターンや信念が前の世代から受け継がれていく道筋。

天使の世界（Angelic realm）
天使が住むと言われるエネルギーレベル。

アセンディドマスター（Ascended Masters）
高度に進化した霊的存在で、かつて人間の姿をとっていた場合も、そうでない場合もある。アセンディドマスターは地球の霊的進化を導く。

アセンションプロセス（Ascension process）
地球上の人々が霊的および肉体的なバイブレーションを高めようと辿る道筋。

アストラルトラベル（Astral travel）
魂は肉体から離れて遠く離れた場所に移動することができる。幽体離脱体験、ソウルジャーニーと言う。

付着霊（Attached entities）
生きている人間のオーラに付着した霊。

オーラ（Aura）
肉体のまわりの生体磁気シースすなわちエーテル体で、情緒体、精神体、霊的精妙体で構成されている。

ボール（球状）（Ball）
球状のクリスタルは全方向に均等にエネルギーを放射する。過去や未来への窓の役割をし、時間を越えてエネルギーを動かし、過去に起こったことや未来に起こることを垣間見せてくれる。

転生の間の状態（Between-lives state）
密教思想において、転生と転生の間に魂が存在する波動状態を指す。

細胞記憶（Cellular memory）
細胞は、過去世や祖先の状態やトラウマ、禁欲や貧困意識のように現在進行中のネガティブなプログラムとしてその人の深層に植え付けられたパターンの記憶を有しており、不調（dis-ease）をもたらしたり、現在においてやや異なった形で再現させたりする。

チャクラ（Chakra）
肉体と精妙体の間のエネルギーの接続ポイントで、透視能力を持つ人の目にはエネルギーの渦巻きのように見える。チャクラが機能不良に陥ると、肉体や情緒、精神、霊的な不調（dis-ease）や障害を引き起こすことがある。
- 大地のチャクラ：足の間にあり、大地との接続ポイントとなっている。
- 基底のチャクラ：会陰部にあり、性や創造性に関係しているチャクラの1つ。
- 仙骨のチャクラ：臍のすぐ下にあり、性や創造性に関連しているチャクラの1つ。
- 太陽神経叢のチャクラ：情緒に関連したチャクラ。
- 脾臓のチャクラ：左腕の腋窩の下側にあり、エネルギー流出が起こる可能性があるチャクラ。
- 心臓のチャクラ：肉体の心臓の上にあり、愛に関連しているチャクラ。
- 高次の心臓のチャクラ：胸腺の上にあり、免疫に関連しているチャクラ。
- 喉のチャクラ：肉体の喉の上にあり、真実に関連しているチャクラ。
- 過去世のチャクラ：両耳のすぐ後ろにあり、過去世の情報が保存されているチャクラ。
- 第三の目のチャクラ：眉毛と生え際の中間にあり、霊的な視力と洞察力に関連しているチャクラ。
- 額のチャクラ：第三の目のチャクラの上側の生え際部分にあり、霊的アイデンティティや意識の活性化に関連しているチャクラ。
- 宝冠のチャクラ：頭頂部にあり、霊的つながりに関連しているチャクラ。
- 高次の宝冠のチャクラ：宝冠のチャクラの上側にあり、霊との接続ポイントとなっているチャクラ。

チャネリング（Channelling）
人間の姿をしていない魂から人間の姿をした魂へ、あるいは人間の姿をした魂を通して情報が伝えられるプロセス。

キリスト意識（Christ consciousness）
宇宙のすべての生命体が普遍の愛と意識に結び付いている、神のエネルギーが最高レベルで顕現した状態。

透聴力（Clairaudience）
肉体の耳ではなく、非物質的な耳によって、肉体の耳では聞き取れないものを聞き取る能力。

クラスター（Cluster）
大小のクリスタルがベース部分から放射状に成長したクラスターは、周囲の環境にエネルギーを放出する。クラスターは有害エネルギーの吸収も行う。部屋の浄化や特定の目的に機能させるために、プログラミングを行った後で適切な場所に置いておくことができる。

コンパニオンクリスタル（Companion crystal）
2つのクリスタルが絡まり、一部が互いに入り込むように成長しているものや、メインのクリスタルから小さなクリスタルが1つ外に向かって成長しているものは、コンパニオンクリスタルと呼ばれ、特に困難な状況において大きな支えとなる養育的な特性を持つ。人間関係の理解を深めたり、パートナーの一方が他方に最善のサポートを行う方法を認識するのを助ける。

宇宙意識（Cosmic consciousness）
極めて高次の意識状態で、そこに存在するものは非物理的な宇宙エネルギーの一部である。

デーヴァ（Devas）
密教思想において山川草木などを支配すると考えられている自然霊。

ダイヤモンドウィンドウ（Diamond Window）
本来のダイヤモンドウィンドウの面は大きく、先端とベース部分につながっているが、小さいダイヤモンドウィンドウであっても霊的世界と物質的世界のバランスをとる働きをする。ダイヤモンド面は、頭脳の明晰性や多次元へのアクセスを促進する。ダイヤモンドウィンドウは不調（dis-ease）の原因を反映する。

不調（Dis-ease）
身体的なアンバランスや閉塞された感覚、抑圧された感情、否定的な思考から生じた状態で、是正されなければ疾患につながる。

ダブルターミネーション（Double termination）
両端にあるポイント部分がエネルギーの放射または吸収を行い、一度に2方向へのチャネリングを可能とする。ダブルターミネーションは、霊と物質を統合し、2つのエネルギーポイント間の橋渡し役をし、閉塞を打開する。負のエネルギーを吸収して古いパターンを解消し、依存の克服を助け、自我の中にあるかつての閉塞部文の統合を行う。第三の目の上に置くとテレパシーが強化される。

ドルージー（Drusy）
ベース部分の表面を覆う細かいクリスタル。

アースヒーリング（Earth healing）
汚染や資源破壊によって生じた地球のエネルギーの場の歪みを是正すること。

卵形（Egg-shaped）
卵形のクリスタルにはエネルギーが閉じ込められて形作られていることから、身体の閉塞を検出し、バランスを回復させるのに用いることができる。一方の端にポイントがある場合は、リフレクソロジーや指圧の際に有用なツールとなる。

電磁スモッグ（Electromagnetic smog）
電線や電気機器から発せられる微妙であるが検出可能な電磁場で、敏感な人々に有害な影響を及ぼす可能性がある。

感情の青写真（Emotional blueprint）
過去世および現世での感情に関する経験や姿勢が刷り込まれた微妙なエネルギーの場で、現世に影響を与え、心身症を引き起こすことがある。

エネルギーインプラント（Energy implant）
外部から精妙体に注入された思考やネガティブな感情。

エンハイドロ（Enhydro）
クリスタルの内部の水泡で、何百万年も前の水泡を含むことから、水を意味するギリシャ語から名付けられた。エンハイドロは、すべてのものの根底にあり互いを結び付けている集団的無意識を象徴しており、深層にある感情の癒しや変質に利用することができる。

エンティティ（Entity）
地球に近い世界で浮遊する肉体のない魂で、人間に付着することがある。

除霊（Entity removal）
エンティティを引き離し、適切な死後の世界へ送り出すこと。

エーテル体の青写真（Etheric blueprint）
微妙なエネルギーのプログラムで、肉体はこれを元に構成されている。現世の疾患や障害が生じる原因となった過去世の不調（dis-ease）や負傷が刻印されている。

エーテル体(Etheric body)
肉体を取り囲む微妙な生体磁気シース。

ゲートウェイ(Gateway)
液体が入るくらいの大きさの椀状の窪みで、過去、現在、未来、多次元への出入り口となる。ジェムエリキシルの調製に非常に適した石である。十分な大きさがあれば、別のクリスタルを中に組み込むことができる。

ジェネレーター(Generator)
1つの尖ったポイントに向かって6面が均等に集まったジェネレーターは、エネルギーを発生させ、ヒーリングエネルギーを集中する。ジェネレータークラスターは、長いポイントを全方向に放射しており、そのポイントの1つ1つを特定の目的のためにプログラミングすることが可能である。

ジオード(Geode)
中空になった球の内部に多数のクリスタルが内側に向かって成長したもので、エネルギーを保持・増幅し、ゆっくりと影響を拡散させ、エネルギーを中和させることなく和らげる。ジオードは保護に有用で、霊的成長を助ける。依存傾向や耽溺傾向の人に有益である。

ジオパシックストレス(Geopathic stress)
地下水、電線、レイライン(大地のエネルギーライン)によるエネルギーの障害で生じる地球のストレス。

グリッド/グリッディング(Grids/gridding)
建物や人、場所のまわりに複数のクリスタルを配置してエネルギー強化や保護を図ること。

グラウンディング(Grounding)
自己の魂、肉体、大地との間を強力に結び付けること。

ハウスクリアリング(House clearing)
家に取り付いたエンティティ(霊)や負のエネルギーを取り除くこと。

インプラント(Implants)
異星人によって埋め込まれたエネルギーや機器。埋め込まれるものは、思考や閉塞、現世あるいは前世において外部からもたらされた瘢痕の場合もある。

インディゴチルドレン(Indigo children)
地球上に既に存在するよりも高次のバイブレーションと共に生まれてきたとされる子供たち。これらの子供たちは、現在の地球のバイブレーションに順応するのを極めて難しく感じることが多い。

インナーチャイルド(Inner child)
子供らしさや純真さを残した人格(必ずしも子供っぽいわけではない)、あるいは虐待やトラウマが集積された可能性のある人格の一部分で、癒しを必要とする。

インナーレベル(Inner levels)
直観や非物質的気付き、感情、感覚、潜在意識、精妙エネルギーを含んだ存在のレベル。

ジャーニー(Journeying)
身体を抜け出して霊界などの他の世界へ旅すること。

カルマからの解脱(Karma of grace)
十分なワークがなされるとカルマは解き放たれ、もはや機能しなくなる。

カルマの(Karmic)
過去世から得たあるいは過去世に関連した経験や教訓。負債や信念、罪悪感などの感情は、現世に持ち越されて不調(dis-ease)の原因となることがある。

キークリスタル(Key crystal)
キークリスタルは面の1つに窪みがあり、その窪みはクリスタルの内部に進むほど狭くなっており、これが通常は隠されている自我の一部を解き放つための入口となる。魂を押さえ込んでいる何かを取り除いたり、しがらみを断ち切るのに優れたツールである。

クンダリーニ(Kundalini)
脊椎の基底部に存在する内的で微妙な霊的および性的なエネルギー。刺激によって宝冠のチャクラまで上昇させることが可能である。

レイヤード(Layered)
板状のクリスタルは、エネルギーを層状に拡散させて物事の底部まで到達させることから、多次元的に作用する。

レムリア(Lemuria)
神秘思想において信じられている古代文明の1つで、アトランティス文明より古いと考えられている。

ライフパス・クリスタル(Life-path crystal)
非常になめらかな面を1面以上持つ長く薄いクリアークォーツで、あなたを霊的運命に導き、あなたの人生の目的にアクセスし、流れに身をまかせ至福を味わう方法を教える。この石は、あなたの自我ではなく魂の望みに従うことを教える。

ロングポイント(Long point)
エネルギーを直線状に集中させるロングポイントは、特別な目的のためのクリスタルワンドでは人工的に作られていることが多い。ポイントを身体に向けるとエネルギーを急速に伝達し、身体から離すとエネルギーを除去する。

マニフェステーションクリスタル (Manifestation crystal)
1つ以上の小さなクリスタルが1つの大きなクリスタルに完全に内包されたもので、適切にプログラミングが行われれえばあなたの望みを明らかにする。

精神的影響(Mental influences)
他者の思考や意見があなたの心に与える影響。

経絡(Meridian)
皮膚あるいは惑星の表面近くを流れる微妙なエネルギーの通路で、この経絡上に経穴がある。

非物質的能力(Metaphysical abilities)
透視やテレパシー、ヒーリングといった能力。

非物質的バンパイアリズム (Metaphysical vampirism)
他者のエネルギーを吸い取ったり、他者のエネルギーに寄生すること。

ミアズマ(Miasm)
家族や場所を介して受け継がれてきた過去の感染症や外傷体験の微妙な痕跡。

苦行(Mortification practices)
鞭打ちや毛衣など、多くの修道会や宗教家たちが行った行。肉体や自我、霊を厳しく律し、情熱や欲望を抑制するために計画された。このような行は、現世において自分自身あるいは他者からの心理的苦行や屈辱につながったり、それらを引き寄せたりする可能性がある。

多次元的ヒーリング(Multidimensional healing)
多次元レベルで起こるヒーリング。肉体的、細胞的、神経学的、心理的、情緒的、精神的、祖先関連、カルマ関連、霊的および高次の霊的、惑星や恒星関連、地球および地球外レベルでのヒーリングが含まれるが、これらに限定されない。時系に沿って移動し、身体や地球、宇宙のエーテル体の青写真に働きかけて総合的なバランスや一体感をもたらす。

筋力テスト(Muscle-testing)
身体反応を用いた有効性の試験方法の1つ。

否定的な感情のプログラミング (Negative emotional programming)
多くの場合、小児期や他世において刷り込まれた「すべきである」や「せねばならない」といった気持ち、罪悪感のような感情は、潜在意識化に残って現在の行動に影響を及ぼし、それらが解放されるまで進歩が妨げられる。

NLP(神経言語プログラミング) (neurolinguistic programming)
心と行動を催眠療法の手法に基いて再プログラミングするシステム。

内包(Occlusion or inclusion)
クリスタルの内部または上部に存在する鉱質沈着物。

惑星グリッド(Planetary grid)
蜘蛛の巣のように惑星を覆う地球のエネルギーライン。このラインは微妙で不可視である。

多色性クリスタル(Pleochroic crystal)
さまざまな角度から見たり、光が当たると2色以上の色が見えるクリスタル。

ポイント(Points)
ポイントクリスタルは尖った先端を持ち、ヒーリングでしばしば用いられる。身体から外に向けると、ポイントがエネルギーを取り除き、身体に向けると、エネルギーの流れを身体に向ける。

投射(Projection)
他者の性格において受容できない嫌悪は、実際のところは自分自身が持つ部分である。

サイキックアタック(Psychic attack)
意識的か無意識的かを問わず、他者に対して悪意に満ちた思考や感情を向けること。この攻撃を受けた人の人生に不調(dis-ease)や混乱がもたらされる。

サイキックバンパイアリズム(Psychic vampirism)
他者のエネルギーを吸い取ったり、他者のエネルギーに寄生すること。

サイコポンプ(Psychopomp)
死のプロセスを経て他世へ魂を導く役割を意味するギリシャ語。サイコポンプは生きている人間の場合も霊的存在の場合もある。

ピラミッド(Pyramid)
1つの底面に対し4つの側面が頂点で会したものがピラミッドであるが、クリスタルが人工的に成形されたものではなく天然のものの場合は、底面が四角形をとっている可能性がある。アポフィライトなどの天然のピラミッド形クリスタルは、エネルギーを増幅させた後に頂点を通して高密度に集束させ、プログラミングに適している。ピラミッドはチャクラからの負のエネルギーや閉塞の除去およびエネルギーの再充電にも利用できる。

気(Qi)
肉体と精妙体を活性化させる生命力。

ラジオニクス(Radionic)
遠隔で行う診断と治療の方法の1つ。

リフレーミング(Reframing)
過去の出来事を別の角度から肯定的に見つめ直すことで、それが現世で引き起こしている状況を修復する。

レイキ(Reiki)
手を用いた自然なヒーリング手法の1つ。

水晶占い(Scry)
過去、現在、未来の出来事に関するイメージをクリスタルの内部に認識すること。

自己(Self)
自己には、肉体を持った自己と肉体を持たない高次の自己(総合的な自己の最高次のバイブレーション)を含む。高次の自己は肉体を持った自己に影響を及ぼし、交流することができる。自己は魂の一部でもある。

セルフヒールド(Self-healed)
セルフヒールド・クリスタルは、ベース部分から折れた面に新たなクリスタルが成長して多くの小さなターミネーションを持つ。傷を癒すクリスタルとして自己治癒を促進し、傷の程度に関わらず、全体性を取り戻す方法を教える。

シートクリスタル(Sheet crystal)
ロングポイントの間に存在することが多い平板状のクォーツはシートクリスタルである。他次元へのウィンドウを提供して、交流を促進し、アカシックレコードにアクセスする。また、関連する過去世に接触して視覚化を促進する。

シルバーコード(Silver cord)
神秘思想において、肉体とエーテル体を結ぶものとして、肉体の第三の目からエーテル体の後頭部へ伸びているとされるもの。

魂/ソウル(Soul)
永遠の霊を運ぶ媒介物。霊部分は現在肉体化していない魂の一部分であり、ばらばらになった魂の断片はこれに含まれることもあるが限定されるものではない(「魂の回復」も参照)。

ソウルグループ(Soul group)
常に共に旅してきた魂の集団で、すべてが肉体化(＝人間の姿)している場合も、一部のみが肉体化している場合もある。

ソウルリンク(Soul links)
ソウルグループの構成員間のつながり。

ソウルメイト(Soulmate)
ソウルメイトは理想的な「片割れ」として現れ、あらゆるレベルにおいて親密な関係を持つことができる魂のパートナーである。しかし、多くのソウルメイトのつながりは取り組むべきカルマ、すなわち魂に関する厳しい教訓を伴っている。ソウルメイトの関係は、終生継続することを意図したものではない場合がある。また、必ずしも性的パートナーの関係にあるとは限らない。

魂の回復(Soul retrieval)
トラウマ、ショック、虐待、さらには極度の喜びでさえ、魂のエネルギーの一部が離れて身動きが取れなくなる原因になることがある。魂の回復の施術者やシャーマンは、魂の一部がどこにあろうと取り返して現世での身体に戻す。

スパイラルクリスタル(Spiral crystal)
スパイラルクリスタルは、軸方向に明確なねじれを有しており、これが普遍のエネルギーを体内に引き寄せる。あらゆるレベルにおけるバランスの維持に効果があり、エネルギーの閉塞や霊を取り除き、クンダリーニを上昇させる。

スピリットガイド(Spirit guides)
転生と転生の間の状態で機能する肉体を持たない存在で、地球上の存在を支援している。

スピリットリリースメント(Spirit releasement)
魂は地球の近くで身動きがとれない状態に陥ることがあるが、スピリット・リリースメントではそれらの魂を元に戻す。

スクエア(Square)
スクエアクリスタルは、その形の中にエネルギーを統合し、決意を固めたり、グラウンディングを行うのに有用である。フローライトなどの天然のスクエアクリスタルは、負のエネルギーを取り去って変化させる。

スターチルドレン(Star children)
他の惑星系出身の進化した存在で、地球の霊的進化を支援するために人間の姿を得たもの。

サトルボディ/オーラ体/精妙体(Subtle bodies)
肉体を取り囲む精妙エネルギー体でできた生体磁気シースの層。

オーラエネルギーの場(Subtle energy field)
すべての生物のまわりに存在する目に見えないが検出可能なエネルギーの場。

タビー(タビュラー)(Tabby (tabular))
長く平たいタビークリスタルは抵抗が少ないため、エネルギーの流れが速い。

ソートフォーム/想念形態(Thought forms)
エーテル体レベルまたは霊性レベルで存在する強力な肯定的思考または否定的思考によって形成されたもので、精神機能に影響を及ぼす。

三焦経(Triple heater meridian)
体温調節に関係する経絡の1つ。

ツインフレーム(Twinflame)
カルマが付着していないソウルメイト。無条件の相互支援や進化、愛のために、あなたが現世に存在する理由となっている人。霊的ツインフレームは、これまでの転生において何度も一緒であったことが多い。

フォーゲル形ワンド(Vogel-type wand)
フォーゲル(フォーゲル形)ワンドは精密な振動特徴を有している。特定の角度で面を刻んで特別に加工したものは、高周波の純粋なバイブレーションによって効果的なヒーリングツールとなる。フォーゲルワンドの力や特性は面の数によって異なる。端部が幅広い方は「女性形」のポイントで、プラーナエネルギーを引き寄せるが、エネルギーは面を介して渦巻きを描く際に増幅される。薄い方は「男性形」のポイントで、強力に集束されたレーザー様の光線としてエネルギーを放出する。フォーゲルはチャクラを結び付け、取り付いた霊やネガティブなものを除去する。エネルギーの閉塞を検出して是正し、身体のまわりのエネルギーの場を強力に結合させるが、適切な訓練を受けた者の下で用いるのが最善である。

ワンド(Wands)
たいていのワンドは人工的に成形されたものであるが、レーザークォーツやトルマリンロッドのような天然のロングポイント・クリスタルは優れたヒーリングツールとなる。シャーマンやヒーラー、形而上学者が用いる伝統的ツールおよび神話や伝説に登場する魔法のワンドは、先端からエネルギーを強力に集束させる能力を有し、意図的なプログラミングを行うとそのヒーリング作用が強化される。身体やオーラから停滞したり不調に陥った(dis-eased)エネルギーを取り除く際は、ワンドを静かに回転させた後に身体から外側に向かって持ち上げる。ヒーリングに用いる前にはワンドを浄化して、ヒーリングの結果生じた「穴」を密封する。

富を象徴するコーナー(Wealth corner)
玄関から見て左手奥の部分。

陰陽(Yin and yang)
宇宙を適切な状態に保っているプラスとマイナスの力で互いに補完しあう関係にある。

索引

あ

アースヒーリング
  アラゴナイト　190
  アンモライト　189
  オレンジブラウン・セレナイト　67
  ガイアストーン　110
  スモーキーハーキマー　187
  ツリーアゲート　100
  バスタマイト　29

愛
  アタカマイト　134
  アホアイト　131
  アルマンディンガーネット　48
  イエロージルコン　78
  イエロートパーズ　87
  エメラルド　112
  オパール　254
  ガーネット　47
  クォーツ（マイカを伴う）　267
  クリサンセマムストーン　195
  クンツァイト　30
  グリーンスピネル　126
  グレイバンディドアゲートとボツワナアゲート　226
  コーベライト　158
  コバルトカルサイト　34
  シベリアン・グリーン・クォーツ　108
  ジェム・ロードクロサイト　32
  ジルコン　261
  スギライト　183
  ストロベリークォーツ　24
  スピリットクォーツ　237
  スモーキー・ローズクォーツ　23
  ダイオプテース　136
  ダイヤモンド　248
  デザートローズ　194
  ハーレクインクォーツ　54
  バリサイト　122
  ヒッデナイト　127
  ビクスバイト　53
  ピンクアゲート　31
  ピンクダンブライト　26
  ピンクトルマリン　40
  フックサイト　123
  ブルーサファイア　161
  プレナイト　122
  マグネサイト　252
  マグネタイト　200
  マンガンカルサイト　35
  モルガナイト　35
  ラベンダーアメジスト　172
  ラベンダークォーツ　174
  ラベンダーピンク・スミソナイト　176
  ラリマー　153
  ルベライト　57
  レッドガーネット　49
  レッドジェイド　46
  レッドフェルドスパー（フェナサイトを伴う）　268
  ローズオーラ・クォーツ　25
  ローズクォーツ　22
  ロードクロサイト　32
  ロードナイト　33

アカシックレコード
  アポフィライト　242
  シチュアンクォーツ　235
  タンザナイト　179
  チベッタン・ブラックスポット・クォーツ　235
  ネブラストーン　213
  ヒューランダイト　38
  ファントムクォーツ　239
  フェナサイト　256
  メルリナイト　221
  レピドライト　181

悪意　ブラックトルマリン（マイカを伴う）　269
アストラルジャーニー　ジャーニーを参照
あの世　スモーキー・スピリットクォーツ　188
過ち　ヘマタイト　222
新たな始まり
  クリアーカルサイト　245
  クリソベリル　82
  ヒッデナイト　127
  ベルデライト　125
  ムーンストーン　251
新たな方向　アクチノライトクォーツ　105
あるがままの状態で完璧な人生　アンナベルガイト　102
アルコール　ピンク　ハーライト　37
安心感　アイドクレース　116
怒り
  アンダルサイト　111
  イエローアパタイト　80
  ハウライト　115
  レッドガーネット　49
  レッドジェイド　46
移行　クリアートパーズ　254
意識拡張　アゼツライト　243
意思決定
  グリーンアゲート　100
  ホワイトジェイド　257
依存
  アイオライト　150
  フェンスタークォーツ　233

ブラックトルマリン（レピドライトを伴った）　268
依存傾向　オレンジ・ファントムクォーツ　68
痛み
  ゴシュナイト　255
  パミス　226
  フローライトワンド　177
  モルガナイト　35
  ラベンダージェイド　181
遺伝病　シャッタカイト　132
イニシエーション　クリーブランダイト　244
イメージ　シナバー　50
癒し作用　グリーンアベンチュリン　97
色　エルバイト　249
咽喉　チベッタンターコイズ　127
インナーチャイルド
  クリソプレーズ　111
  ヤンガイト　263
  リモナイト　83
  レッド・ファントムクォーツ　55
嘘　オレゴンオパール　62
宇宙意識　カテドラルクォーツ　232
宇宙意識
  オパール　254
  オパールオーラ・クォーツ　93
  シベリアン・ブルー・クォーツ　145
  ブリリアント・ターコイズ・アマゾナイト　130
  ホワイトサファイア　262
  モルダバイト　121
運命の主体者　オニキス　219
エソテリックナレッジ　ラブラドライト　227
エネルギーグリッド　プレナイト　122
エネルギーシールド　アイアンパイライト　91
エネルギー節約　バナジナイト　203
エネルギー注入
  クロライト　107
  グリーン・ファントムクォーツ　107
エネルギーの流れ　ルチレーティドクォーツ　202
エネルギーの場　アイドクレース　116
エネルギーを与える
  アズライト（マラカイトを伴う）　271
  アタカマイト　134
  イエロージェイド　78
  オレンジカルサイト　66
  オレンジジェイド　67
  カイアナイト　152
  ガーネット　47
  キュープライト　46
  クォーツワンド　231
  クリソコーラ　137

ゲーサイト　196
コーベライト　158
ゴールデントパーズ　87
ゴールデンベリル　82
ターコイズ　134
ダイオプテース　136
ダイヤモンド　248
パープライト　178
フェナサイト　256
ブッシュマン・レッド・カスケードクォーツ　53
ブルーアラゴナイト　155
ブルーカルサイト　148
ヘマタイト・インクルーディド・クォーツ　238
マラカイト　96
ラズーライト　153
レインボーオーラ・クォーツ　144
レッドカルサイト　58
レッドサードオニキス　51
遠隔ヒーリング　コバルトカルサイト　34
エンパワーメント　力を参照
オーラヒーリング　ストロベリークォーツ　24
恐れ
　アイシクルカルサイト　66
　オレンジカルサイト　66
　ジェット　212
　スーパーセブン　266
　ピクチャージャスパー　200
　ブルークォーツ　145
落ち着き
　ゴシュナイト　255
　バスタマイト　29
驚き
　エイラットストーン　135
　ピンクカルセドニー　37
思いやり
　グリーンスピネル　126
　ピンクカルセドニー　37
親子関係
　ピンクアゲート　31
　ピンクカーネリアン　28
恩寵
　アクロアイト　248
　オーケナイト　252

か

快活　スターファイア　263
回復
　スキャポライト　154
　ラベンダーピンク・スミソナイト　176
核医学　ウラノフェン　92
影のエネルギー
　ウルフェナイト　207
　ヘマタイト　222
過去世
　アトランタサイト　106

アポフィライト　242
アンダルサイト　111
アンナベルガイト　102
インフィニットストーン　124
ウルフェナイト　207
オニキス　219
オブシディアン　214
オレゴンオパール　62
カバンサイト　136
キュープライト　46
シチュアンクォーツ　235
ジラソル　154
スモーキーエレスチャル　187
セルサイト　247
セレナイトセプター　259
チベッタン・ブラックスポット・クォーツ　235
テクタイト　217
デュモルティエライト　150
ヌーマイト　220
ハウライト　115
バリサイト　122
パープルバイオレット・トルマリン　182
ヒューランダイト　38
ピーターサイト　201
ピーチセレナイト　39
ベルデライト　125
ユナカイト　36
リチウムクォーツ　174
ルチレーティドクォーツ　202
レインボーオブシディアン　98
レッド・ファントムクォーツ　55
ロードナイト　33
家族にまつわる伝説　フェアリークォーツ　237
活力　カーネリアン　44
カルマによって定められた目的　ジェム・ロードクロサイト　32
カルマによる罪悪感　イエローアパタイト　80
カルマの循環　オーケナイト　252
環境
　アトランタサイト　106
　イエロークンツァイト　74
　クロライト　107
　ゼオライト　261
　ブラウンジャスパー　198
　ブラックカイアナイト　217
関係
　アンドラダイトガーネット　192
　アンブリゴナイト　77
　エジリン　102
　オニキス　219
　クリスタラインカイアナイト　152
　クリソコーラ　137
　グリーンオパライト　115
　シバリンガム　204
　ダイヤモンド　248

マグネサイト　252
モスアゲート　101
レインボーオーラ・クォーツ　144
感情
　アダマイト　79
　ピンクサファイア　33
感情を癒す
　グリーンオパライト　115
　ピンクフローライト　28
　ローズクォーツ　22
寛容
　アパッチティアー　216
　オーケナイト　252
　クリソベリル　82
　コバルトカルサイト　34
　ブランドバーグ・アメジスト　170
　マンガンカルサイト　35
　ルチレーティドクォーツ　202
　ロードナイト　33
ガイダンスストーン　アイシクルカルサイト　66
癌　ジェムロードクロサイト　32
記憶力
　ブラックカルサイト　221
　ヘマトイドカルサイト　58
機会　ピーチアベンチュリン　39
危機
　ガーネット　47
　デュモルティエライト　150
　ローズクォーツ　22
気づき
　カコクセナイト　83
　ネブラストーン　213
　ファントムクォーツ　239
機転　スノークォーツ　239
規範依存　イエローラブラドライト　84
気分安定作用　ハイアライト　99
希望
　エピドート（クォーツに内包された）　114
　ピンクトパーズ　27
　ブルークォーツ　145
境界（バウンダリー）
　ジラソル　154
　バライト　244
　パイロフィライト　34
共感　グリーンジャスパー　118
強迫観念
　アンモライト　189
　グリーンジャスパー　118
経絡　トルマリンワンド　211
拒絶
　キャシテライト　139
　ブルーレース・アゲート　157
キリスト意識
　ゴールデン・ヒーラー・クォーツ　92
　ルビーオーラ・クォーツ　54
緊張
　スター・ホーランダイト・クォーツ　241

トルマリネイティドクォーツ　236
儀式
　スタウロライト　195
　フレイムオーラ・クォーツ　144
　メルリナイト　221
虐待
　カーネリアン　44
　シバリンガム　204
　スミソナイト　138
　ファイアーオパール　64
　ルビー・オーラクォーツ　54
　ワーベライト　123
苦難　スノークォーツ　239
苦悩　ローズクォーツ・ワンド　23
クンダリーニエネルギー
　サーペンティン　205
　シバリンガム　204
　スピネル　260
　レッドスピネル　60
　レッドブラック・オブシディアン　59
グラウンディング
　アゲート　190
　アラゴナイト　190
　ガレナ　223
　キャッツアイ　206
　グリーンフローライト　103
　スモーキーアメジスト　171
　セルサイト　247
　ダルメシアンストーン　250
　デジライト　240
　トルマリネイティドクォーツ　236
　ドラバイドトルマリン　198
　ファイアーアゲート　63
　ブラウンジルコン　205
　ブラウンスピネル　191
　ブラッドストーン　105
　ヘマタイト　222
　ヘマトイドカルサイト　58
　ボジストーン　191
　マグネタイト　200
　ルチル（ヘマタイトを伴う）　270
　レッドサーペンティン　59
形而上学的能力
　アズライト　142
　アバロナイト　156
　アパタイト　133
　アポフィライト　242
　アメジスト　168
　インディコライト　147
　カルサイト　245
　クォーツ　230
　コーベライト　158
　スーパーセブン　266
　スミソナイト　138
　スモーキーシトリン　73
　セレスタイト　149
　タンザナイト　179
　ダークブルー・スピネル　163

チェリーオパール　38
ハーキマーダイヤモンド　241
ヘマタイト　222
マーカサイト　91
ムーンストーン　251
ラピスラズリ　159
リモナイト　83
形而上学的防御　アクチノライト　104
血液　ブラッドストーン　105
解毒
　クリアーカルサイト　245
　ゼオライト　261
　ベルデライト　125
原因と特定された人　フックサイト　123
現在
　ダイオプテース　136
　チャロアイト　175
　ブラッドストーン　105
　ボーナイト　192
　ボジストーン　191
幸運　ターコイズ　134
幸運の石　ピーチアベンチュリン　39
貢献
　アクアマリン　133
　イットリアンフローライト　103
　スペサルタイトガーネット　65
　セプタリアン　85
　ダイオプサイド　104
　チャロアイト　175
　フックサイト　123
攻撃性　オレンジ・ヘッソナイト・ガーネット　65
高次意識
　アメジスト・スピリットクォーツ　170
　アメトリン　173
　イエローラブラドライト　84
　エルバイト　249
　カルサイト　245
高次自己（ハイヤーセルフ）　モルダバイト　121
肯定的エネルギー　クリアーフェナサイト　256
幸福　サードオニキス　204
効率　ゴシュナイト　255
口論　ブルーアゲート　157
心を癒す石
　グリーンカルサイト　117
　トルマリン　210
個性　ウバロバイト　125
孤独　ウバロバイト　125
孤独
　スノーフレーク・オブシディアン　216
　ムーカイトジャスパー　199
子供
　アパタイト　133
　グリーンカルサイト　117
コミュニケーション
　アクアオーラ・クォーツ　143

アパタイト　133
グリーンカルサイト　117
コニカルサイト　112
スタウロライト　195
ピンク・ファントムクォーツ　25
ファーデンクォーツ　234
ブルースピネル　162
ブルーフローライト　151
ヘミモルファイト　197
ルビー（ゾイサイトに内包された）　270
コントロール　ジェット　212
困難な経験
　クリーブランダイト　244
　スティブナイト　225
コンピュータ
　アンブリゴナイト　77
　レピドライト　181
混乱の整理　プレナイト　122

さ

サイキックアタック
　アホアイト（シャッタカイトを伴う）　131
　アメジスト　168
　アメトリン　173
　エジリン　102
　オブシディアン　214
　クロライト　107
　ゴールデン・タイガーアイ　88
　スモーキーアメジスト　171
　タンジェリンクォーツ　69
　ブラックトルマリン　211
　ブラックトルマリン・ロッド（クォーツに内包された）　269
　ブルーカルセドニー　155
　マーカサイト　91
　ラピスラズリ　159
　ルチレーティドクォーツ　202
　ルビー　55
サイキックバンパイア　アンバー　79
サイコポンプ
　スモーキークォーツ　186
　スモーキー・スピリットクォーツ　188
再生
　ボーナイト　192
　ユナカイト　36
才能　スペキュラーヘマタイト　223
再パターン化　セプタリアン　85
細部　ゴールデン・タイガーアイ　88
細胞分裂　シャッタカイト　132
死
　アメジスト　168
　アメジスト・スピリット・クォーツ　170
　カーネリアン　44
　カイアナイト　152
　キャストライト　194
　キューブライト　46
　スピリットクォーツ　237
　スモーキー・ローズ・クォーツ　23

ライラッククンツァイト　180
リチウムクォーツ　174
視覚化　ルチレーティドトパーズ　88
しがらみを断ち切る
しがらみ
　サンストーン　61
　スティブナイト　225
　ノバキュライト　253
　ファーデンクォーツ　234
　ペタライト　255
　ボーナイト（シルバー上）　193
　レインボーオブシディアン　98
至高善　グリーンセレナイト　126
自然
　ツリーアゲート　100
　プレナイト　122
失敗　ヒッデナイト　127
死別　ムーカイトジャスパー　199
使命　カイアナイト　152
シャーマニズム
　クォーツ（マイカを伴う）　267
　ブラックオブシディアン　215
　メルリナイト　221
　レオパードスキン・サーペンティン　124
集団
　カテドラルクォーツ　232
　スピリットクォーツ　237
　ソーダライト　162
　ファーデンクォーツ　234
　フローライト　177
　モリブデナイト（クォーツに内包された）　266
集団転生　スモーキー・ファントムクォーツ　188
守護石　アレキサンドライト　99
守護動物（パワーアニマル）　クリソタイル　113
出産　モスアゲート　101
植物　トルマリン　210
真実
　アポフィライト　242
　インディゴサファイア　160
　オーケナイト　252
　クォーツ（スファレライト上）　267
　クリソコーラ　137
　シベリアン・ブルー・クォーツ　145
　ソーダライト　162
　パイロリューサイト　224
　ピーターサイト　201
　ブルーグリーン・オブシディアン　135
　ブルートパーズ　163
　ブルーレース・アゲート　157
　ラピスラズリ　159
　ロードクロサイト　32
心臓
　アンダルサイト　111
　アンデス産ブルーオパール　149
　ダンブライト　26

　ハーレクインクォーツ　54
　パープルバイオレット・トルマリン　182
　ビクスバイト　53
　ピンクダンブライト　26
　ローズクォーツ　22
　ローズクォーツ・ワンド　23
　ロードクロサイト　32
　ロードナイト　33
心臓のチャクラ
　ウォーターメロン・トルマリン　40
身体性
　アンハイドライト　243
　キャンドルクォーツ　232
　ダルメシアンストーン　250
　バナジナイト　203
振動シフト　アゼツライト　243
信頼
　イエロートパーズ　87
　セレスタイト　149
　バリサイト　122
　パミス　226
　ラブラドライト　227
心霊手術
　ノバキュライト　253
　ホワイト・ファントムクォーツ　240
　レーザークォーツ　231
神話の世界　アバロナイト　156
ジオパシックストレス
　アベンチュリン　97
　アマゾナイト　130
　デンドリティックアゲート　101
　ブラウン　ジャスパー　198
磁気療法　マグネタイト　200
事故　カルセドニー　247
自己育成　セプタリアン　85
自己啓発　ヘミモルファイト　197
自己受容
　アゲート　190
　ピンク・クラックルクォーツ　24
　ローズオーラクォーツ　25
　ローズクォーツ　22
自己尊重
　アレキサンドライト　99
　ヘッソナイトガーネット　49
　ラズーライト　153
自己認識　ラピスラズリ　159
自己認識
　シトリン・スピリットクォーツ　76
　ピーチセレナイト　39
　レッドフェルドスパー（フェナサイトを伴う）　268
自己破壊
　アグレライト　249
　ラリマー　153
自己表現　チベッタンターコイズ　127
自己防衛的な人　パミス　226
自閉症　スギライト　183
　幽体離脱体験も参照

アメトリン　173
アンデス産ブルーオパール　149
オレンジジルコン　69
オレンジ・ヘッソナイト・ガーネット　65
クリアーフェナサイト　256
クリサンセマムストーン　195
ジェット　212
ジャーニー
　スターシード・クォーツ　238
　スティルバイト　260
　セレストバライト　62
　ダークブルー・スピネル　163
　ヌーマイト　220
　バイオレットスピネル　183
　ビビアナイト　116
　ファントムクォーツ　239
　ブルーオブシディアン　165
　ブルージャスパー　164
　ベラクルスアメジスト　169
　ボーナイト（シルバー上）　193
　メナライト　253
　ライオライト　117
　レオパードスキン・サーペンティン　124
重金属　グリーンクォーツ　109
住宅売却　パープライト　178
熟考　ロードライトガーネット　41
受容
　アンハイドライト　243
　シナバー　50
純粋性
　ゴールデンベリル　82
　ジェイド　120
　スノーフレーク・オブシディアン　216
　ダイヤモンド　248
　ハーライト　250
　ブルーサファイア　161
上昇（アセンション）　ラブラドライト　227
除去作用
　イエローアパタイト　80
　ゴールデンカルサイト　86
女性　クリスタラインクリソコーラ　138
女性性　ムーンストーン　251
除霊
　スモーキーアメジスト　171
　スモーキー・ファントムクォーツ　188
　セレナイトワンド　258
　ドラバイドトルマリン　198
　パープルバイオレット・トルマリン　182
　ピンクハーライト　37
　レーザークォーツ　231
自立
　アグレライト　249
　スキャポライト　154
人格障害　タイガーアイ　206
人生設計
　アメジスト・ファントムクォーツ　169
　インディコライトクォーツ　146
　ウォーターメロン・トルマリン　40

エレスチャルクォーツ　233
　　　クリスタラインカイアナイト　152
　　　コバルトカルサイト　34
　　　サンストーン　61
　　　シュガーブレード・クォーツ　238
　　　スターシード・クォーツ　238
　　　チャロアイト　175
　　　ブラックカイアナイト　217
　　　ホワイトサファイア　262
　　　レインボー・ムーンストーン　251
　　　レオパードスキン・ジャスパー　119
人生の無常　ダトーライト　113
人生への情熱　ルビー　55
水銀　モリブデナイト　224
水晶占い
　　　アポフィライト　242
　　　オブシディアン　214
　　　キャンドルクォーツ　232
　　　ゴールドシーン・オブシディアン　90
　　　ハイアライト　99
　　　ベイサナイト　218
　　　ホワイトジェイド　257
　　　ルチレーティドトパーズ　88
ストレス
　　　アトランタサイト　106
　　　アホイアト　131
　　　ジャスパー　45
　　　スモーキークォーツ　186
　　　セレスタイト　149
　　　ゾイサイト　56
　　　タイガーアイアン　199
　　　ブラックトルマリン　211
　　　ベリル　81
　　　レッドジルコン　60
スピリチュアルワーク　イエロージャスパー　84
頭痛　バスタマイト（スギライトを伴う）　29
性（セクシュアリティ）
　　　シバリンガム　204
　　　チューライト　36
　　　ファイアーオパール　64
　　　ブルー・タイガーアイ　164
　　　レッドガーネット　49
　　　ロードライトガーネット　41
生活の質　パイロープガーネット　48
成功　スピネル　260
生殖器疾患　レッドアベンチュリン　59
生殖障害　レッドアベンチュリン　59
精神的な付着
　　　クリアートパーズ　254
　　　ブルーハーライト　147
誠実　メラナイトガーネット　50
清浄作用
　　　クォーツ（スファレライト上）　267
　　　ブラウンジャスパー　198
　　　ペリドット　120
　　　マラカイト　96

生体磁場
　　　クォーツ　230
　　　ルビー（ゾイサイトに内包された）　270
成長　オブシディアン　214
性的虐待　ロードクロサイト　32
性別に対する混乱　ゴールデン・エンハイドロ・ハーキマー　75
生命の相互連関　オーシャン・オービキュラー・ジャスパー　118
生命力　チューライト　36
精霊　スタウロライト　195
責任
　　　アクアマリン　133
　　　インディコライト　147
　　　ヘミモルファイト　197
　　　ロイヤル・ブルー・サファイア　161
仙骨のチャクラ
　　　オレンジスピネル　67
　　　レッドブラウン・アゲート　57
絶望
　　　バリサイト　122
　　　レッド・ファントムクォーツ　55
操作
　　　イエローラブラドライト　84
　　　グレイバンディドアゲートとボツワナアゲート　226
　　　フローライト　177
　　　ベリル　81
創造性　アンドラダイトガーネット　192
ソウルグループ　スモーキー・ファントムクォーツ　188
ソウルヒーリング
　　　ラベンダーバイオレット・スミソナイト　176
　　　ワーベライト　123
ソウルメイト
　　　アメジストハーキマー　172
　　　デュモルティエライト　150
　　　ユーディアライト　27
　　　ラリマー　153
　　　ロードクロサイト　32
ソウルリンク　ウルフェナイト　207
組織　シナバー　50
訴訟
　　　オレンジ・グロッシュラーガーネット　64
　　　グロッシュラーガーネット　41
率直　クリソファール　132
尊敬　ヌーマイト　220
存在　レインフォレスト・ジャスパー　119

た

対立
　　　アホイアト　131
　　　グリーンアゲート　100
　　　シトリン・スピリット・クォーツ　76
　　　シベリアン・グリーン・クォーツ　108
　　　デザートローズ　194
多次元的細胞ヒーリング

　　　アメジスト・ファントムクォーツ　169
　　　アメジストエレスチャル　171
　　　シフトクリスタル　236
　　　チベッタン・ブラックスポット・クォーツ　235
多次元的バランス　タンジンオーラ・クォーツ　180
魂のエネルギー　アクアオーラ・クォーツ　143
魂の回復
　　　アメジストハーキマー　172
　　　クリアークンツァイト　246
　　　スネークスキン・アゲート　86
　　　タンジェリンクォーツ　69
　　　ドラバイドトルマリン　198
　　　ハーキマーダイヤモンド　241
　　　ピンクフローライト　28
　　　ヤンガイト　263
魂の記憶　ダトーライト　113
魂の契約　スティッヒタイト　178
魂の断片化　ブルーフローライト　151
魂の光　ダイヤモンド　248
魂の目的
　　　キャンドルクォーツ　232
　　　ロイヤル・プルーム・ジャスパー　182
魂のルーツ　ネブラストーン　213
魂レベルでの迷い　レインフォレスト・ジャスパー　119
第三の目
　　　アズライト（マラカイトを伴う）　271
　　　アタカマイト　134
　　　アポフィライトピラミッド　242
　　　アメジストハーキマー　172
　　　エレクトリックブルー・オブシディアン　165
　　　ゴールデン・エンハイドロ・ハーキマー　75
　　　チェリーオパール　38
　　　ハウライト　115
　　　ボーナイト（シルバー上）　193
　　　ユナカイト　36
　　　ロイヤル・ブルー・サファイア　161
大地とつながる
　　　サーペンティン　205
　　　ブラウンジェイド　196
　　　ブラックスピネル　212
男性性
　　　アイアンパイライト　91
　　　ブルーアベンチュリン　151
知恵
　　　アバロナイト　156
　　　セレナイトワンド　258
　　　ブルートパーズ　163
力
　　　アンモライト　189
　　　イエロースピネル　78
　　　イエロートルマリン　89
　　　エピドート　114

ファイアーオパール　64
ブラックオパール　220
ブラックオブシディアン　215
マホガニーオブシディアン　201
マホガニーオブシディアン　201
リモナイト　83
レッドスピネル　60
レピドクロサイト（アメジストをはじめとするクォーツに内包された）　52

地球
　アンバー　79
　カコクセナイト　83
　シトリン・スピリット・クォーツ　76
　シトリンハーキマー　74
　スーパーセブン　266
　スモーキークォーツ　186
　セプタリアン　85
　ファイアーアゲート　63
　マホガニーオブシディアン　201

地球外
　イエローフェナサイト　75
　セルサイト　247
　テクタイト　217
　モルダバイト　121

知識　クリソタイル　113

知性
　アパタイト　133
　イエロースピネル　78
　イエロー・ファントムクォーツ　92
　カルサイト　245
　サイモフェイン　203
　ダイオプサイド　104
　バナジナイト　203
　ブルーセレナイト　164

チャネリング　シャッタカイト　132
注意散漫　ホワイトジェイド　257
中心性　チェリーオパール　38
忠誠　グリーンサファイア　121

調和
　カルセドニー　247
　ガレナ　223
　クリサンセマムストーン　195

直観
　インディゴサファイア　160
　オウロベルデ・クォーツ　110
　カバンサイト　136
　キャッツアイ　206
　クォーツ（マイカを伴う）　267
　グリーンフローライト　103
　コニカルサイト　112
　スティルバイト　260
　ハイアライト　99
　バスタマイト（スギライトを伴う）　29
　ブラックサファイア　213
　ブルーハーライト　147
　ムーンストーン　251
　レピドクロサイト　52
　ロードライトガーネット　41

ツインフレイム
　アメジストハーキマー　172
　ブルーアラゴナイト　155

抵抗　メラナイトガーネット　50

適時
　アクチノライトクォーツ　105
　ビクスバイト　53

テレパシー　ブルー・ファントムクォーツ　146

テロリズム
　スーパーセブン　266
　ブラックトルマリン・ロッド（クォーツに内包された）　269

天候　ブルーカルセドニー　155

天使の世界
　インフィニットストーン　124
　エンジェライト　148
　ダンブライト　26
　フェナサイト　256
　ペタライト　255
　ホワイトジェイド　257
　マスコバイト　31
　マンガンカルサイト　35
　ルチル　202
　レピドクロサイト（アメジストをはじめとするクォーツに内包された）　52

転生　インディコライトクォーツ　146
デーヴァ　フェアリークォーツ　237
電気　トルマリン　210

電磁波汚染
　アベンチュリン　97
　アホアイト（シャッタカイトを伴う）　131
　アマゾナイト　130
　スペキュラーヘマタイト　223
　ハーキマーダイヤモンド　241
　ブラックトルマリン　211
　レピドライト　181

透視　フェンスタークォーツ　233

透聴
　アイドクレース　116
　ゲーサイト　196

糖尿病　レッドサーペンティン　59

トラウマ　22
　カバンサイト　136
　キャストライト　194
　クリスタラインクリソコーラ　138
　ジンカイト　56
　スモーキーエレスチャル　187
　タンジェリンクォーツ　69
　ドルージークリソコーラ　137
　ファーデンクォーツ　234
　ブラックカルサイト　221
　ラベンダージェイド　181

トランス状態
　スピリットクォーツ　237
　ルビー（ゾイサイトに内包された）　270

洞察
　エレスチャルクォーツ　233

オブシディアン　214
オレンジ・ファントムクォーツ（逆ファントム）　68
クリソプレーズ　111
テクタイト　217
ホークアイ　218

洞察力（ビジョン）
　アイオライト　150
　アズライト（マラカイトを伴う）　271
　オパール　254
　シチュアンクォーツ　235
　ジラソル　154
　パープルサファイア　179
　ホークアイ　218
　ユナカイト　36

同情
　アルマンディンガーネット　48
　グリーンサファイア　121
　グリーンスピネル　126
　ダイオプサイド　104
　ドルージークォーツ　63
　ピンクペタライト　30
　ブランドバーグ・アメジスト　170
　レモンクリソプレーズ　76
　ロードクロサイト　32

同調（アチューンメント）　ゴールデントパーズ　87

な

仲間　スティッヒタイト　178
難題　オレンジ・グロッシュラー・ガーネット　64
二重性　アンブリゴナイト　77
尿路感染症　イエロージンカイト　81
庭　グリーンカルサイト　117

認識
　アイスランドスパー　246
　アレキサンドライト　99
　エピドート　114
　ソーダライト　162
　チャルコパイライト　90
　レオパードスキン・ジャスパー　119

忍耐　シルバーシーン・オブシディアン　225
忍耐　デンドリティックカルセドニー　197
呪い　ブロンザイト　193

は

ハーブ療法
　フックサイト　123
　ベルデライト　125
　レインフォレスト・ジャスパー　119

始まり　モスアゲート　101
発疹　サルファ　89
母なる大地　メナライト　253

繁栄
　ガイアストーン　110

索引　285

グリーンクォーツ 108
ホークアイ 218
バランス
　クォーツ（スファレライト上） 267
　ハーライト 250
　マラカイト（クリソコーラを伴う） 271
　リチウムクォーツ 174
ヒーラー　ウォーターメロン・トルマリン 40
ヒーリングツール 272-3
光
　アポフィライトピラミッド 242
　スギライト 183
　ホワイト・ファントムクォーツ 240
　モリブデナイト（クォーツに内包された） 266
　レインボー・ムーンストーン 251
悲観主義　ホークアイ 218
被害者意識　モルガナイト 35
脾臓　アップルオーラ・クォーツ 109
悲嘆
　アパッチティアー 216
　アマゾナイト 130
　ファイアーオパール 64
否定性
　アクアオーラ・クォーツ 143
　アポフィライトピラミッド 242
　アメジストエレスチャル 171
　アンバー 79
　アンモライト 189
　インディコライト 147
　オブシディアン 214
　カルセドニー 247
　クンツァイト 30
　グリーン・ファントムクォーツ 107
　サルファ 89
　シトリン 72
　スティブナイト 225
　スモーキーアメジスト 171
　スモーキーエレスチャル 187
　スモーキークォーツ・ワンド 186
　スモーキー・ファントムクォーツ 188
　ゾイサイト 56
　デザートローズ 194
　トルマリネイティドクォーツ 236
　ハーライト 250
　パイロリューサイト 224
　ヒューランダイト 38
　フローライト 177
　フローライトワンド 177
　ブラックアクチノライト 219
　ブラックオブシディアン 215
　ブラックトルマリン 211
　ブラックトルマリン（マイカを伴う） 269
　ブルーサファイア 161
　ボーナイト 192
　ラベンダーバイオレット・スミソナイト 176
　レッドジャスパーとブレシエイティドジャスパー 45

ロイヤル・ブルー・サファイア 161
人前での話　パープライト 178
憑霊　除霊を参照
貧困　シトリンハーキマー 74
ビジネス　イエロージルコン 78
病臥状態　ドルージークォーツ 63
病気
　バリサイト 122
　ブランドバーグ・アメジスト 170
　ルチル 202
ファミリーヒーリング　ペタライト 255
フック（情緒のフック）
　アンブリゴナイト 77
　グリーンオブシディアン 98
古い魂　ジェット 212
不器用　イエロージャスパー 84
平静　ラピスラズリ 159
平静
　アゲート 190
　グリーンアベンチュリン 97
　サファイア 160
　シトリン 72
　スノーフレーク・オブシディアン 216
　ブルー・タイガーアイ 164
　マグネサイト 252
　ムーカイトジャスパー 199
閉塞　ブラックオブシディアン 215
平和
　アズライト 142
　アホイト 131
　アホイト（シャッタカイトを伴う） 131
　エンジェライト 148
　シベリアン・ブルー・クォーツ 145
　ターコイズ 134
　ブルーグリーン・ジェイド 139
　ブルージェイド 158
　ブルーレース・アゲート 157
　マラカイト（クリソコーラを伴う） 271
　ラベンダー　ジェイド 181
変化
　アクチノライト 104
　エレスチャルクォーツ 233
　オーシャン・オービキュラー・ジャスパー 118
　クリーブランダイト 244
　コニカルサイト 112
　タイガーアイアン 199
　ダトーライト 113
　ダンブライト 26
　ヒューランダイト 38
　モルガナイト 35
　ユーディアライト 27
　ライオライト 117
　レッドフェルドスパー（フェナサイトを伴った） 268
偏見　ジルコン 261

片頭痛　バスタマイト（スギライトを伴う） 29
変容（トランスフォーメーション）
　エレスチャルクォーツ 233
　ジンカイト 56
　チャロアイト 175
　バライト 244
　ピーチセレナイト 39
　ボジストーン 191
ベータ波状態　ラベンダーアメジスト 172
放射線
　イエロークンツァイト 74
　ウラノフェン 92
　オウロベルデ・クォーツ 110
豊富
　イエローサファイア 80
　イットリアンフローライト 103
　オウロベルデ・クォーツ 110
　カーネリアン 44
　グリーンジルコン 114
　シトリン 72
　シトリン・スピリットクォーツ 76
　シナバー 50
　ジンカイト 56
　スモーキー・シトリン・ハーキマー 73
　デンドリティックアゲート 101
　ベルデライト 125
　ルビー 55
星　スター・ホーランダイト・クォーツ 241
ホリスティック療法　フックサイト 123
本当の自分
　セレナイトファントム 259
　ブラックオブシディアン 215
防御
　アクロアイト 248
　オニキス 219
　オブシディアン 214
　カルセドニー 247
　グレイバンディドアゲートとボツワナアゲート 226
　サードオニキス 204
　サンシャインオーラ・クォーツ 93
　ジャスパー 45
　スモーキークォーツ 186
　タイガーアイ 206
　ダルメシアンストーン 250
　トルマリン 210
　ハーライト 250
　ファイアーアゲート 63
　ブラックスピネル 212
　ブリリアント・ターコイズ・アマゾナイト 130
　ブロンザイト 193
　ボジストーン 191
　マラカイト 96
　ルチル（ヘマタイトを伴う） 270
　レインボーオブシディアン 98

ま

学び
  スノークォーツ 239
  フローライト 177
未来
  ゲーサイト 196
  ブラックカイアナイト 217
無気力 レッド・タイガーアイ 60
矛盾
  パープルジャスパー 182
  ロイヤル・プルーム・ジャスパー 182
無秩序 フローライト 177
目 ビビアナイト 116
明示
  アパタイト 133
  イエローフェナサイト 75
  ゴールデンベリル 82
  レッドカルセドニー 51
  レピドクロサイト（アメジストをはじめとするクォーツに内包された） 52
明晰夢 ムーンストーン 251
瞑想
  アクアマリン 133
  アゼツライト 243
  アパタイト 133
  クリソコーラ 137
  クリソプレーズ 111
  クンツァイト 30
  コニカルサイト 112
  ゴールデンカルサイト 86
  シフトクリスタル 236
  スター・ホーランダイト・クォーツ 241
  タンザナイト 179
  デジライト 240
  ピーチアベンチュリン 39
  ブルートパーズ 163
  ベラクルスアメジスト 169
  ユナカイト 36
明瞭
  アダマイト 79
  アメトリン 173
  ウレキサイト 262
  オブシディアン 214
  スキャポライト 154
  スターシード・クォーツ 238
  ブルーカルサイト 148
  ブルークォーツ 145
  ホワイトジェイド 257
  マーカサイト 91
免疫刺激作用 スミソナイト 138
燃え尽き タイガーアイアン 199
目標 レッドカルセドニー 51
問題
  ウレキサイト 262
  エイラットストーン 135
  カコクセナイト 83
  ゴールドシーン・オブシディアン 90
  ジャスパー 45
  スミソナイト 138
  トルマリンワンド 211
  ブルーアラゴナイト 155
  レッドジャスパーとブレシエイティドジャスパー 45

や

薬物 ピンクハーライト 37
幽体離脱体験
  ジャーニーも参照
  アストロフィライト 77
  アタカマイト 134
  アポフィライト 242
  アメジスト 168
  インディコライトクォーツ 146
  キャストライト 194
  クリーダイト 61
  シルバーシーン・オブシディアン 225
  セラフィナイト 106
  タンザナイト 179
  ハウライト 115
  ファーデンクォーツ 234
  ヘッソナイトガーネット 49
  ヘマタイト 222
  ルチル 202
夢
  アストロフィライト 77
  ウレキサイト 262
  キャシテライト 139
  ジェイド 120
  バライト 244
  フェナサイト 256
  ブルーハウライト 156
  ベイサナイト 218
  モリブデナイト 224
  モリブデナイト（クォーツに内包された） 266
  レッドフェルドスパー（フェナサイトを伴う） 268
養育的 スーパーセブン 266
抑圧
  アグレライト 249
  ピクチャージャスパー 200
抑うつ
  オレンジカルサイト 66
  サファイア 160
  ブラックカルサイト 221
  ユーディアライト 27
  リチウムクォーツ 174
予知
  ブルーオブシディアン 165
  ブルー・ファントムクォーツ 146
喜び
  イエロージェイド 78
  オパールオーラ・クォーツ 93
  オレンジジェイド 67
  クリアーフェナサイト 256
  サンストーン 61
  スネークスキン・アゲート 86
  デンドリティック・カルセドニー 197
  ピンク・クラックル・クォーツ 24
  レッドフェルドスパー（フェナサイトを伴う） 268

ら

楽観主義
  カバンサイト 136
  クリソプレーズ 111
  ヘマタイトインクルーディド・クォーツ 238
理解 ブルーグリーン・オブシディアン 135
旅行（物理的） イエロージャスパー 84
  ジャーニーを参照
霊性 ユナカイト 36
霊的アイデンティティ シュガーブレード・クォーツ 238
霊的覚醒
  パープルサファイア 179
  ブルーフローライト 151
霊的啓示 セラフィナイト 106
霊的コミュニケーション
  クリーダイト 61
  ゴールデンヒーラー・クォーツ 92
霊的成長
  シフトクリスタル 236
  バイオレットスピネル 183
  モルダバイト 121
霊的世界 ブルージャスパー 164
霊的知識 チャルコパイライト 90
霊的つながり
  アタカマイト 134
  タンジンオーラ・クォーツ 180
  ラベンダークォーツ 174
霊的洞察 レピドクロサイト 52
霊的能力 ゴールデン・エンハイドロ・ハーキマー 75
論争 対立を参照

わ

和解
  ダイオプサイド 104
  ルチル（ヘマタイトを伴う） 270
若返り エピドート（クォーツに内包された） 114

Bibliography

Hall, Judy, *New Crystals and Healing Stones* (Godsfield Press, 2006)
Hall, Judy, *The Crystal Bible* (Godsfield Press, 2003)
Hall, Judy, *Crystal Healing* (Godsfield Press, 2005)
Hall, Judy, *Crystal Prescriptions* (O Books, Alresford, 2005)
Hall, Judy, *The Illustrated Guide to Crystals* (Godsfield Press, 2000)
Hall, Judy, *Crystal Users Handbook* (Godsfield Press, 2002)
Hall, Judy, *The Art of Psychic Protection* (Samuel Weiser, Maine, 1997)
Marion, Joseph B. *Indium: New Mineral Discovery of the 21st Century* (Pioneers Publishers, 2003)
Melody, *Love Is In The Earth* (Earth Love Publishing House, Colorado, 1995 with supplements A-Z)
The Thomas Warren Museum of Fluorescence (http://sterlinghill.org/warren/aboutfluorescence.htm)
Raven, Hazel, *Heal yourself with Crystals* (Godsfield Press, 2005)

Picture acknowledgements

Photography: © Octopus Publishing Group Ltd/Andy Komorowski. Other photography: Corbis UK Ltd/Robert Holmes 12. Octopus Publishing Group Ltd 5 top, 22 top left, 22 bottom right, 22 bottom left, 23 top, 26 top, 30 top, 31 top, 32 top left, 33 bottom right, 36 bottom left, 45 bottom, 46 bottom, 50, 59 top left, 59 centre right, 59 bottom, 60 top left, 79 top right, 80 right, 82 top left, 84 left, 89 top right, 90 top, 96 bottom right, 97 top, 97 bottom, 98 top, 120 top right, 120 bottom right, 123 left, 130 top, 133 top right, 134 top left, 137 top, 138 left, 143 bottom, 145 left, 147 top, 151 top right, 153 left, 155 bottom right, 157 top right, 159 bottom right, 162 centre right, 164 centre right, 172 right, 173, 175 left, 176 top left, 181 centre left, 183 left, 183 right, 186 bottom right, 190 left, 191 right, 198 right, 201 bottom, 203 top, 204 top, 205 right, 207, 212 left, 214, 215 top, 215 bottom, 216 right, 231 right, 241 left, 246 centre right, 247 bottom, 248 top left, 251 top left, 255 bottom, 256 left, 256 right, 258 right, 261; /Walter Gardiner 231 left; /Mike Hemsley 13 centre right, 35 top, 37 bottom, 39 bottom, 47 centre right, 54 bottom left, 56, 60 centre right, 61 bottom right, 61 bottom left, 76 bottom, 81 top, 84 right, 92 bottom right, 107 bottom, 115 bottom, 116 left, 122 right, 124 right, 127 top, 132 left, 142 top left, 156 left, 158 left, 164 top left, 164 bottom left, 174 left, 175 right, 180 left, 181 top right, 194 top, 199 left, 199 top right, 201 top, 203 bottom, 213 top, 217 bottom, 221 top, 221 bottom, 222 left, 230 right, 235 bottom, 242 left, 243 left, 243 right, 247 top, 252 left, 252 top right, 252 bottom right, 260, 262 left, 268 left, 270 right, 271 left, 271 bottom right, 272 centre right, 272 bottom right, 272 bottom left, 273 top left, 273 top right, 273 centre right, 273 bottom right; /Mike Prior 17 left, 17 right, 18 top, 162 top left, 168 left, 186 top right; /Guy Ryecart 3 picture 9, 3 picture 3, 13 picture 3, 26 bottom, 28 top, 28 bottom, 31 bottom, 40 top left, 44 top, 45 top, 47 top left, 49 top right, 51 bottom, 55 centre right, 58 top right, 59 top, 63 bottom, 64 top, 66 top, 67 bottom, 72 top left, 72 top right, 72 bottom right, 80 left, 81 centre left, 81 bottom, 82 bottom left, 86 centre left, 86 bottom right, 87 bottom, 88 bottom right, 91 top right, 91 centre right, 96 top right, 99 top right, 100 left, 101 left, 101 right, 103, 105 left, 111, 112 left, 117 left, 117 top right, 117 centre right, 118 bottom right, 120 top left, 120 bottom left, 121 top, 121 bottom, 122 left, 125 right, 126 right, 127 bottom, 133 bottom right, 134 bottom left, 136 bottom right, 137 bottom, 138 right, 139 left, 142 right, 148 bottom right, 149 top, 151 left, 151 bottom right, 155 bottom left, 157 bottom right, 159 left, 160 left, 160 right, 163 right, 177 left, 179 bottom right, 182 left, 194 bottom, 195 bottom, 199 centre right, 200 centre right, 202 left, 206 left, 206 right, 210 left, 211, 212 top right, 213 bottom, 216 left, 218 left, 219 top, 222 right, 223 left, 224 right, 227 bottom right, 230 top left, 236 left, 241 bottom, 242 right, 248 bottom left, 257, 269 left, 269 right, 271 top right, 273 centre left; /Walter Gardiner Photography 22 top right, 134 bottom right. Tema Hecht 16 bottom right.

---

the Encyclopedia of Crystals
クリスタル百科事典

発　　行	2008年2月10日
本体価格	4,800円
発 行 者	平野　陽三
発 行 所	産調出版株式会社
	〒169-0074 東京都新宿区北新宿3-14-8
	TEL.03(3363)9221　FAX.03(3366)3503
	http://www.gaiajapan.co.jp

Copyright SUNCHOH SHUPPAN INC. JAPAN2008
ISBN978-4-88282-643-9 C0076

落丁本・乱丁本はお取り替えいたします。
本書を許可なく複製することは、かたくお断わりします。
Printed and bound in China

著　者：ジュディ・ホール（Judy Hall）
クリスタル・ヒーリング30年の経験をもち、占星術の専門家でもある。『クリスタルを活かす』、『クリスタルバイブル』、『クリスタル占星術』、『前世（カルマ）占星術』、『新しく見つかったクリスタル＆癒しの石』（いずれも産調出版）など著書多数。

翻訳者：越智　由香（おち　ゆか）
大阪外国語大学イスパニア語学科卒業。実務書の翻訳を行なう傍ら、企業研修でビジネスコミュニケーションの講師としても活動している。訳書に『クリスタルバイブル』、『風水大百科事典』、『ペットの自然療法事典』、共訳書に『食品・栄養・食事療法事典』（いずれも産調出版）など。

藤本　知代子（ふじもと　ちよこ）
大阪市立大学文学部卒業。訳書に『あなたのオーラを活かす』、『チャクラヒーリング』、『新しく見つかったクリスタル＆癒しの石』（いずれも産調出版）など。